KB201930

방송문화진흥총서 37

디지털 방송
이해 및 실무

| 임채열 · 김대진 지음 |

아카데미

발간사

    2000년은 방송문화진흥회로서는 참으로 의미있는 해였습니다. 방송계의 제도적 환경의 변화와 맞물려 1988년 설립시 제정된 방송문화진흥회법이 전반적으로 개정되었습니다. 이제 진흥회는 진흥회법에 의해 사회적으로 좀더 무거운 책임을 안게 된 것입니다. 문화방송에 대한 공적 관리 책임의 강화와 함께 방송문화진흥자금의 조성으로 인해 국내 방송문화 진흥에 대한 사회적 기대가 커진 것이 그것입니다. 이에 해마다 저술번역지원 사업의 결과를 내어왔지만 올해는 예년에 비해 다소 부담스럽기도 합니다.

    올해 발간되는 3권의 저술은 저술지원 2년차에 진입하는 성숙함을 보여줍니다. 수용자이해, 한국적 비평, 디지털 방송이론에 이르는 책의 주제들이 광범위하게 느껴지기는 하지만 아직 변화의 중심에 서 있는 한국방송계에 기초부터 응용까지 충실히 도움을 줄 수 있는 내용들이라 생각됩니다. 아울러 국내에서는 보기 힘든 디지털 방송의 기술적인 측면을 정리한 『디지털 방송 이해 및 실무』는 새로이 부각되는 디지털 방송에 대한 기술적 측면을 이해하는 데 많은 도움이 될 것이다. 신·구가 교차하여 새로운 방송환경을 만드는 이때, 올해 출간되는 저서들이 방송계 전 영역의 주제들을 두루 담고 있어서 기대하는 바가 매우 큽니다.

　　새천년에 대한 기대와 홍분이 어느덧 현실과 일상으로 녹아 들어가는 이때 '처음으로……'라는 말을 떠올려보게 됩니다. 반복적인 사업이 지속되다 보면 어느덧 사업의 취지는 잊혀져 일상의 그늘 아래 묻히는 일들을 종종 보면서 올해도 4권의 책을 여러분께 내어놓으면서 순수했던 시작과 그때의 정열을 되새기고자 합니다. 올해 발간되는 4권의 책과 같이 진흥회는 앞으로도 처음처럼 적극적인 자세로 사회적 책임을 다시 여러분과 함께 나누고자 합니다.

　　방송인 여러분들의 많은 관심을 부탁드리며 저술과 번역에 수고해주신 연구자분과 발간을 위해 세밀한 부분까지 힘써주신 한울출판사 관계자분들께 깊은 감사를 드립니다.

2001년 5월
방송문화진흥회 이사장 김용운

머리말

DTV 시대의 영상 신호 제작, 편집, 송출 과정에서 영상 신호 품질관리는 아날로그 TV 시대의 그것과는 근본적으로 다른 패러다임을 요구한다. DTV 시스템에서는 기존 아날로그 TV와 달리 영상 신호를 압축/복원하는 독특한 비선형 처리를 하게 되고, 여기에는 복잡한 형태의 화질열화 작용이 수반되기 때문이다.

미국, 일본을 비롯한 세계 각국들은 HDTV가 장래 방송시장 뿐만 아니라 통신 및 컴퓨터 시장에서 차지하게 될 위치를 감안하여 독자적인 시스템 개발은 물론이고 이를 국제 표준으로 이끌어가려는 데 주력하고 있다. 방송에 관련된 국제적인 표준화 기구로는 ITU(International Tele-communication Union)가 있으며, 국제 표준을 주도하는 지역 또는 국가 표준화 기구로는 유럽의 ESTI(European Standard Telecommunication Institute), 미국의 SMPTE(Society Motion Picture and Television Engi-neers), 일본의 ARIB(Association of Radio Industries and Businesses) 등이 있다.

이 책에서는 디지털 방송을 위한 신호 규격 및 자동 송출 시스템과 디지털 방송의 꽃이라고 할 수 있는 데이터 방송 및 대화형 방송들에 대하여 살펴보고, DTV 송출 시스템의 구성 및 국내외 디지털 방송 규격 표준화 내용들을 모두 포함하는 총 7개의 단원을 구성하여 각각에 대하여 살펴보려 한다.

1990년대 후반기에 접어들어 아날로그 방송장비의 전반적인 디지털화가 본격적으로 진행되기 시작하면서 위성 방송에 이어 지상파 방송의 디지털화 추세가 시작되었다. 그러나 수십 년 간 계속되어온 기존의 아날로그 송신 전파를 디지털화된 RF 신호로 바꾸어 전송하기 위해서는 이론적인 배경을 충분히 뒷받침할 수 있는 완벽한 검증 결과가 필요하다. 또한 이것은 지형여건의 차이 등 다양하게 존재하는 변수 요인들을 포괄적으로 수용할 수 있는 범용성이 보장되어야만 한다. 만약 이러한 것들이 소홀히 다루어진 채 무리하게 디지털화가 추진될 경우 가시청권 수요자들로부터 주어지는 불만요인 등 심각한 혼란에 빠질 수도 있다. 따라서 완벽한 준비를 갖추되 여러 가지 시행 사례를 검토하고 또한 충분한 자체 시험방송 과정을 거쳐 시행착오를 최소화하도록 해야 할 것이다.

한편으로 혼란스런 면도 있기도 한 디지털 방송을 현장에서 방송 제작, 송출 및 송신하는 데 있어서는 여러 가지 어려움에 봉착할 수 있다. 이러한 상황에서 필자들은 방송 기술인들이 디지털 방송 방식을 쉽게 이해하고 체계적으로 정리해보려 하였다. 아무쪼록 이 책이 방송 기술인들이 디지털 방송을 대하는 데 있어서 조그마한 한 알의 씨앗이 되어질 수 있다면 필자들은 보람으로 생각하고 싶다.

2001년 8월
저자

차 례

제1장 스튜디오 방송 신호 규격

이 장에서는 스튜디오 내에서 사용하는 비디오와 오디오 데이터 포맷과 이를 주변 기기들과 연결하기 위한 인터페이스 규격에 대하여 살펴보겠다. 비디오와 오디오 신호는 카메라나 마이크에서 채취되어 VCR 또는 디스크 속에 기록된 후 필요한 시간에 방영되게 된다. 저장된 신호를 읽어서 다른 장비로 송신하기 위해서 여러 장비들간에 호환이 가능한 신호 연결을 위한 표준화가 필요한데, 이러한 방송 신호 규격들은 SMPTE 규격으로 정해지며 이러한 규격에 따라 장비 제조사들은 방송장비를 제조하여 판매하게 된다.

비디오 포맷은 크게 다음과 같이 대비되는 유형으로 분류할 수 있다.

- SD방송 비디오 포맷 vs HD방송 비디오 포맷
- 직렬 인터페이스 vs 병렬 인터페이스
- 동기 인터페이스 vs 비동기 인터페이스
- 압축 신호 vs 비압축 신호

이 장에서는 이러한 영상 포맷과 방송장비 간의 오디오/비디오 비압축 데이터를 위한 인터페이스 규격과 압축 데이터의 인터페이스 규격을 살펴보도록 하겠다.

1. 비디오/오디오 신호 규격

1) 디지털 샘플링

방송 시스템에서 사용하는 신호 규격이 종전의 아날로그 방식에서 신호의 감쇄와 잡음에 영향을 받지 않는 디지털 방식으로 바뀌고 있다. 방송 신호의 디지털 표준화는 방송기기의 디지털화로 이어져서 지금까지 많은 디지털 방송 시스템이 도입되고 구축되었다. 방송기기와 전체 시스템의 디지털화는 다음과 같은 장점을 갖는다.

- A/D, D/A 변환의 반복에 의한 열화를 줄이고 고품질을 유지
- 시스템의 시간에 따른 열화가 적고 안정성, 신뢰성 우수
- 다양한 보조 정보를 이용한 부가서비스 실시
- 컴퓨터 시스템과 호환이 가능한 컨텐츠 사용
- 시스템 운행과 보수에 대한 개선

영상 신호의 종류를 <그림 1-1>에 나타냈다. 영상 신호는 아날로그와 디지털, 컴포지트와 컴포넌트로 구분될 수 있다. 아날로그의 영상신

	아날로그	디지털
컴포지트	NTSC PAL	$4f_{sc}$
컴포넌트	RGB YPbPr YUV	4 : 2 : 2 (CCIR601)

<그림 1-1> 영상 신호의 종류

호는 카메라와 디스플레이 모니터 입출력용 신호인 컴포넌트 RGB, YPbPr과 같은 신호와 방송 송수신용 신호인 컴포지트 NTSC, PAL과 같은 신호들이 존재한다. 디지털 영상 신호는 컴포넌트의 CCIR601 신호와 NTSC와 PAL 신호를 그대로 샘플링하여 디지털 부호화한 컴포지트 신호가 존재한다.

디지털 방송 시스템에서 사용하는 영상 신호의 규격은 아날로그에서 사용하였던 컴포지트 신호에서 컴포넌트 신호로 모두 이전될 것으로 예상된다. 아날로그에서는 R, G, B, Sync 신호 또는 Y, Pb, Pr, Sync와 같은 칼라 영상 신호를 기기간 상호 전송하기 위하여는 3라인 또는 4라인의 신호선을 사용하여야만 통신이 가능하였다. 이러한 다중 라인의 사용은 기기가 여럿일 경우 라인들의 연결을 더욱 복잡하게 하는 요인이 되었고 시스템의 유지·관리 또한 복잡해질 수밖에 없었다. 이러한 단점을 해결하기 위하여 한 개의 연결선으로 기기간 연결을 가능하게 하기 위해서 컴포지트 신호를 사용하기 시작하였다.

디지털 컴포지트와 컴포넌트 신호 샘플링 대해 구체적으로 살펴보면 다음과 같다.

(1) 디지털 컴포지트 신호의 샘플링

샘플링 이론에 의하면 영상 신호와 같은 연속함수를 그 대역의 2배 이상의 주파수로 표본화하면, 그 표본값에서 원래의 신호를 완전히 복원할 수 있다고 되어 있다. 보통의 경우 원 신호가 완전히 대역 필터로 주파수가 제한되어 있지 않으므로 2배 이상의 높은 표본화 주파수가 이용된다.

컴포지트 부호화에 있어서도 표본화 주파수를 선택할 경우 색부반송파 주파수 f_{sc}와 표본화 주파수 f_s 사이에서 발생하는 비트 방해에 대해서도 고려하지 않으면 안된다. 비트 주파수는 다음 식으로 표현된다.

$$f_b = |k \times f_{sc} - f_s| \quad (k \text{는 임의의 정수})$$

디지털 방송 이해 및 실무

여기에서 표본화 주파수 f_s를 색부반송파 주파수 f_{sc}의 정수배로 선택함으로써 비트 주파수 f_b는 0 또는 색부반송파 주파수의 정수배가 되어 비트를 방해할 수 있다. 처리 속도 등의 문제에서 초기에는 표본화 주파수를 색부반송파의 3배로 하는 경우도 많았지만, 최근에는 대부분의 기기가 4배로 하고 있다. 이것에 의해 화질향상뿐만 아니라 표본화 주파수를 $4f_{sc}$로 했을 경우 주사선마다 표본화 위상이 반 주기 벗어나는 것에 대해 $4f_{sc}$에서는 주사선마다의 표본화 위상이 일치한다는 장점을 살릴 수 있다.

영상 신호의 양자화 비트 수에 대해서는 양자화 잡음에 의한 화질 열화를 감지할 수 없도록 하기 위해서는 8비트 이상이 필요하다는 것이 주관 평가 실험결과로 알려져 있으며, 최근 기기에서는 10비트 이상을 사용하는 경우도 많다.

(2) 디지털 컴포넌트 부호화

컴포넌트 부호화의 경우 앞의 컴포지트에서 설명한 색부반송파 주파수의 정수배라는 제약은 없지만 수평주사 주파수 f_H의 정수배를 채용하는 쪽이 적합하다. 또한 525시스템과 625시스템에서 공통점을 갖게 한다는 관점에서 컴포넌트 신호 국제 규격으로서 다음과 같이 정해졌다.

525시스템에서의 수평 주파수 $f_{H(525)}$ 및 $f_{H(625)}$ 시스템에서의 수평 주파수는 각각 다음과 같이 주어진다.

$$f_{H(525)} = 4.5\text{MHz}/286$$
$$f_{H(625)} = 625 \times 25$$

이러한 정수배의 최소값은 위의 식을 각각 143, 144배 한 2.25MHz이다. 결과적으로 그때까지 525라인이 주장하고 있던 14.3MHz와 625라인이 주장하고 있던 12MHz의 중간값으로서 2.25MHz의 6배인 13.5MHz가 국제 규격으로 채택되었다.

한편 색차신호 샘플링 방법도 여러 가지가 존재한다. 대표적인 샘플

링은 일반적으로 잘 알려진 4 : 2 : 2로서 휘도신호 13.5MHz, 색차신호
를 그의 반인 6.75MHz로 샘플링한 것이다. 즉, Y신호 성분을 4개 표
본화할 때 Cr, Cb 성분을 각각 2개씩만을 표본화한 것이 된다. 이밖에
4 : 2 : 0의 경우 Y성분을 4개 샘플링할 때 Cr, Cb 성분을 각각 1개씩만
을 샘플링하게 된다.

비디오 포맷을 구분할 때 사용되는 주요한 항목들은 다음과 같다.

- 수직 및 수평의 해상도
- Square 및 Rectangular 형태의 화소 모양
- 4 : 3과 16 : 9와 같은 종횡비
- Scan rate
- 주사 방식(Interlace/Progressive)

방송 제작 및 송출을 위한 영상 및 인터페이스 규격은 ITU-R, SMPTE,
EBU 및 ANSI에서 정하고 있다.

2) SD/HD 영상 규격

<그림 1-2>에 1125라인을 갖는 HDTV 영상을 예로 나타냈다. <그
림 1-2> (b)는 유효영역을 나타내고 있다. 모든 영상은 모두가 유효한
화소로 구성되어 있지는 않고 CRT상의 도시를 위해 전자빔이 수평선
을 도시하고 시작점으로 귀선하는 수평 귀선 구간(Horizontal Blanking
Interval)과 여러 개의 수평라인을 모두 도시하고 처음 수평선을 그린 곳
으로 귀선하는 수직 귀선 구간(Vertical Blanking Interval)이 존재한다.

<그림 1-2> (c)는 안정된 영역(clean area)을 나타내고 있다. 영상을
전자빔으로 도시할 때 전자빔의 안정된 시간이 필요하므로 이러한 셋업
기간을 제외한 영역이 안정된 영역으로 최종 시청자에게 도시해주는 부
분이다.

디지털 방송 이해 및 실무

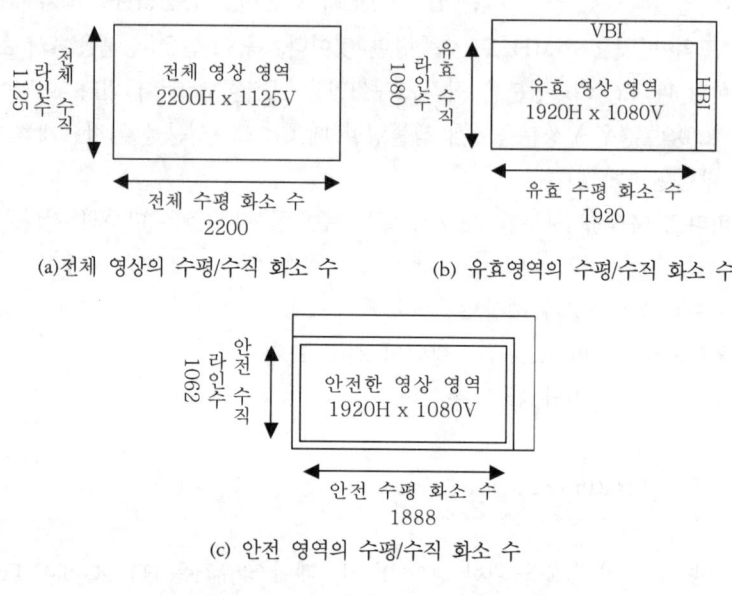

(a)전체 영상의 수평/수직 화소 수　　　(b) 유효영역의 수평/수직 화소 수

(c) 안전 영역의 수평/수직 화소 수

<그림 1-2> 1125라인 HDTV 영상의 구조

<표 1-1>에 HDTV와 SDTV 영상의 포맷을 나타냈다. 수직으로 1125라인과 750라인인 HDTV(High Definition TV) 영상은 유효영역 라인수가 각각 1080과 720라인이다. 525라인의 SDTV(Standard Definition TV) 영상은 유효영역 라인수가 483라인이다. 1080과 720라인의 유효라인을 갖는 영상을 HDTV 영상, 480라인의 유효라인을 갖는 영상을 SDTV 영상으로 구분한다.

<표 1-1> HDTV와 SDTV의 영상 포맷

영상 Format	Vertical(V) Lines/Frames			Horizontal(H) Pixels/Lines		
	전체영역	활성영역	안전영역	전체영역	활성영역	안전영역
1080	1125	1080	1062	2200	1920	1888
720	750	720	702	1650	1280	1248
480	525	483	479	858	720	707

(1) 영상 신호의 표기 방법

영상 신호를 표기하는 데는 여러 가지 방법이 있겠으나 보통 간편하
게 다음과 같은 방법으로 나타낸다. 영상의 표기에는 유효라인 수, 주
사 방식, 프레임 수 및 종횡비를 사용하여 나타낸다. 먼저 아래와 같이
영상을 '720p60 16 : 9'와 같이 표기한 경우 이의 내용을 살펴보면 다
음과 같다.

720은 유효라인의 수를 나타내며 유효라인의 수로서 전체 라인 수와
안정된 라인 수를 모두 알 수 있다. 720 대신 다음과 같이 여러 가지
값을 사용할 수 있다.

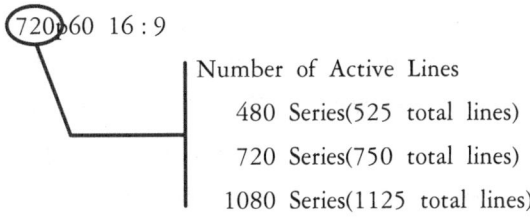

720p는 순차주사방식의 영상을 의미한다. 비월주사방식의 경우 720i
로 표시한다. 그의 사용 예는 아래와 같다.

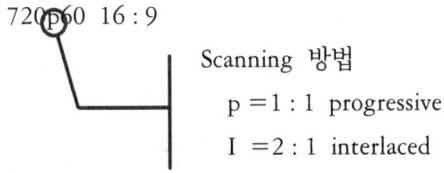

720p60은 영상이 초당 60개의 프레임으로 구성됨을 나타낸다. 영상
의 프레임률은 영상의 도시율을 의미하지는 않는다. 720i60의 경우 60
개 프레임을 비월주사방식을 사용하여 초당 120개의 필드를 도시함을
의미한다. 이와 같이 프레임률는 항상 디스플레이율을 가리키지는 않으
며 순차방식과 비월주사방식은 다음과 같은 디스플레이율을 갖는다.

디지털 방송 이해 및 실무

순차주사방식(Progressive): Display Rate = Frame Rate
비월주사방식(Interlaced) : Display Rate = 2×Frame Rate

다음은 이러한 사용 예를 보여주고 있다.

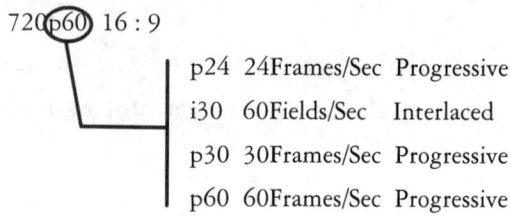

720p60 16 : 9

p24 24Frames/Sec Progressive
i30 60Fields/Sec Interlaced
p30 30Frames/Sec Progressive
p60 60Frames/Sec Progressive

720p60은 보통 컴퓨터 모니터와 호환인 프레임률을 갖는 모드와 NTSC 방송의 프레임률과 호환인 NTSC 호환율이 있다. NTSC 방송이 29.97의 프레임률을 갖기 때문에 NTSC와 호환이 되기 위한 영상은 29.97이 되어야 한다. 미래에 NTSC 영상이 사라질 경우 NTSC와 호환인 프레임률을 고려할 필요가 없으나 디지털 방송과 동시에 방송을 계속하는 경우 이러한 호환이 유지되는 프레임률은 계속 사용되어야 한다. 보통 편의를 위해 Normal rate로 표기하고 있다

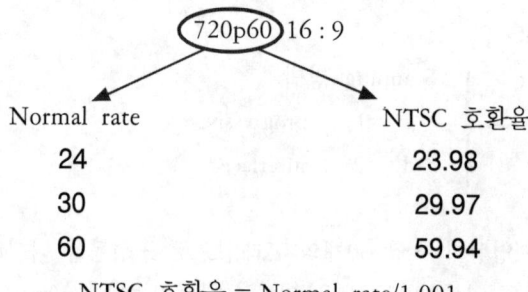

720p60 16 : 9

Normal rate	NTSC 호환율
24	23.98
30	29.97
60	59.94

NTSC 호환율 = Normal rate/1.001

현재 미국과 유럽의 디지털 방송에서 영상의 종횡비는 16 : 9와 4 : 3 모드가 있다. 이와 같은 종횡비를 다음과 같이 표기하여 사용한다.

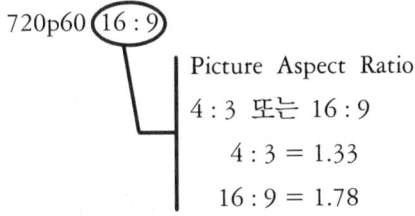

720p60 16 : 9

Picture Aspect Ratio
4 : 3 또는 16 : 9
4 : 3 = 1.33
16 : 9 = 1.78

(2) 비월주사방식과 순차주사방식의 비교

디지털 방송은 아날로그 방송에 비하여 매우 다양한 크기와 표현방식을 갖는 영상을 사용할 수 있다. 이러한 영상의 표현방식 중 비월주사방식과 순차주사방식이 있는데 이러한 방식은 장단점이 있다. 비월주사방식에 대한 장단점은 다음과 같다.

비월주사방식의 장점:
• Raw data의 크기를 줄일 수 있다
• TV set을 설계하기 쉽고 저렴하다
• 주어진 대역폭에서 좋은 화질을 유지한다

비월주사방식의 단점:
• 라인간의 플릭커(inter line flicker)가 발생한다
• 컴퓨터 제작 영상의 경우 변환이 필요하다
• 압축 방식이 복잡하다
• SD에서 HD로 영상 변환이 복잡하다
• 약간의 움직임에도 화질이 떨어진다

(3) 영상의 압축률

프레임률은 초당 도시하려는 프레임의 수인데, 프레임률이 높으면 높을수록 움직임에 대하여 좋은 화질을 나타내게 되지만 프레임률에 비례하여 영상 데이터의 전송량이 증가하게 된다.

유효영역(active region)에서의 유효영상 데이터율(Active Data Bit

디지털 방송 이해 및 실무

Rate)은 다음과 같이 구할 수 있다.

$$\text{Active Data Bit Rate} = \frac{\text{Active Lines}}{\text{per frame}} \times \frac{\text{Active Pixels}}{\text{per line}} \times \text{frame} \times \frac{\text{Sample words}}{\text{per pixel}} \times \frac{\text{bit per}}{\text{sample word}}$$

예로서 1080i30−10bit 4 : 2 : 2의 경우 유효영역에 대한 데이터량은 다음과 같다.

$$\text{유효영역 데이터량(Active Data Bit Rate)}$$
$$= 1080 \times 1920 \times 30 \times 2 \times 10 = 1244\text{Mb/s}$$

즉, 유효영역에 대한 영상의 전송 데이터량은 약 1.2Gbps로 보통의 통신라인으로 전송하기에는 데이터량이 비교할 수 없이 큼을 알 수 있다. 이러한 동영상을 보통의 전송라인을 통하여 전송하기 위해서는 영상 압축을 사용하여 최대한 영상의 화질을 저하시키지 않고 주어진 통신라인의 대역으로 전송하여야 한다. 이렇게 전송하게 된 영상의 압축률은 다음과 같이 계산되는데, 예로서 1080i30−10bit 4 : 2 : 2가 18Mbps로 압축되어 전송될 경우,

$$\text{압축률} = \frac{\text{압축기로 입력되는 유효영상 데이터율}}{\text{압축 전송될 데이터율}} = \frac{1080 \times 1920 \times 30 \times 2 \times 10}{18\text{Mbps}}$$
$$= 69 : 1$$

3) SMPTE와 ATSC가 지원하는 디지털 방송 화면 규격

<그림 1-3>에 SMPTE에서 정의된 디지털 SDTV 영상 포맷의 분류도를 나타냈다. SMPTE에서는 SDTV용 영상에 대하여 다음의 몇 가지 형식으로 분류하여 문서번호를 달고 있다.

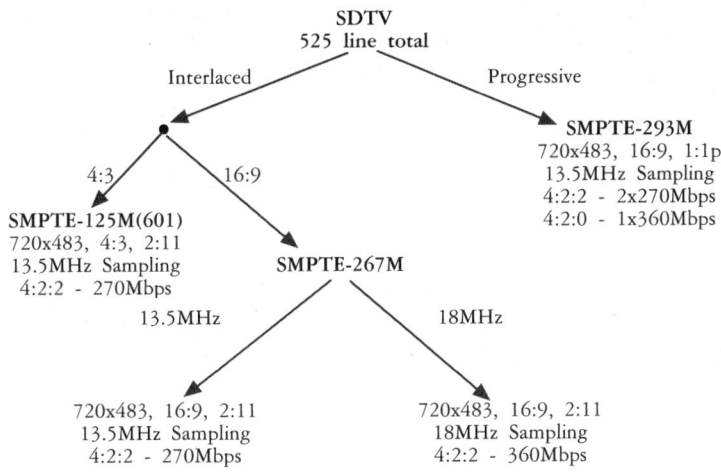

<그림 1-3> SMPTE의 정의된 SDTV 영상 포맷

<표 1-2>에 480라인의 SDTV 영상과 1080 및 720라인의 HDTV 영상의 포맷에 대한 내용을 표로 나타내고 있다. NTSC 방송용으로 사용하고 있는 480i30의 영상은 유효영역의 전송률은 270Mbps이고 SMPTE 125M으로 정의되어 있다.

<표 1-2> SMPTE에서 정의된 SDTV와 HDTV 영상의 포맷

Format	Vertical(V) Total	Active	Horizontal(H) Total	Active	Frame Rate	Y Sample Frq.(MHz)	Bit Rate(Mbps) Total	Active
480p60	525	483	858	720	60	13.5	540	470
480p30	525	483	858	720	30	13.5	270	210
480p24	525	483	?	720	24	13.5	?	170
480i30	525	483	858	720	30	13.5	270	210
480i30-18	525	483	1144	9960	30	18.5	360	280

(a)

Format	Vertical(V) Total	Active	Horizontal(H) Total	Active	Frame Rate	Total Bit Rate	SMPTE Standard Scan	Interface
480p60	525	483	858	720	60	540	293	294
480p30	525	483	858	720	30	270	TBD	259-C
480p24	525	483	?	720	24	270	TBD	259-C
480i30	525	483	858	720	30	270	125/267	259-C
480i30-18	525	483	1144	9960	30	360	267	259-D

(b)

디지털 방송 이해 및 실무

Format	Vertical(V)		Horizontal(H)		Frame Rate	Y Sample Frq.(MHz)	Bit Rate(Mbps)	
	Total	Active	Total	Active			Total	Active
1080p60	1125	1080	2200	1920	60	148.5	2970	2488
1080p24	1125	1080	2750	1920	24	74.25	1485	995
1080i30	1125	1080	2200	1920	30	74.25	1485	1244
720p60	750	720	1650	1280	60	74.25	1485	1106
720p24	750	720	4125	1280	24	74.25	1485	442

(c)

Format	Vertical(V)		Horizontal(H)		Frame Rate	Total Bit Rate	SMPTE Standard	
	Total	Active	Total	Active			Scan	Interface
1080p60	1125	1080	2200	1920	60	2970	274M	N/A
1080p24	1125	1080	2750	1920	24	1485	274M	292M
1080i30	1125	1080	2200	1920	30	1485	274M	292M
720p60	750	720	1650	1280	60	1485	296M	292M
720p24	750	720	4125	1280	24	1485	296M	292M

(d)

(1) 인터페이스 규격

SMPTE에서는 앞에서 정의된 영상 포맷과 관련된 다채널 오디오 신호들을 방송기기간에 손쉽고 범용적으로 전송하기 위하여 직렬 인터페이스 규격을 정의하고 있다. 직렬 인터페이스는 병렬 인터페이스에 비하여 단 한 개의 전송 신호라인으로 비디오와 오디오를 전송할 수 있으므로 효율적인 전송방법을 제공한다.

먼저 NTSC 방송을 위해 제작한 SDTV 영상의 경우 직렬 인터페이스를 SMPTE259M으로 정의하고 있는데, 여기에는 비압축 SD 525/625 비디오 신호와 연결된 오디오 신호를 직렬 인터페이스 신호에 삽입시켜서 전송하게 하고 있다. SMPTE259M 신호의 특징은 다음과 같이 요약된다.

- $4f_{sc}$와 4 : 2 : 2 (601)포맷을 위해 사용한다
- 4가지의 변종들이 존재한다

−259M-A	$4f_{sc}$ 525/60	143Mbps
−259M-B	$4f_{sc}$ 525/60	177Mbps
−259M-C	4 : 2 : 2, 27MHz	270Mbps
−259M-D	4 : 2 : 2, 36MHz	360Mbps

480p의 비디오 신호와 오디오 신호를 직렬로 연결하기 위한 인터페이스를 SMPTE294M으로 정하고 있는데 다음과 같다.

- 비압축 480p60 비디오와 임베디드 오디오 전송
- 2가지 변종들
   - −294M-1   4:2:2 Chroma   2×270Mbps
   - −294M-2   4:2:0 Chroma   1×360Mbps
- 미래의 변종들
   - −294M-?   4:2:2 Chroma   1×540Mbps
   - −294M-?   4:2:2 Chroma   1×1.485Gbps

HDTV를 위한 비디오와 오디오를 직렬로 전송하기 위한 규격을 SMPTE292M으로 정의하고 있는데 이를 정리하면 다음과 같다.

- 전체 데이터율(Total Rate): 1.458Gbps
- 디지털 신호전송을 위한 동축케이블을 이용한다
   - 최대 케이블 길이 100m까지 사용 가능
   - 3GHz patch들과 커넥터들을 사용
- 모든 HDTV scan format을 포함한다
   - 현재 1080i30/p24/p30과 720p24/30/p60 포함
   - 480p60/i30을 포함함으로 확장

(2) ATSC가 지원하는 디지털 방송 화면 규격

미국 디지털 방송이 지원하는 영상에 대한 규격을 ATSC A53에서 <표 1-3>과 같이 정의하였다. ATSC는 모두 18가지의 영상 포맷을 정의하고 있는데 NTSC와 호환인 프레임레이트를 고려한다면 모두 36가지의 영상 포맷을 갖게 된다.

방송사는 다양한 영상을 선택해 다양하게 방송할 수 있으며 수신기는 방송사가 어느 영상 포맷으로 방송해도 이를 수신할 수 있도록 하고 있다. 정의된 영상 포맷 중 6가지가 HDTV 영상이고 1가지가 SDTV 영상이다.

디지털 방송 이해 및 실무

<표 1-3> ATSC에서 정의한 디지털 방송용 영상 포맷

포맷 수	Image Format	Scan Rate	NTSC 호환	HD/SD구분
1, 19	1920×1080	P24	P23.98	
2, 20	16 : 9	P30	P29.97	
3, 21	Square Pixel	I30	I29.97	HDTV
4, 22	1280×720	P24	P23.98	
5, 23	16 : 9	P30	P29.97	
6, 24	Square Pixel	P60	P59.94	
7, 25	704×480	P24	P23.98	
8, 26	16 : 9	P30	P29.97	
9, 27	Non Square Pixel	I30	I29.97	
10, 28		P60	P59.94	
11, 29	704×480	P24	P23.98	
12, 30	4 : 3	P30	P29.97	SDTV
13, 31	Non Square Pixel	I30	I29.97	
14, 32		P60	P59.94	
15, 33	640×480	P24	P23.98	
16, 34	4 : 3	P30	P29.97	
17, 35	Non Square Pixel	I30	I29.97	
18, 36		P60	P59.94	

4) 오디오 신호 규격

음성신호의 디지털화는 1960년대 후반부터 유럽지역을 중심으로 음성지연과 잔향 효과 장치로서 도입되기 시작했다. 그후 1970년대에 들어 PCM 녹음과 방송 프로그램 중계와 같은 분야에서도 널리 이용되기 시작했으며 현재 디지털 방송에서는 디지털화되어진 오디오 신호를 효율적으로 압축하여 전송하기 위한 기술들이 개발되었다.

<그림 1-4>는 음성 디지털화의 기본 구성을 나타낸 것이다. 마이크로폰 등에서 아날로그로 입력된 음성신호는 전 처리, 양자화, 디지털 신호 처리의 세 가지 과정을 거쳐 디지털화되어진다.

전처리과정에서는 디지털화에 따른 양자화 잡음을 랜덤 잡음화하기 위하여 '디저'라는 일종의 잡음을 부가한 후에 양자화 방법이 있다. 이것은 양자화 스텝 폭 Δ에 똑같이 분포하는 잡음상의 신호(디저 신호)를 양자화에 앞서 중첩하고 양자화한 뒤의 신호에서 이것을 뺌으로써 양자

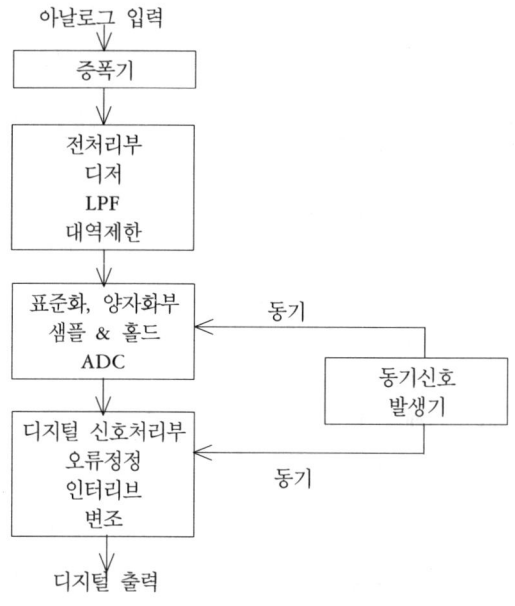

<그림 1-4> 음성의 디지털화

화 잡음을 폭 d에 똑같이 분포하는 전력 $\Delta 2/12$의 랜덤 잡음으로 할 수 있는 방법이다.

또한 최근에는 예측 부호화, 엔트로피 부호화, 적응 부호화, 서브밴드 부호화, 압축 등과 같은 각종 고효율 음성 부호화 방식이 구현되어 있다. 또한 청각 심리효과를 위하여 부호화 품질을 높이는 방법도 이용되고 있다.

음성의 부호화 주파수는 현재 주요한 것으로 32, 44.1, 48KHz가 있다. 이 중 48KHz는 IEC와 ITU-R에서 방송국용 스튜디오 표준규격으로 16비트 직선 양자화와 함께 채용되고 있다.

(1) 음성의 디지털 인터페이스

음성 디지털 직렬 인터페이스는 국제통일규격으로 AES/EBU 규격이 있다. 그 프레임 포맷은 <그림1-5>와 같다. AES/EBU 포맷에서 음성

2채널을 한 쌍의 페어로 하여 전송한다. 이 그림과 같이 192개의 연속하는 프레임을 한 블록으로 하여 신호를 구성하고, 한 프레임은 다시 두 개의 서브 프레임으로 구성된다. 또한 하나의 서브 프레임은 32비트로 구성되는데 그 대역은 아래와 같다.

- 동기 프리앰블 : 4비트
- 예비 : 4비트
- 오디오 데이터 : 20비트
- Valid flag(V) : 1비트
- 사용자 데이터 : 1비트
- 채널 스테이터스(C) : 1비트
- 패리티 비트(P) : 1비트

동기 비트에 해당하는 프리앰블에는 X, Y, Z 등 세 종류의 비트 패턴이 있다. X는 서브 프레임1을, Y는 서브 프레임2를 나타내는데 특히 블록 개시에 해당하는 서브 프레임1에 대해서는 프리앰블 Z가 된다. 또한 표본화 주파수는 채널 스테이터스로 결정된다. <그림 1-5>에서 오디오데이터에 대해서 20비트가 할당되어 있는데, 예비의 4비트도 사용함으로써 최대 24비트까지의 오디오데이터를 전송할 수 있다. AES/EBU 포맷은 ITU-R 권고 647에서 규정되어 있다.

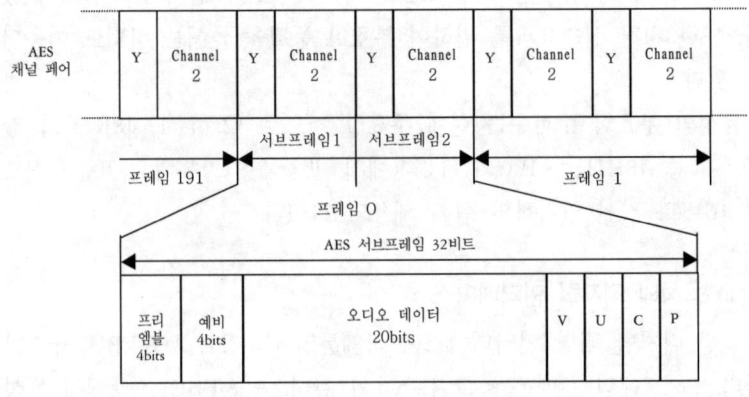

<그림 1-5> AES/EBU 포맷

2. 압축 신호 인터페이스 규격

1) 인터페이스 규격의 개요

앞 절에서 영상과 음성의 포맷과 비압축 신호에 대한 인터페이스 규격을 살펴보았다. 비압축 비디오 데이터의 경우 데이터량의 크기가 보통의 통신 채널로는 전송하기에 데이터량의 크기가 크므로 이를 통신 채널로 전송하기 위하여 압축을 하여야 한다고 언급하였다. 압축된 비디오와 오디오의 데이터는 표준화된 규격으로 각각의 방송장비에 대하여 전송되어야 한다.

비디오와 오디오의 압축에 대하여는 이 책의 뒷 장에서 설명하겠고 이 절에서는 이러한 압축된 비디오/오디오 신호가 존재할 경우 전송되어야 하는 표준화된 규격에 대하여 살펴보겠다.

압축된 신호의 표준화된 인터페이스 규격의 목적은 다음 두 가지이다.

- MPEG-2 TS packet을 알려진 인터페이스를 사용하여 전달
- 압축된 비트 스트림을 위한 SDI의 재사용

이러한 목적을 위해 인터페이스 방식은 다음의 두 가지 중 한 가지로 사용되는데, 이 두 가지 방식의 특징을 <표 1-4>에 비교하였다.

<표 1-4> 압축 데이터 비동기와 동기 방식 인터페이스의 비교표

항 목	비동기식 인터페이스	동기식 인터페이스
표 준	DVB-ASI SMPTE305	DVB-SSI SMPTE310
인터페이스	Encoder와 Mux 간	Encoder와 Mux 간
연결 디바이스들의 클럭과 연동 여부	clock과 무관	clock과 lock됨
Transport 전송률과 Payload 전송률	다름	같음
전송률	Transport 전송률: 270Mbps Payload 전송률: 1-220Mbps	40Mbps

디지털 방송 이해 및 실무

계속해서 이러한 동기와 비동기 방식의 인터페이스 규격으로서 SMPTE305M 규격과 DVB-ASI 규격들에 대하여 살펴보도록 하자.

2) 비동기화된 압축 신호 인터페이스

압축된 신호를 비동기 방식 인터페이스를 위한 규격으로 DVB-ASI와 SMPTE305M이 있다. DVB-ASI 인터페이스 방식은 유럽 DVB 규격에 의한 장비들에서 대부분 구현되어 있는데 비디오/오디오 신호의 압축 스트림을 DVB-ASI 형태로 출력하여 QAM 변조기의 입력으로 연결된다.

DSVB-ASI 인터페이스는 270Mbps에서 MPEG-2 transport stream이 바로 전달되고 만일 압축된 데이터의 전송률이 270Mbps보다 작다면 null packet을 삽입하도록 되어 있다.

SMPTE305 규격은 MPEG-2 TS 스트림을 비동기방식으로 200~270 Mbps의 속도로 전달하도록 되어 있다. 이 규격은 압축된 비디오 스트림을 전달 분배되도록 비압축 전송 규격인 SMPTE-259M SDI 규격과 호환되게 되어 있으며 SMPTE259M 장비를 사용할 수 있다. <그림 1-6>에서는 SMPTE305M의 시스템에서 SMPTE259M과 호환된 형태의 시스템을 보여주고 있다.

비동기 방식의 인터페이스 SMPET258M-C, DVB-ASI 및 SMPTE 305M을 <표 1-5>에 비교표를 작성하였다.

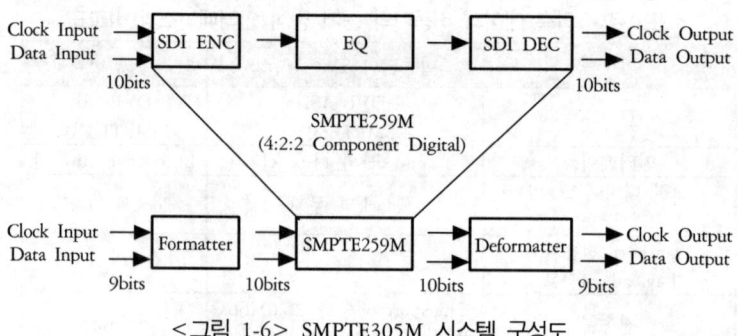

<그림 1-6> SMPTE305M 시스템 구성도

<표 1-5> Asynchronous Serial Interface의 비교

Interface	Transport Rate (Mbps)	Payload Coding	신호 유형
SMPTE259M-C	270	비압축 비디오 215Mbps	NRZI 스크램블
DVB-ASI	270	MPEG-2 패킷 270Mbps	NRZI No 스크램블
SMPTE305M	270	MPEG-2 패킷 200Mbps	NRZI 스크램블

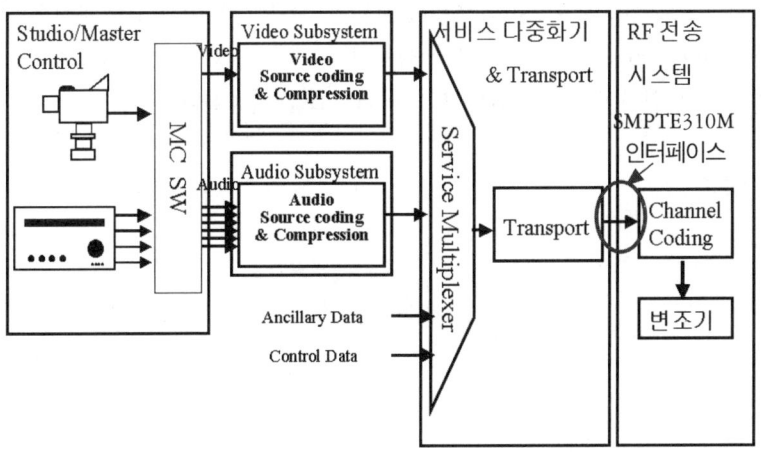

<그림 1-7> SMPTE310M이 사용되는 송신 시스템의 위치

3) 동기화된 압축 신호 인터페이스

동기방식 직렬 인터페이스(Synchronous Serial Interface) 규격으로서 SMPTE310M과 DVB-SSI 방식이 있다. 이 방식은 입력 쪽 장치가 출력 쪽 장치에게 종속이 되고, Transport의 clock rate가 Payload의 clock rate가 된다.

SMPTE310M 인터페이스 방식은 주로 Transport Mux와 FEC 또는 변조기 사이를 연결하는 인터페이스로 사용하고 미국 방식의 장비들은 SMPTE310M 방식을 장비에 채택하고 있고 DVB-SSI 규격은 거의 사용하지 않는다.

디지털 방송 이해 및 실무

    <그림 1-7>에 디지털 방송 송신 시스템 내에서 SMPTE310M 방식의 인터페이스 규격이 사용되는 장소를 나타내고 있다. 먼저 스튜디오에서 카메라와 브이씨알(VCR)을 통해 편집 저장된 영상과 음성은 주조정실의 마스커 스위치(MC SW)를 거쳐서 최종 출력될 영상과 음성이 선택되어진다. 이러한 영상(Video)과 음성(Audio)은 비디오/오디오 서브 시스템에서 압축과정을 거치고 서비스 다중화기에서 압축된 비디오/오디오 및 여러 데이터들이 다중화되어 RF 전송 시스템으로 전송되고, 지상파 방송의 경우 8-VSB나 COFDM으로 변조되어 송신되는 과정으로 구성된다. 서비스 다중화기에서 다중화된 신호를 RF 전송 시스템으로 전송하기 위하여 SMPTE310M 인터페이스를 사용한다.

제2장 디지털 방송 신호 압축 기술

영상 신호의 디지털화는 열화에 대한 왜곡 우려가 적고 컴퓨터 통신 매체를 통하여 데이터가 전송되거나 저장될 수 있다는 여러 가지 장점이 있으나 한편으로 데이터량이 매우 크므로 이를 압축처리하지 않으면 안된다는 단점이 있다.

방송 영상 신호의 처리에는 휘도신호와 색차신호를 따로따로 부호화하는 RGB, YCrCb 등 컴포넌트 부호화와 휘도신호에 색신호를 다중화한 NSTC, PAL 등과 같은 컴포지트 신호가 있다. 영상의 압축처리에는 색신호가 같이 섞여 있는 신호보다 색신호와 명암성분이 분리된 신호를 처리하는 것이 바람직하다. 그러므로 영상 압축을 위한 신호는 YCrCb와 같은 컴포넌트 신호를 사용하여 압축을 하게 된다.

본 장에서는 이러한 영상데이터를 디지털 방송에서는 MPEG-2 압축방식을 사용하여 압축전송하고 있는데, 이러한 MPEG-2의 영상 압축 알고리즘에 대하여 살펴보도록 하겠다.

1. 디지털 방송 시스템의 영상 압축부의 개요

MPEG-2에서 사용하는 영상 신호의 압축방법은 영상 신호에 내재하

디지털 방송 이해 및 실무

는, 다음과 같은 각종 중복성을 영상을 크게 열화시키지 않으면서 효율
적으로 제거함으로써 얻어진다.

- 색신호간 중복성 제거
- 공간적 중복성 제거 (화면내 중복성 제거)
- 시간적 중복성 제거 (화면간 중복성 제거)
- 통계적 중복성 제거

1) 색신호간 중복성(Special Redundancy) 제거

카메라 등을 통해 들어온 RGB 영상 입력신호는 색성분간의 신호 상
관도가 높아 이 상관도를 줄여 전체 데이터 발생량을 줄이고 인간의 시
각특성에 맞도록 하기 위해 YCrCb의 색체계로 변환한다. 명암 성분에
해당하는 Y성분은 주파수 대역폭도 넓고 인간의 눈이 민감한 반면,
CrCb 성분은 대역폭도 좁고 눈에 덜 민감하다는 특징 때문에 색 성분
의 데이터를 명암 성분의 데이터와 같은 해상도로 전송할 필요가 없고
색 성분의 데이터만을 수평과 수직 방향으로 각각 1/2로 해상도를 줄여
전송할 수 있다.

2) 공간적 중복성(Spatial Redundancy) 제거

한 장의 영상을 분석하여 보면 대부분의 화면은 화소마다 전혀 다른
값을 갖지 않고 인접한 화소와 거의 일치하는 화소의 값을 갖는다는 것
을 알 수 있다. 이처럼 화면 내에 인접하는 화소간에는 상관도가 높은
특징을 이용하여 블록(8×8)단위로 DCT 변환 부호화하여 신호의 에너
지를 저역 주파수 대역으로 모으고 작은 크기의 신호를 갖는 대역 성분
값을 양자화 과정을 통하여 제거하므로 공간적인 중복성을 제거한다.

3) 시간적 중복성(Temporal Redundancy) 제거

비디오 영상 특징 중의 하나가 시간적인 흐름으로 영상이 거의 변화가 없다는 것이다. 시간적으로 앞선 형상과 현재의 영상은 움직임이 있는 부분의 영상만 약간 차이가 있을 뿐 앞의 영상과 현재의 영상은 거의 다르지 않고 일치함을 알 수 있다. 즉, 비디오 영상을 전송할 경우 앞의 영상에서 뒤의 영상의 차이점과 움직임에 대한 정보를 전송할 경우 앞의 영상으로부터 뒤에 연속해서 나오는 영상을 만들어낼 수 있다.

이와 같이 시간적으로 인접한 두 화면간에도 상관도가 높은 특징을 이용하여 매크로블록(16×16)단위로 두 화면간의 움직임을 추정하여 보상함으로써 시간적인 중복성을 제거한다.

4) 통계적 중복성(Statistical Redundancy) 제거

앞의 방법을 사용하여 영상을 압축한 뒤 코드를 만들면 사용된 코드값들 사이에도 자주 사용하는 코드와 자주 사용하지 않는 코드가 나타남을 알 수 있다. 즉, 자주 사용하는 코드와 자주 사용하지 않는 코드의 길이를 같게 사용하지 않고 길이를 다르게 설정함으로써 발생된 코드의 크기를 줄일 수 있는데, DCT와 양자화 과정을 거친 계수값들을 가변장 부호화(VLC)의 일종인 허프만 부호화를 이용하여 통계적 중복성을 제거한다.

부호기의 채널 버퍼는 VLC 출력이 가변(variable) 비트율을 갖기 때문에 이를 채널을 통하여 고정(constant) 비트율로 전송할 수 있도록 데이터를 일시 저장하기 위한 용도로 사용된다. 복호기측에서는 채널을 통해서 전송된 MPEG-2 syntax를 따르는 비트열이 복호기 버퍼에 입력되면, 헤더 정보 등을 제외한 비디오 데이터들이 VLD(Variable Length Decoding), 역양자화, 역DCT 등을 거쳐 블록단위로 화면이 복원된다. 각 매크로블록은 움직임 보상 후 부호화하거나(inter mode) 움직임 보상 없이 현재 화면을 직접 부호화(intra mode)한다.

디지털 방송 이해 및 실무

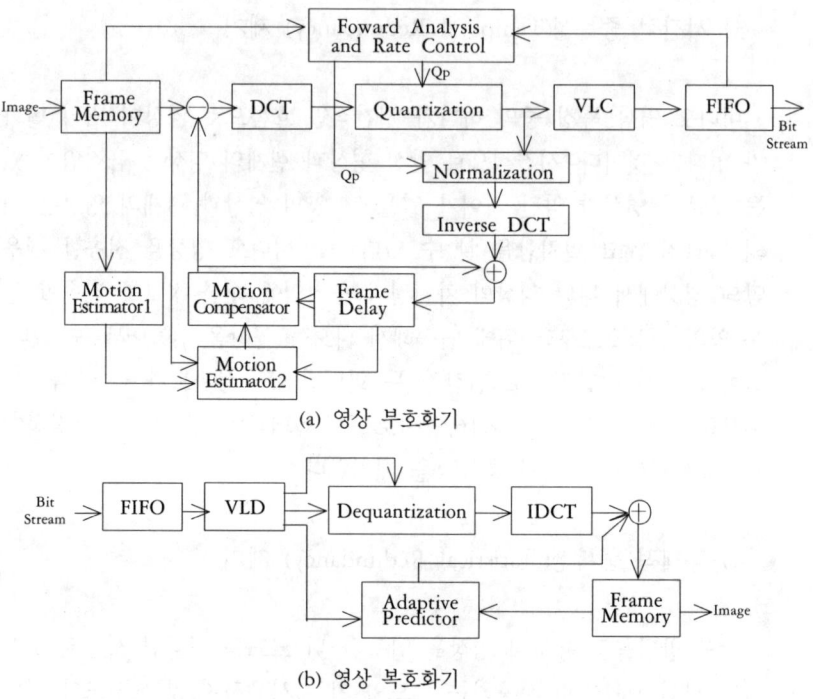

(a) 영상 부호화기

(b) 영상 복호화기

<그림 2-1> HDTV 영상 부호화기 및 복호화기 블록 다이아그램

<그림 2-1> (a), (b)에 MPEG-2의 압축방법을 사용하는 디지털 시스템 영상 부호기/복호화기의 블록 다이어그램이 나타나 있다.

2. 영상의 전처리 과정

디지털 방송 시스템의 부호화 과정에 사용되는 디지털 영상 신호를 얻기 위하여는 먼저 아날로그 영상 신호를 샘플링하고 이를 8비트 크기로 양자화하는 A/D conversion 과정이 필요하다. 한편 영상 신호는 일반적으로 R, G, B의 신호 형식을 갖고 있는데 이를 Y, U, V 형식으로 전환하기 위하여 SMPTE 240M을 이용한다. 이렇게 U, V 신호로

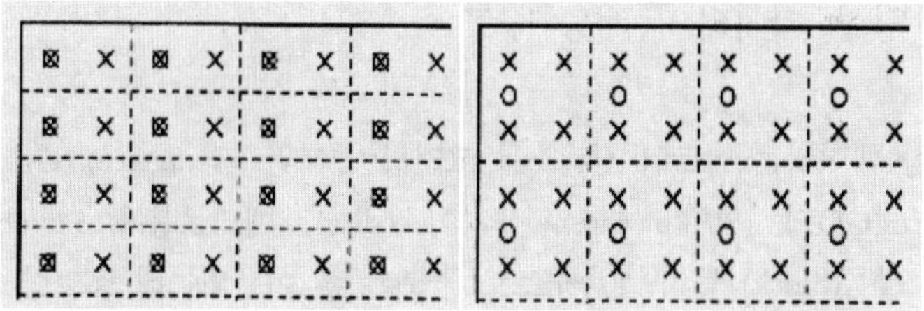

(a) 4 : 2 : 2 샘플 방식   (b) 4 : 2 : 0 샘플 방식
<그림 2-2> 샘플의 위치
* X는 명암(Luminance) 성분 샘플 위치, O는 색차(Chrominance) 성분 샘플 위치를 나타
낸다

분리된 색상신호는 Y신호인 휘도신호에 비하여 높은 주파수 성분에 대
한 사람의 인지도가 낮으므로 U, V 신호에 대하여는 subsampling을 행
하여 4 : 2 : 0 형식을 가지도록 한다. <그림 2-2>에 4 : 2 : 2 샘플 방
법과 4 : 2 : 0 샘플에 의한 샘플들의 위치를 나타냈다.

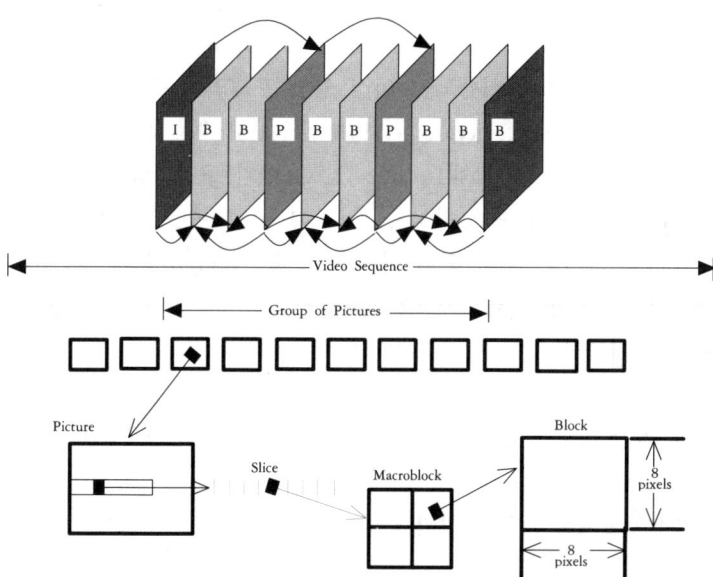

<그림 2-3> 영상 압축을 위한 계층 구조

3. 영상 데이터의 계층 구조

영상 데이터는 비트열 신텍스를 고려하여 시퀀스(sequence), Group of Pictures(GOP), 픽쳐(picture), 슬라이스(slice), 매크로블록(Macroblock; MB), 블록(block) 등의 계층구조로 구분된 후 이용되는데 <그림 2-3> MPEG 영상 압축을 위한 계층구조를 나타냈다. 각 계층 영상의 구조 및 사용 용도는 다음과 같다.

1) 비디오 시퀀스 계층(Video sequence layer)

비디오 시퀀스는 부호기에 입력된 영상들의 집합으로 정의되며, 연속된 GOP의 배열로 구성된다.

2) GOP 계층

영상을 압축하기 위해 사용되는 여러 영상 프레임의 단위 조합이다. 1개의 인트라 픽쳐(Intra picture), 그리고 (N-1-P)개의 B 픽쳐(B-picture)로 구성되며, 인트라 픽쳐(I-picture)로 GOP가 구성된다. 여기서 N은 GOP의 크기이며, P는 P 픽쳐의 개수, M은 연속되는 B 픽쳐의 개수에 1을 더한 값이다. 이와 같이 비디오 시퀀스를 GOP별로 부호화하는 것은, 시간축 방향으로의 오류전파를 막으며, 임의의 억세스 및 고속재생 등을 가능하게 하기 위함이다.

3) 픽쳐 계층(Picture layer)

MPEG에는 움직임 보상의 방법에 따라 I, P, B 3종류의 픽쳐가 있다.

(1) I 픽쳐(Intra picture)
영상을 압축함에 있어서 앞의 영상과관련없이 자신만의 데이타를 압축하는 화면이 I 픽쳐이다. 화면 내의 모든 매크로블록이 인트라 모드로만 구성되기 때문에 영상 압축을 위한 첫 화면으로 사용하며, 앞에서 전송한 영상 데이터에 오류가 있더라도 I 픽쳐 이후로는 오류가 더 이상 전파되지 않는다. 채널 전환시의 원화복구나 오류의 전파를 막기 위한 일정 간격으로 I 픽쳐를 두어야 한다. I 픽쳐는 전체 화질에 절대적인 영향을 미치므로 P, B 픽쳐에 비해 고화질을 유지할 수 있도록 부호화하여야 한다.

(2) P 픽쳐(Predictive picture)

현재 프레임에 대해서 이전 프레임의 I 혹은 P 픽쳐를 기준으로 하여 순방향 움직임 보상 예측기법을 적용하여 시간적 중복성을 제거한다. GOP의 구조적 특징 때문에 P 픽쳐는 연속되는 P 픽쳐 및 B 픽쳐에 영향을 미치기 때문에 I 픽쳐보다는 다소 떨어지지만 B 픽쳐보다는 나은 화질을 유지하여야 한다.

(3) B 픽쳐(Bi-directional picture)

현재 프레임에 대해서 이전 프레임의 I/P 픽쳐 그리고 다음 프레임의 I/P 픽쳐로부터 각각 움직임 보상된 순방향 예측화면, 역방향 예측화면, 순방향 및 역방향으로 보상된 화면을 사용하여 세 가지 예측신호를 얻어낸 후, 이들 예측신호 중 최적의 것을 영상간의 예측신호로 사용하여 시간적 중복성을 제거한다. GOP의 구조상 B 픽쳐는 다른 픽쳐에 영향을 주지 않으므로 I, P 픽쳐에 비해 가장 적은 비트를 할당하여 부호화한다. 평균적으로 I, P, B 픽쳐 각각으로부터의 비트 발생량은 15 : 5 : 1 정도의 비율이 된다.

(4) 슬라이스 계층(Slice layer)

각 픽쳐 내에서 슬라이스는 수평방향으로 연속되는 매크로블록들로 구성되며, 원칙적으로 한 슬라이스 내의 매크로블록 수는 가변적으로 정할 수 있다. 매 슬라이스마다 새로운 양자화기의 계단 크기가 결정될

수 있으며, 각 슬라이스의 위치 정보가 전송되어 복호기와의 동기를 가
능하게 한다.

(5) 매크로블록 계층(Macroblock layer)

매크로블록 슬라이스 내에서 각각의 매크로블록은 16×16의 Y신호
와 8×8의 U, V 신호로 구성되어 있다. 매 매크로블록마다 슬라이스
내에서 매크로블록의 위치 정보가 전송되며, 원칙적으로 움직임 보상
DPCM, DCT 변환, 양자화기의 조정은 매크로블록 단위로 수행된다.

(6) 블록 계층(Block layer)

8×8 크기를 가지며 이러한 블록단위로 DCT가 수행된 후 변환된
DCT 계수는 허프만 부호화되어 전송된다.

4. 입출력 영상의 규격

미국 ATSC 표준안으로 채택된 DTV의 신호 형식이 앞의 <표 1-3>
에 나타나 있다. 프로토타입 하드웨어에서 지원하는 신호 형식은 720
×1280(60Hz, 1:1) 크기의 화소를 가지는 순차주사방식(progressive)
신호 형식과, 1080×1920(59.94Hz, 2:1) 크기의 화소를 가지는 비월
주사방식(interlaced) 신호 형식이다. 이때 표본화 주파수는 순차주사방
식의 경우에 75.6MHz이고, 비월주사방식의 경우에 74.25MHz이다.

5. 움직임 추정 및 보상

동영상은 크게 세 가지 방식으로 압축이 가능한데 그 중에 하나가 프
레임간 압축방법으로 이렇게 압축한 프레임을 인터프레임이라 한다. 또
한 프레임간 압축을 하지 않고 공간적인 압축만을 한 프레임을 인트라

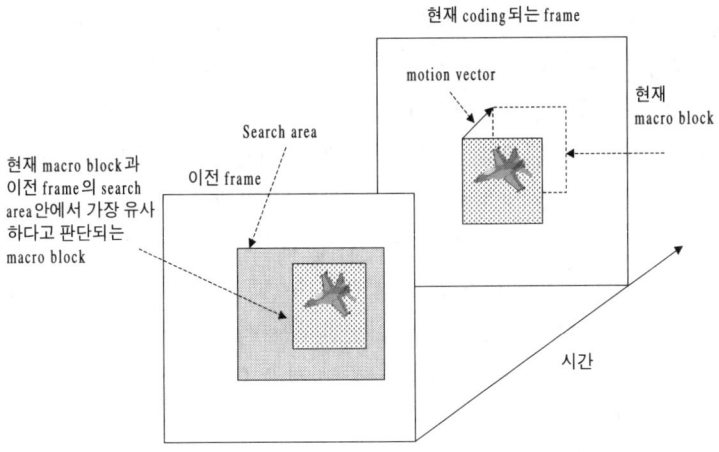

<그림 2-4> 동영상 압축을 위한 프레임간 움직임 탐색

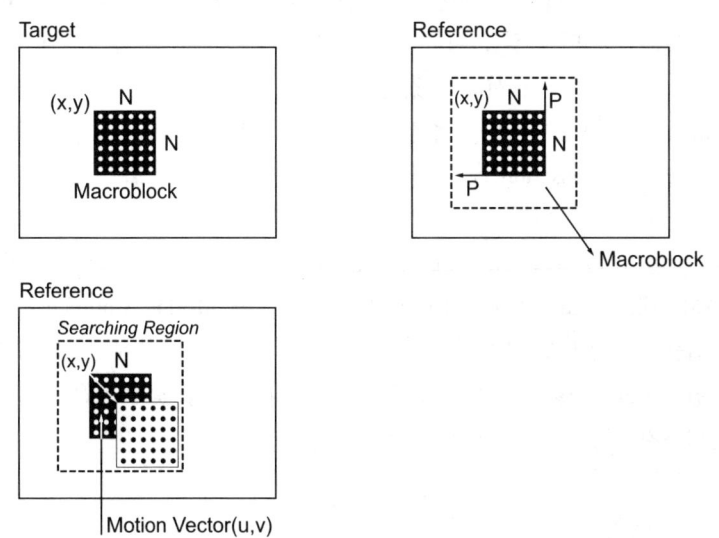

<그림 2-5> 움직임 벡터 찾기
* N×N의 매크로블록을 탐색영역을 통해 탐색하여 움직임 벡터 (u, v)를 찾는다.

프레임이라 한다. 영상은 프레임간에 상당한 상관성을 가지고 있는데<그림 2-4>와 같이 하늘에 비행기가 지나가는 그림은 비행기의 움직임만을 보상한다면 다음 화면을 구성할 수 있게 된다. 이렇게 프레임간에 압축을 위해서는 움직임의 정보를 찾게 되고 일반적으로 매크로블록(16×16pixel의 크기) 단위로 움직임을 이전 프레임의 탐색영역(search area, 위치적으로 현재 매크로 block의 주위) 안에서 찾게 된다.

움직임을 찾는다는 것은 탐색영역 안에서 가장 일치되는 매크로블록을 찾는 것으로 움직임을 찾고 난 다음 두 매크로블록과의 차이를 블록(8×8pixel의 크기) 단위로 나누어 공간적인 상관성을 이용한 압축으로 보통 DCT(Discrete Cosine Transform)를 하게 된다. 이것이 <그림 2-5>에 나타나 있다.

움직임 추정 및 보상은 앞에서 설명했듯이 시간적 중복성을 제거하기 위한 것이다. <그림 2-4>와 <그림 2-5>와 같이 움직임 추정을 해서 구해진 이전 프레임의 매크로블록을 현재 프레임의 매크로블록으로 움직임 보상을 하게 되면 시간적 중복성을 제거하게 된다. <그림 2-6>은 영상 압축 및 복원을 위한 전체 시스템 중 움직임 검색과 보상을 위한 블록의 위치를 표시하고 있다.

MPEG-2에서는 움직임 추정(ME; Motion Estimation) 및 보상(MC; Motion Compensation)을 위한 방법으로 프레임 MC, 필드 MC, Dual Prime MC의 세 가지가 있다. 이외에도 보다 정교한 움직임 추정 및 보상 방법인 FAMC(Field time Adjusted Motion Compensation), 단순 FAMC(simplified FAMC), SVMC(Single Vector Motion Compensation) 방법들이 제안되고 검토되었으나 구현상의 어려움 때문에 제외되었다. 한편 MPEG-2에서는 기본적으로 모든 움직임 추정 및 보상은 반 화소 단위까지 하는 것을 규정하고 있다.

1) 프레임 ME/MC

프레임 ME/MC는 MPEG-1에서부터 사용해온 움직임 추정방법으로

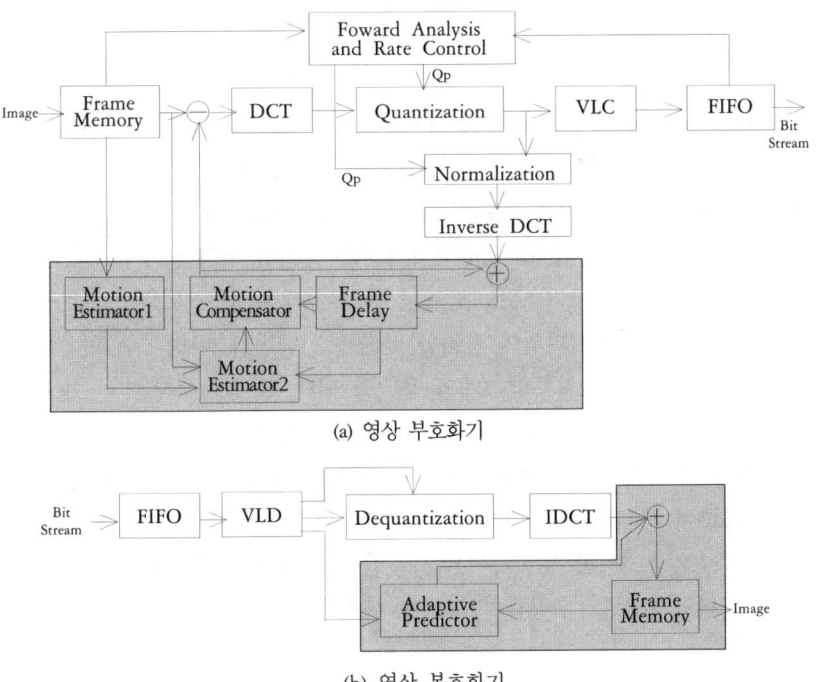

(a) 영상 부호화기

(b) 영상 복호화기

<그림 2-6> 영상 부호화기 및 복호화기 내의 움직임 검색 및 보상 블록의 위치

top 필드와 bottom 필드의 구분 없이 프레임 구조로 움직임을 추정하고 보상하는 것으로, 현재 프레임의 부호화하고자 하는 매크로블록에 대해 기준 프레임의 탐색영역 내에서 반 화소 정밀도까지 완전탐색을 수행하여 이 중 가장 작은 MAE(Mean Absolute Error)를 발생시키는 위치를 움직임 벡터로 결정한다. 실질적으로는 데이터가 화소 단위로 주어져 있으므로 화소 단위의 1차 완전탐색을 통해 화소 단위 움직임 벡터를 구하고 그후 반 화소 단위의 보간 및 2차 탐색을 통해 반 화소 단위의 움직임 벡터를 구한다. 프레임 ME의 경우에 P 픽쳐에서는 한 개의 매크로블록당 한 개의 움직임 벡터를, B 픽쳐에서는 한 개의 매크로블록당 1개 혹은 2개의 움직임 벡터를 전송하기 때문에 프레임 ME/MC에 비하여 움직임 벡터 전송에 필요한 비트 수가 적다.

디지털 방송 이해 및 실무

2) 필드 ME/MC

프레임 structured picture에 있어서 각 필드별로 움직임의 추정 및 보상을 수행하는 방식으로서, 현재 프레임의 top 필드와 bottom 필드 사이에서 각각 16×8 서브 블록 단위로 top to bottom, top to top, bottom to top, bottom to bottom의 4가지의 움직임 벡터를 구한 뒤, 현재 프레임의 top 필드와 bottom 필드 각각에 대해 최소의 움직임 보상 에러를 발생시키는 하나씩의 움직임 벡터를 선택한다. 따라서 P 픽쳐에서는 한 개의 매크로블록당 2개의 움직임 벡터, B 픽쳐에서는 한 개의 매크로블록당 2개 혹은 4개의 움직임 벡터를 전송한다.

MPEG-2에서는 모든 매크로블록에 대해서 프레임/필드 예측방법을 다 적용하여 본 뒤 그 중 보다 작은 예측오차를 갖는 예측 모드를 사용한다. 복호기측에서는 부호기에서 사용한 예측 모드가 전송되므로 이에 따라 움직임 보상을 수행하여 영상을 복원한다.

3) Dual Prime ME/MC

이 방법은 도시바(Toshiba)에서 제안한 움직임 추정/보상 방법으로서 필드 ME/MC 방법이 비교적 매크로블록당 발생하는 움직임 벡터를 전송하기 위한 비트 수가 많은 데 반하여, 한 개의 매크로블록당 1개의 움직임 벡터와 차분 움직임 벡터(dmv)만을 전송하는 것으로, 비교적 느린 움직임을 갖는 시퀀스에 효과적인 것으로 알려져 있다. 이 방법은 M이 1인 경우, 즉 IPPPPPIP…와 같은 경우에만 사용하도록 규정하고 있다. 즉, B 픽쳐가 허용되는 경우에는 이를 이용하여 더 좋은 화질을 얻을 수 있으나 그렇지 않은 경우에는 듀얼 프라임(dual prime) 예측을 사용함으로써 가능한 한 적은 비트 발생량으로 화질의 향상을 가져올 수 있다.

듀얼 프라임 예측방법은 필드 예측 모드에서 구한 top to bottom, top to top, bottom to top, bottom to bottom의 4가지의 움직임 벡터

중 top to top과 bottom to bottom 움직임 벡터는 그대로 기저 움직임 벡터(base motion vector)를 만든 후, 이렇게 만든 4개의 기저 움직임 벡터(base motion vector) 각각에 대해 수평방향과 수직방향으로 -1, 0, 1씩의 미세조정(dmv)을 가하여 두 개의 16×8subMB에 대해 움직임 보상 에러가 최소가 되도록 하는 기저 움직임 벡터(base motion vector)와 변위 값(dmv)을 보내는 방식이다. 듀얼 프라임 ME는 부호기에서의 계산량이 상당히 많은 편으로 한 개의 기저 움직임 벡터(base motion vector)당 9개의 예측 후보 값을 계산해내야 하므로 총 36가지의 후보 중 한 개의 기저 움직임 벡터(base motion vector)와 dmv를 계산해야 한다. 한편 복호기측에서는 전송되어온 기저 움직임 벡터(Base Motion Vector)와 dmv값으로부터 2개의 필드 motion vector값을 계산해내기만 하면 되므로 비교적 간단하게 구현이 가능하다.

6. 반 화소 움직임 벡터 결정법

1) 보간법에 의한 전 영역 탐색 반 화소 움직임 벡터 결정법

화소 단위의 움직임 벡터 $MV(k, 1)=(m_x, n_y)$에 상응하는 이전 프레임에서의 화소를 <그림 2-7>에서 ●로 표시하고, 그 화소 주위의 반 화소를 ×로 표시하였다. 반 화소 단위의 움직임 벡터를 결정하기 위해서는, 각 반 화소의 움직임 벡터에서의 움직임 보상 에러치를 보간법(Interpolation)에 의해 구한 다음, 그 값들을 비교하여 가장 작은 경우로 반 화소 단위의 움직임 벡터 $MV'(k, 1)$을 구한다.

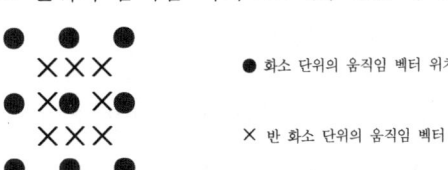

● 화소 단위의 움직임 벡터 위치

× 반 화소 단위의 움직임 벡터 위치

<그림 2-7> 반 화소 단위의 움직임 벡터의 위치

디지털 방송 이해 및 실무

2) 포물선 근사화 방식

정확한 움직임 벡터에서 움직임 벡터를 X축 또는 Y축 방향으로 조금씩 움직여가면 움직임 보상 에러치들이 움직인 거리에 대해서 2차함수적으로 증가할 것이라는 가정 하에 반 화소 단위의 움직임 벡터를 구한

• MAE 방식:

$$P_0 = \sum_{m=0}^{15}\sum_{n=0}^{15} | Y(16k + m, 16l + n) - Y_p(16k + m + m_k, 16l + n + n_y) |$$

$$P_{-1} = \sum_{m=0}^{15}\sum_{n=0}^{15} | Y(16k + m, 16l + n) - Y_p(16k + m + m_k - 1, 16l + n + n_y) |$$

$$P_1 = \sum_{m=0}^{15}\sum_{n=0}^{15} | Y(16k + m, 16l + n) - Y_p(16k + m + m_k + 1, 16l + n + n_y) | \quad (2-1)$$

$$P'_{-1} = \sum_{m=0}^{15}\sum_{n=0}^{15} | Y(16k + m, 16l + n) - Y_p(16k + m + m_k, 16l + n + n_y - 1) |$$

$$P'_1 = \sum_{m=0}^{15}\sum_{n=0}^{15} | Y(16k + m, 16l + n) - Y_p(16k + m + m_k, 16l + n + n_y + 1) |$$

• MSE 방식:

$$P_0 = \sum_{m=0}^{15}\sum_{n=0}^{15} | Y(16k + m, 16l + n) - Y_p(16k + m + m_k, 16l + n + n_y) |^2$$

$$P_{-1} = \sum_{m=0}^{15}\sum_{n=0}^{15} | Y(16k + m, 16l + n) - Y_p(16k + m + m_k - 1, 16l + n + n_y) |^2$$

$$P_1 = \sum_{m=0}^{15}\sum_{n=0}^{15} | Y(16k + m, 16l + n) - Y_p(16k + m + m_k + 1, 16l + n + n_y) |^2 \quad (2-2)$$

$$P'_{-1} = \sum_{m=0}^{15}\sum_{n=0}^{15} | Y(16k + m, 16l + n) - Y_p(16k + m + m_k, 16l + n + n_y - 1) |^2$$

$$P'_1 = \sum_{m=0}^{15}\sum_{n=0}^{15} | Y(16k + m, 16l + n) - Y_p(16k + m + m_k, 16l + n + n_y + 1) |^2$$

* 여기에서 Y는 현재 프레임 휘도 신호 크기, Yp는 이전 프레임 휘도 신호 크기를 나타낸다.

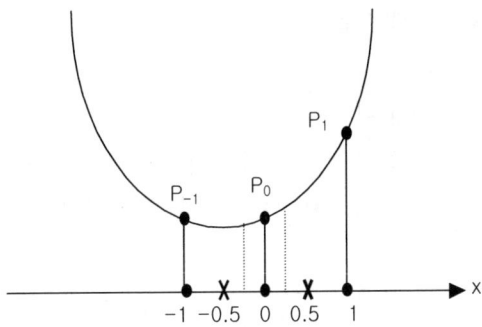

<그림 2-8> 움직임 벡터의 포물선 근사

방식이다. 화소 단위의 움직임 벡터에 의한 움직임 보상 에러값을 P_0, 움직임 벡터를 화소 단위의 움직임 벡터로부터 상, 하, 좌, 우로 한 화소씩 이동하였을 때의 움직임 보상 에러치를 각각 P_0, P'_{-1}, P'_1, P_{-1}, P_1 이라 하면, P_0, P'_{-1}, P'_1, P_{-1}, P_1은 다음의 식에 의해 구해진다.

여기서, X축 방향의 반 화소를 결정하기 위해서 움직임 벡터가 X축 방향으로 옮겨감에 따라 움직임 보상 에러치가 2차함수적으로 증가한다면, 움직임 벡터의 X축으로의 변화량에 대한 움직임 보상 에러치의 그래프는 <그림 2-8>과 같이 (1, P_1), (0, P_0), (-1, P_{-1})을 지나는 포물선으로 근사화시킬 수 있고, 그 그래프의 관계식은 다음과 같다.

$$p = ax^2 + bx + c \ (a > 0) \tag{2-3}$$

식 (2-3)에 (-1, P_{-1}), (0, P_0), (1, P_1)을 대입하면

$$
\begin{aligned}
&x = -1인\ 경우:\quad P_{-1} = a - b + c, \\
&x = 0인\ 경우:\quad P_0 = c \\
&x = 1인\ 경우:\quad P_1 = a + b + c
\end{aligned}
\tag{2-4}
$$

식 (2-4)에서 구한 a, b, c값을 식 (2-3)에 대입하면,

$$p = \frac{P_1 + P_{-1} - 2P_0}{2} x^2 + \frac{P_1 - P_{-1}}{2} x + P_0 \tag{2-5}$$

디지털 방송 이해 및 실무

p가 최소값을 가지게 하는 x는 p′=0인 경우이고, 그때 x값은,

$$x = \frac{-(P_1 - P_{-1})}{2(P_1 + P_{-1} - 2P_0)} \qquad (2\text{-}6)$$

이 된다. 따라서, 움직임 벡터의 x성분은 p가 최소인 점으로 가정할 수 있으므로 반 화소 단위의 움직임 벡터 MV′(k, 1)은 아래와 같이 결정된다.

① MV′(k, 1)=(m_x−0.5, n_y)인 경우:

$$\frac{-(P_1 - P_{-1})}{2(P_1 + P_{-1} - 2P_0)} < -\frac{1}{4}$$

$$3(P_{-1} - P_0) < (P_1 - P_0) \qquad (2\text{-}7)$$

② MV′(k, 1)=(m_x+0.5, n_y)인 경우:

$$\frac{-(P_1 - P_{-1})}{2(P_1 + P_{-1} - 2P_0)} > \frac{1}{4}$$

$$(P_{-1} - P_0) > 3(P_1 - P_0) \qquad (2\text{-}8)$$

③ MV′(k, 1)=(m_x , n_y)인 경우:

$$\frac{1}{3}(P_1 - P_0) \leq (P_{-1} - P_0) \leq 3(P_1 - P_0) \qquad (2\text{-}9)$$

식 (2-7), (2-8), (2-9)을 보면, 반 화소 단위의 움직임 벡터는 <그림 2-9>에 나타난 바와 같이 (-1, P_{-1})과 (0, P_0)을 잇는 직선의 기울기에 의해서 결정됨을 알 수 있다. Y축으로 반 화소 움직임 벡터를 구하는 방법도 X축의 반 화소 움직임 벡터를 구하는 방법과 똑같은 방법으로 구할 수 있다.

3) 선형 근사화 방식

정확한 움직임 벡터에서 움직임 벡터를 X축 또는 Y축 방향으로 조금

씩 움직이면서 움직임 보상 에러치들이 움직인 거리에 대해서 포물선 근사화 방식과 같이 2차함수적으로 증가하지 않고 선형함수적으로 증가할 것이라는 가정 하에 반 화소 단위의 움직임 벡터를 구하는 방식이다.

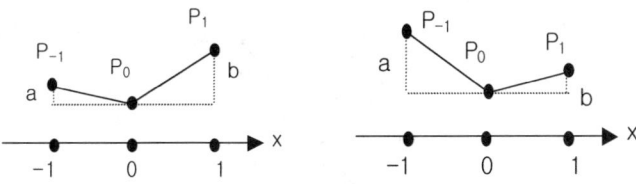

(a) b>2a: $MV'(k, 1)=(m_x-0.5, n_y)$ (b) a>2b: $MV'(k, 1)=(m_x+0.5, n_y)$
<그림 2-9> 반 화소 결정 방식(포물선 근사화)

움직임 보상 에러 값 P_0, $P'_{1'}$, P'_1, P_{-1}, P_1은 역시 식 (2-1)과 같이 정해진다. 여기서 X축 방향의 반 화소를 결정하기 위해서 움직임 벡터가 X축 방향으로 옮겨감에 따라 움직임 보상 에러치가 1차함수적으로 증가한다면, 움직임 벡터의 X축으로의 변화량에 대한 움직임 보상 에러치의 그래프는 <그림 2-10>과 같이 (1, P_1), (0, P_0), (-1, P_{-1})을 지나는 직선으로 근사화시킬 수 있고, 그 그래프의 관계식은 아래와 같다.

$$p = a|x-b|+c \qquad (a > 0, |b| < 1) \qquad (2\text{-}10)$$

식 (2-10)에 (-1, P_{-1}), (0, P_0), (1, P_1)을 대입하면

x=-1인 경우: $P_{-1}=a(1+b)+c$
x=0인 경우: $P_0=a|b|+c$ (2-11)
x=1인 경우: $P_1=a(1-b)+c$

식 (2-11)에 의해서
b<0인 경우:
$$b = \frac{(P_{-1}-P_1)}{2(P_1-P_0)}$$

b>0인 경우: (2-12)

$$b = \frac{(P_{-1}-P_1)}{2(P_{-1}-P_0)}$$

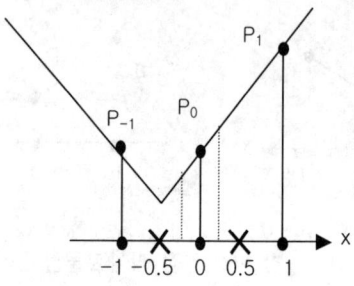

<그림 2-10> 선형 근사화 개념도

식 (2-12)에서 p가 최소값을 가지게 하는 x값은 b이고, 움직임 벡터의 x성분은 p가 최소인 점으로 가정할 수 있으므로 반 화소 단위의 움직임 벡터 MV′(k, 1)은 아래와 같이 결정된다.

① MV′(k, 1)=(m_x−0.5, n_y)인 경우:

$$\frac{(P_{-1}-P_1)}{2(P_1-P_0)} < -\frac{1}{4}$$

$$2(P_{-1}-P_0)<(P_1-P_0) \tag{2-13}$$

② MV′(k, 1)=(m_x+0.5, n_y)인 경우:

$$\frac{(P_{-1}-P_1)}{2(P_1-P_0)} > \frac{1}{4}$$

$$(P_{-1}-P_0)>2(P_1-P_0) \tag{2-14}$$

③ MV′(k, 1)=(m_x, n_y)인 경우:

$$\frac{1}{2}(P_1-P_0) \le (P_{-1}-P_0) \le 2(P_1-P_0) \tag{2-15}$$

식 (2-13), (2-14), (2-15)을 보면, 반 화소 움직임 벡터는 <그림 2-11>에 나타난 바와 같이 (-1, P_{-1})과 (0, P_0)을 잇는 직선의 기울기와 (1, P_1)과 (0, P_0)을 잇는 직선의 기울기에 의해서 결정됨을 알 수 있다.

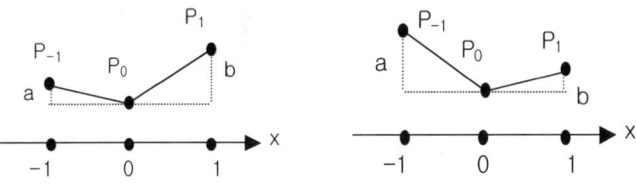

(a) b>2a: $MV'(k, 1)=(m_x-0.5, n_y)$ (b) a>2b: $MV'(k, 1)=(m_x+0.5, n_y)$

<그림 2-11> 반 화소 결정 방식(선형 근사화)

Y축으로의 반 화소 움직임 벡터를 구하는 방법도 X축의 반 화소 움직임 벡터를 구하는 방법과 똑같은 방법으로 구할 수 있다.

7. DCT와 양자화

DCT 변환은 영상 신호 부호화에 매우 효과적인 것으로 알려져, H.261, JPEG, MPEG 등의 국제표준에 널리 채택되어왔다. <그림 2-12>에 DCT 변환과 양자화가 전체 영상 압축과 복원을 위한 시스템에서 사용되어지는 위치를 나타내고 있다.

DCT 변환은 영상 신호의 공간적인 상관성이 대단히 크다는 사실에 바탕을 둔 것으로 MPEG의 경우 8×8크기의 블록 단위로 수행되는데 8×8화소에 분산된 에너지를 DC를 포함한 낮은 주파수의 DCT 계수로 집중시킨다. DCT 변환은 해당 블록이 intra MB인지 inter MB인지에 따라 각각 영상 신호 자체 또는 예측오차를 변화하게 되므로 intra MB인 경우는 공간적 중복성만을 제거하는 것이 되지만 inter MB인 경우라면 시간적 중복성이 제거된 영상 신호에 또 다시 공간적 중복성을 제거하는 것이 된다. 그런데 예측오차 신호는 공간적 중복성이 그다지 크지 않으므로 DCT의 에너지 집중효과도 inter MB에서는 intra MB에

디지털 방송 이해 및 실무

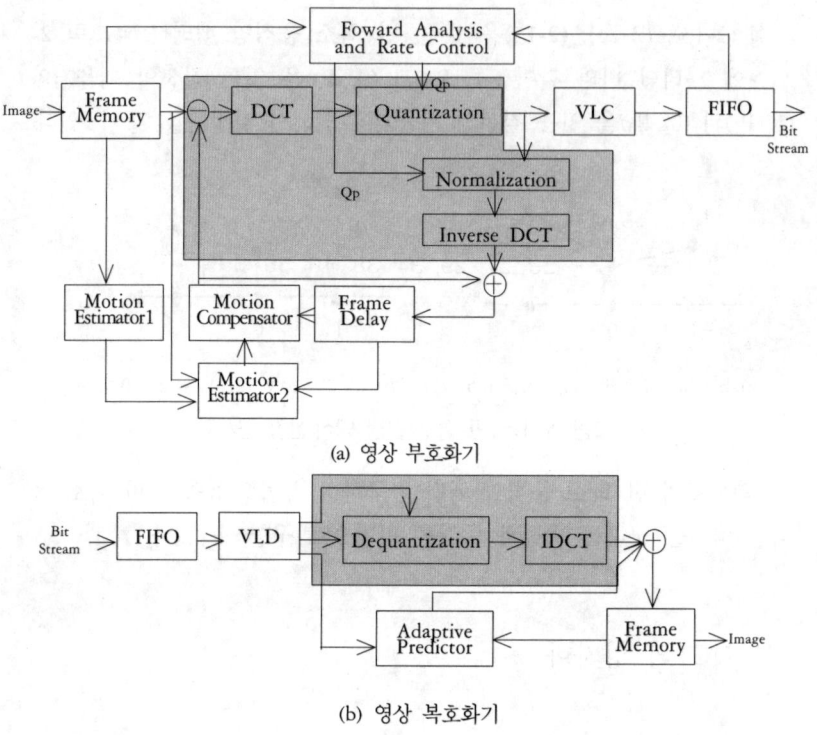

(a) 영상 부호화기

(b) 영상 복호화기

<그림 2-12> 영상 부호화기 및 복호화기 내의 DCT와 양자화 블록의 위치

비해서 다소 떨어진다. 그리고 intra MB의 DCT 계수와 DCT의 DCT 계수는 그 특성이 다르므로 양자화하는 방법이 다르다. 이를 <그림 2-13>에 나타냈다.

상관도(정지화일수록 두 필드간의 상관도가 높고 움직임이 많을수록 상관도가 떨어짐)에 따라 적응적으로 프레임 DCT 혹은 필드 DCT 블록으로 구분하여 DCT를 수행한다. <그림 2-14>에 이를 나타냈다.

양자화(Quantization)는 블록단위로 얻어진 DCT의 변환계수를 한정된 비트 길이로 표현하는 과정으로서, 복호기측에서의 역양자화는 인트라 DC 계수와 그 외의 계수로 다음과 같이 나누어져 수행된다.

$$\begin{pmatrix} 8 & 16 & 19 & 22 & 26 & 27 & 29 & 34 \\ 16 & 16 & 22 & 24 & 27 & 29 & 34 & 37 \\ 19 & 22 & 26 & 27 & 29 & 34 & 34 & 38 \\ 22 & 22 & 26 & 27 & 29 & 34 & 37 & 40 \\ 22 & 26 & 27 & 29 & 32 & 35 & 40 & 48 \\ 26 & 27 & 29 & 32 & 35 & 40 & 48 & 58 \\ 26 & 27 & 29 & 34 & 38 & 46 & 56 & 69 \\ 27 & 29 & 35 & 38 & 46 & 56 & 69 & 83 \end{pmatrix}$$

(a) 인트라 매크로블록(intra MB)의 양자화 매트릭스

$$\begin{pmatrix} 16 & 17 & 18 & 19 & 20 & 21 & 22 & 23 \\ 17 & 18 & 19 & 20 & 21 & 22 & 23 & 24 \\ 18 & 19 & 20 & 21 & 22 & 23 & 24 & 25 \\ 19 & 20 & 21 & 22 & 23 & 24 & 26 & 27 \\ 20 & 21 & 22 & 23 & 25 & 26 & 27 & 28 \\ 21 & 22 & 23 & 24 & 26 & 27 & 28 & 30 \\ 22 & 23 & 24 & 26 & 27 & 28 & 20 & 31 \\ 23 & 24 & 25 & 27 & 28 & 30 & 31 & 33 \end{pmatrix}$$

(b) 논인트라 매크로블록(non-intra MB)의 양자화 매트릭스
<그림 2-13> 매크로블록 양자화 매트릭스

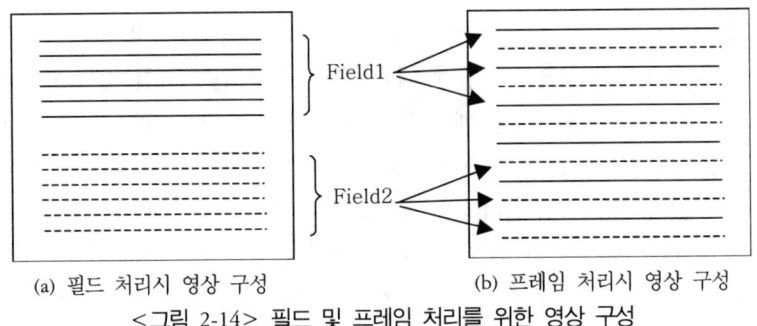

(a) 필드 처리시 영상 구성　　　(b) 프레임 처리시 영상 구성
<그림 2-14> 필드 및 프레임 처리를 위한 영상 구성

1) 인트라 DC 계수의 역양자화

DCT 변환계수 중 화질에 가장 큰 영향을 미치는 DC값은 그 정밀도에 따라 8~11비트를 할당하는데, 각각의 양자화 스텝사이즈에 해당하는 8, 4, 2, 1 등을 곱하여 DC 계수를 복원한다.

2) 그 외 계수(인트라 AC, 인트라 DC, 인터 AC)의 역양자화

블록 내 모든 64개의 DCT 계수에 2를 곱한 뒤 인터 블록의 경우에만 해당 계수의 부호 값(음수일 때 -1, 양수일 때 1)을 더하고, 여기에 인터/인트라에 따라 인간 시각특성에 따른 가중치 행렬을 곱한 뒤 균일/비균일 양자화기를 구분하는 q_scale_type flag에 따라 선택된 양자화기의 스케일값(Quantizer_scale)을 곱하면 역양자화된 DCT 계수가 얻어진다.

8. VLC(Variable Length Coding)

VLC(가변장 부호화)는 효율적인 코드 발생을 위하여 코드 길이를 모두 일정하게 하지 않고 발생확률이 높은 부호들에 대해서 발생확률이 낮은 부호에 상대적으로 코드 길이를 짧게 할당하여 발생되는 코드의 양을 최소화시키는 기능을 수행한다. 이와 같이 부호당 짧은 비트를 할당하고, 발생확률이 낮은 부호들에 대해서는 부호당 긴 비트를 할당하여 부호의 평균 길이를 entropy에 가깝게 하는 수단으로서 Huffman Coding, Arithmetic Coding, Lempel-Ziv 알고리즘 등의 방법이 있다. 영상 부호화에 있어서는 이 중 Huffman 부호화를 사용하는데, 양자화된 DCT 계수, 움직임 벡터의 차 신호, 그리고 MB에 관련된 각종 정보가 그 대상이다. <그림 2-15>에 영상 부호화기와 복호화기 내에서 VLC와 VLD 블록의 위치를 나타내고 있다.

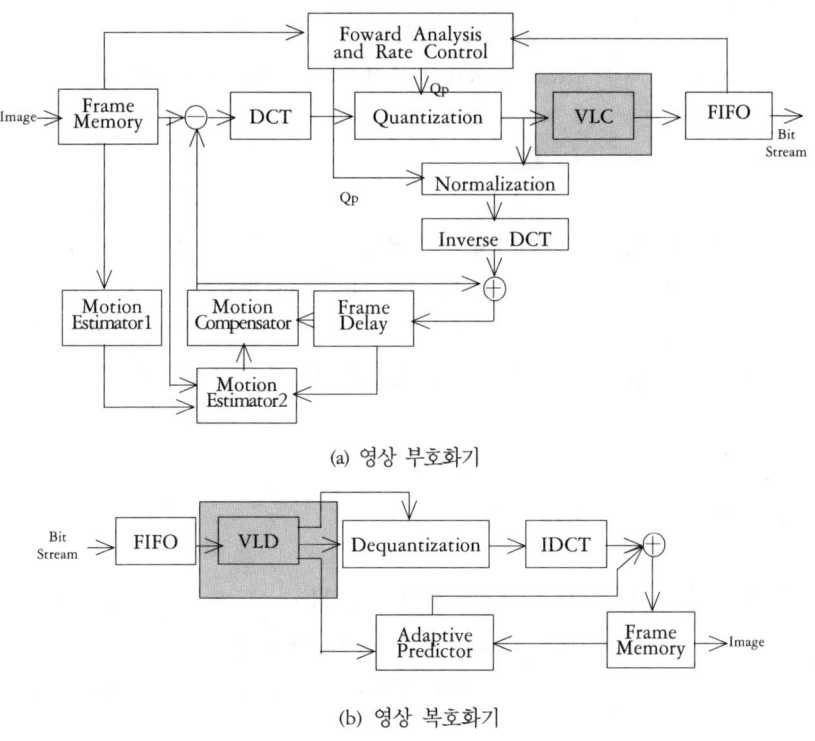

(a) 영상 부호화기

(b) 영상 복호화기

<그림 2-15> 움직임을 이용한 영상 부호화기 및 복호화기 위치

1) DCT 계수의 VLC

DCT 변환과 양자화 과정을 거친 영상 신호는 0인 계수값이 많으므로 보다 효율적인 부호화를 위해 지그재그 스캔 과정을 통해(Run, Level) 심볼로 변환되어 VLC 부호화된다. 8×8블록의 계수 중 마지막 non-zero 계수까지만 부호화한 뒤 EOB(End Of Block) 부호를 사용하여 한 블록의 끝을 나타낸다. 이때 인트라 DC 계수와 그 외의 것으로 구분하여 다음과 같은 방법으로 부호화하게 된다.

• 인트라 DC 계수: 이웃하는 블록의 DC 계수간의 차이값을 1차원

디지털 방송 이해 및 실무

Huffman 부호화

• 그 외의 계수: (Run, Level) 심볼의 2차원 Huffman 부호화

2) 움직임 벡터의 VLC

현 MB와 같은 타입의 바로 전 MB의 움직임 벡터와 현재 움직임 벡터 간에 DPCM을 수행한 뒤 이 값을 Huffman 부호화하며 P 픽쳐 경우는 순방향 움직임 벡터가 전송되는 반면 B 픽쳐인 경우는 순방향, 역방향 움직임 벡터 중 실제 움직임 보상에 사용하는 움직임 벡터만을 부호화한다.

3) MB 정보에 대한 VLC

한 슬라이스에서 매크로블록 위치 정보(Macroblock Address; MBA), MB의 부호화 모드(MB Type), 그리고 MB 내에서의 블록들의 부호화 패턴(Coded Block Pattern; CBP) 정보에 대해서 Huffman 부호화를 수행한다.

9. Rate Control

MPEG 부호화에서는 I, P, B 등 서로 다른 종류의 픽쳐 구조를 가지고 있어, 각 픽쳐에서 발생하는 데이터량의 차이가 매우 심하며, 움직임 정도와 같은 영상 특성에 따라 또 다시 가변적으로 데이터가 발생한다. 따라서 GOP 내 각 픽쳐에 데이터 발생 목표량을 할당하고, 영상의 특성이 변화함에 따라 데이터 발생 목표량을 변화시켜주어야 한다. 한 화면 내에서도 사람의 시각 특성을 이용하여 사람의 눈이 결함을 잘 인식하지 못하는 부분에는 적은 데이터를 할당하고, 사람의 눈이 결함을 인식하기 쉬운 부분에는 많은 데이터량을 할당하여 전체적으로 좋은 화

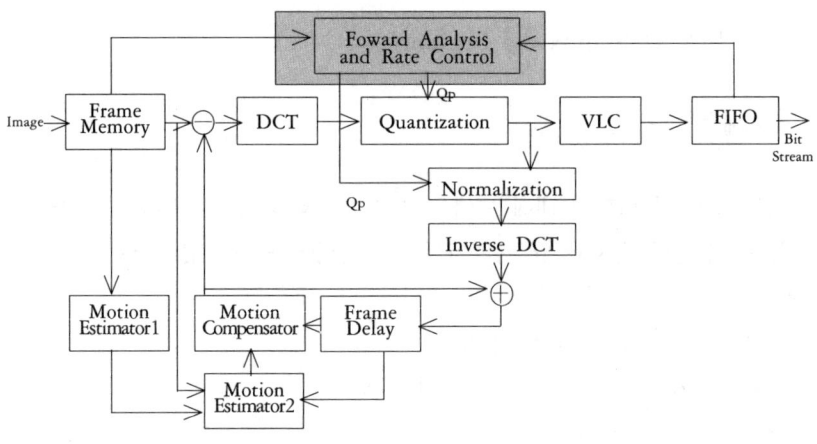

<그림 2-16> 영상 부호화기 내에서 Rate 제어 블록의 위치

질을 느낄 수 있도록 한다. 같은 전송률에서도 많은 화질의 차이를 보
일 수 있는 이유는 전송률 제어방법이 다르기 때문이므로, 좋은 부호기
로 평가되기 위해서는 좋은 전송률 제어 알고리즘을 가져야 한다.

 MPEG-2는 기본적으로 복호화 과정에 대한 표준이므로 전송률 제어
알고리즘을 규정하지는 않는다. MPEG-2의 test model에서 사용했던
전송률 제어 방법은 먼저 부호화한 다음 화면에 대한 데이터량을 할당
하고, 가상적인 버퍼를 사용하여 각 매크로블록에 대한 양자화 step size
계산을 위한 기준 값을 추출하고, 이 기준 값에 매크로블록상의 spatial
activity에 의한 계수를 곱하여 mquant를 구한다.

 <그림 2-16>에 영상 부호화기에서의 Rate 제어 블록의 위치를 나타
냈다.

10. 비트열 Syntax 및 Semantics

1) 계층적 구조

전송해야 할 비트열 내에는 매우 많은 다양한 정보가 있으며, 이러한 정보는 일정한 순서와 규칙을 가지고 혼합되어 있다. 비트열로 전송해야 할 많은 정보들은
- 시퀀스 계층(sequence layer),
- GOP 계층, 픽쳐 계층(picture layer),
- 슬라이스 계층(slice layer),
- 매크로블록 계층,
- 블록 계층(block layer)의 계층구조를 가지고 있다.

각 블록 내 DCT 계수, 매크로블록 내 움직임 벡터(Motion Vector) 등이 가변장 부호를 사용하고 있어 한 비트의 오류가 발생해도 이 영향이 전 비트열에 영향을 미친다.

2) 시작 코드

오류발생시 다음 영역에 영향을 미치는 것을 방지하기 위하여 시퀀스 계층(sequence layer)에서 슬라이스 계층(slice layer)까지 32bit의 시작 코드(start code)를 둔다. 시작 코드는 영상데이터에서 발생하지 않도록 하여 순수 영상데이터가 시작 코드로 인식되지 않도록 한다. 시작 코드는 앞부분 24비트까지는 모두 0000 0000 0000 0000 0000 0001로 같고 뒷부분 8비트로 서로 구분하게 된다.

슬라이스 시작 코드(Slice start code)에서는 뒤의 8비트가 슬라이스의 수직 위치를 나타내고 그 값은 0x01부터 0xAF까지이다. 시작 코드와 시작 코드 사이에는 바이트 단위로 정렬되어 있다. 예를 들어 한 슬라

이스에서 발생한 데이터가 $8 \times n$(n은 정수)+3개의 비트가 발생하였을 경우 5비트의 0을 추가하여 바이트 단위로 정렬시켜야 한다.

3) 비트열 구문(Syntax)

비트열의 구문(syntax)에서 정의되어 있는 각 필드에 들어갈 수 있는 data 및 semantic에 있어서 중요한 규칙을 살펴보면 다음과 같다.

(1) MPEG-1과 MPEG-2 스트림의 구분법

MPEG-1(IS 1172-2)와 MPEG-2(DIS 13818-2) 비트열은 sequence header() 뒤에 sequence extension()이 바로 연결되어 있는지에 의해 구분된다. 즉, sequence extension()이 뒤따르면 MPEG-2 비트열이고, 뒤따르지 않으면 MPEG-1 비트열이 된다.

sequence extension()은 sequence header() 바로 뒤에만 올 수 있고, sequence extension()이 있는 비트열, 즉 MPEG-2 비트열에서는 picture coding extension()이 picture header를 반드시 뒤따라 나와야 한다.

Picture coding extension()은 picture header() 뒤에만 나올 수 있다. GOP Header를 뒤따르는 첫 번째 픽쳐는 반드시 I 픽쳐여야 한다.

(2) 비트열의 주요 구문

비트열의 주요부를 살펴보면 다음과 같다.

먼저 시퀀스 헤더(sequence header) 부에서는

- 화면의 수직/수평 크기
- aspect_ratio_information
- 초당 프레임 수
- 전송률
- VBV 버퍼 크기
- 양자화 matrix 등의 정보가 전달된다.

시퀀스 확장(sequence extension) 부에서는
- 비트열이 위치한 profile과 level
- progressive sequence 여부
- chroma format(4 : 2 : 2 혹은 4 : 2 : 0 등)
- low delay mode 여부를 전달해주는 정보를 포함한다.

GOP Header 부에서는
- 시, 분, 초, 프레임 number를 나타내는 time_code
- random access 지원을 위한 closed_GOP
- broken_link 등의 정보를 전달해준다.

closed_GOP가 1인 경우, GOP의 첫 번째 I 화면 뒤에 B 화면이 역방향 예측(backward 예측) 성분만 가지는 것을 의미하며, 따라서 이어지는 비트열은 전 GOP와는 독립적으로 복호화할 수 있다.

Broken_link가 1인 경우, GOP의 첫 번째 I 화면 뒤에 B 화면이 완전하게 복호화될 수 없음을 의미하며, 이는 비트열이 편집되어 전 GOP가 원래의 GOP가 아님을 알려준다.

Picture header 부에서는
- temporal_reference
- picture_coding_type(I, P, B 등)
- vbv_delay 등의 정보가 전달된다.

Picture_coding_extension 부에서는
- intra_dc_precision
- picture_structure(프레임 picture 혹은 필드 picture)
- concealment_motion_vector
- intra_vlc_format
- alternate_scan

• progressive_frame 등의 정보가 전달된다.

Intra_dc_precision은 부호화시 DCT의 DC 계수를 어느 정도의 크기로 양자화한 것인가를 알려주는 정보이다.

Concealment_motion_vector가 1인 경우, 보통 인트라 매크로블록에서는 움직임 벡터를 보내주지 않으나 오류 은닉을 위해 인트라 매크로블록에 대해서 MPEG-1과 다른 가변장 부호를 사용함을 의미한다.

Alternate_scan이 1인 경우 zig-zag scan 이외에 alternate scan을 사용함을 의미한다.

Progressive_frame은 sequence extension 부의 progressive_sequence가 0인 경우, 즉 progressive sequence가 아닐 경우, 각 화면별로 Progressive 프레임인지를 알려준다.

Slice 부에서는
• priority_breakpoint
• quantizer_scale_code
• intra_slice 등의 정보를 전달한다.

Priority_break_point는 data partition시 partition이 되는 위치를 알려주는 계수이며, intra_slice는 슬라이스 내 모든 매크로블록 부에서는 움직임 벡터에 관련된 정보 등이 전달되며 블록 부에서는 양자화된 DCT 계수가 가변장 부호화되어 전달된다.

11. 인간의 시각적 특성을 이용한 적응 양자화 기법

1) 양자화의 의미

영상을 DCT 변환하여 발생되는 코드의 양을 줄이기 위해서 양자화를 수행한다. 양자화는 DCT 변환한 계수들의 값을 스텝 크기를 달리하는 양자화를 실시하므로 값의 크기를 줄여준다. 양자화의 스텝을 크게 하면 할수록 계수값에 크게 양자화 잡음이 섞여 영상의 화질이 저하되게 된다. 그러므로 양자화를 수행할 때는 영상의 화질을 고려하여 양자화 스텝을 결정하여 적용해야 한다.

 2) 적응 양자화 기법(Adaptive Quantization Technique)

 일반적으로 적응 양자화 기법은 매크로블록 단위로 국부특성을 추출하여 시각적 중요도를 결정한다. 즉, 인간의 시각이 양자화 오류에 대해 복잡한 영역에 있어서는 덜 민감하고 경계 부분이나 평탄한 부분에 있어서는 민감한 것을 이용하여 양자화 단계를 영상의 국부특성에 따라 조절하는 것이다. 따라서 적응 양자화 과정에서는 영상의 국부특성을 인간의 시각특성에 맞게 제대로 추출하는 것이 무엇보다 중요하다. 이러한 영상의 국부특성을 추출하는 방법으로는 DCT 변환계수들의 에너지 분포를 이용하거나, 영상데이터의 variance를 이용하는 방법 등이 있다.

 MEPG-2에서의 적응 양자화 기법은 variance를 이용하여 매크로블록의 시각적 중요도를 결정한 후, 이를 maquant값의 결정에 반영하게 된다. 그러나 일반적으로 variance보다는 DCT 변환계수들이 영상의 국부특성을 더 잘 반영한다고 알려져 있고, 또한 적응 양자화 과정이 복원영상의 주관적인 화질을 크게 좌우하므로, DCT 에너지 분포를 이용한 개선된 성능의 적응 양자화 기법이 알려져 있다.

 개선된 적응 양자화 기법은 순방향 분석(forward analysis)을 통해 사전에 처리할 프레임에 대한 시각특성 정보를 추출한 후, 이를 바탕으로 부호화시에 maquant값을 구하는 과정에 적용한다. 순방향 분석(Forward analysis) 과정과 적응 양자화 과정에 대해서 다음에 각각 설명한다.

 (1) 순방향 분석(Forward analysis) 과정
 적응 양자화를 위한 파라미터를 추출하기 위하여 먼저 한 프레임에

대하여 각각의 매크로블록 단위로 시각적 중요도를 반영한 클래스값을 구한다. 즉, 매크로블록의 공간영역에서의 특성을 인간 시각특성에 따라 분류하여 각각의 매크로블록에 대한 클래스값을 구한다. 여기서 사용되는 매크로블록은 16×16 크기의 휘도신호 블록이다.

  매크로블록 단위의 클래스값을 구하기 위해서 먼저 매크로블록 내의 8×8블록 단위로 각각의 특성을 분류한 후 <그림 2-17>에서와 같이 매크로블록의 클래스값을 구한다. 이때, DCT 변환계수의 에너지 분포를 이용하여 각각의 8×8블록을 smooth, edge, 텍스쳐(texture)로 분류한다. 매크로블록의 클래스값은 시각적으로 중요한 매크로블록일수록 작은 값을 가지고, 시각적으로 중요하지 않은 블록일수록 큰 값을 가지게 된다. 즉, 매크로블록 내의 smooth, edge, 텍스쳐 블록의 개수 분포를 이용하여 smooth, edge, 텍스쳐 블록의 순으로 시각적 중요도를 부여한다.

Class number	(Ns, Ne, Nt)
1	(4, 0, 0)
2	(3, 1, 0)
3	(3, 0, 1)
4	(2, 2, 0)
5	(2, 1, 1)
6	(2, 0, 2)
7	(1, 3, 0)
8	(1, 2, 1)
9	(1, 1, 2)
10	(1, 0, 3)
11	(0, 4, 0)
12	(0, 3, 1)
13	(0, 2, 2)
14	(0, 1, 3)
15	(0, 0 4)

Ns: Number of smooth blocks

N_E: Number of edge blocks

N_T: Nember of texture blocks

* visually sensitive block: low class number

<그림 2-17> 블록의 특성에 따른 매크로블록의 클래스값의 결정

디지털 방송 이해 및 실무

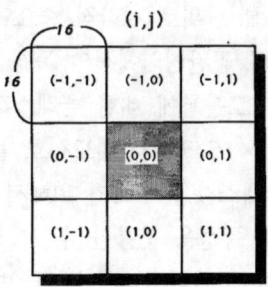

<그림 2-18 주변 매크로블록의 좌표>

(2) 주변 매크로블록의 특성 분석

인간의 시각은 부호화하고자 하는 매크로블록의 공간특성뿐만 아니라 주변영역의 공간특성에 따라 해당 매크로블록에 대한 민감도가 좌우된다. 즉, 주변영역이 시각적으로 중요하지 않은 영역들로만 구성되어 있을 경우 그 시각적 중요도는 상대적으로 감소하게 되며, 주변영역이 시각적으로 중요할 경우 시각적 중요도가 상대적으로 증가하게 된다.

따라서 이러한 주변영역에서의 시각적 중요도를 추출하기 위해 <그림 2-18>에서와 같이 부호화하고자 하는 매크로블록에 인접한 8개의 매크로블록의 시각적 중요도를 함께 고려하게 된다. 여기서 좌표(0, 0)에 해당하는 매크로블록이 현재 부호화하고자 하는 매크로블록이다.

실제적으로 이러한 개념을 적용하기 위하여 여기서는 주변영역이 텍스쳐(texture) 영역일 경우에 순방향 분석(Forward analysis) 과정에서 결정된 해당 매크로블록의 클래스값을 상향조정하여 상대적으로 양자화를 크게 하게 된다. 이때 주변영역이 텍스쳐(texture) 영역인지를 판단하는 방법은 다음과 같이 주위 매크로블록의 클래스값들의 평균값과 평균절대값 오차를 이용한다.

CN(i, j): (i, j)의 위치에 있는 매크로블록의 CN(Class Number)값

$$mean\_CN = \frac{\sum\sum_{(i,j)\neq(0,0)}CN(i,j)}{8}$$

$$mae\_CN = \frac{\sum\sum_{(i,j)\neq(0,0)}\{CN(i,j) - mean\_CN\}}{8}$$

만약, [(CN(0, 0)>임계치_texture) && (mean_CN>임계치_texture) && (mae_CN<임계치_difference)]이면, Class number를 상향 조정한다.

즉, 부호화하고자 하는 매크로블록의 클래스값이 텍스쳐(texture) 영역을 나타내는 임계치(임계치_texture)보다 크고, 주변 매크로블록들의 평균 클래스값(mean_CN)이 텍스쳐(texture) 영역을 나타내는 임계치(임계치_texture)보다 크며, 그 평균절대값 오차(mae_CN)가 일정 임계치(임계치_difference)보다 작으면 해당 매크로블록의 클래스값을 상향조정하는 것이다.

(3) 적응 양자화 적용

① 매크로블록의 클래스 가중치
앞의 절에서 구한 주변 매크로블록의 시각특성까지를 고려한 클래스값을 이용하여 다음과 같이 공간영역의 특성을 반영하는 적응 양자화 가중치를 구한다.
여기서 avg_CN는 현재 처리하는 프레임 내의 전체 매크로블록에 대한 클래스값의 평균값이다.
한편, 인간의 시각특성은 공간영역의 특성뿐 아니라 물체의 움직임에 따라서도 민감하게 반응한다. 여기서 고려한 움직임 특성은 움직이는 물체가 공간적으로 중요한 영역을 통과할 때 그 움직임 보상 오차가 클 경우, 주관적인 화질에 크게 저하되며 특히 블록화 현상이 두드러지게

디지털 방송 이해 및 실무

나타난다는 사실이다.

② 움직임 보상 오차에 의한 영향

여기서는 간단한 방법으로 앞에서 구한 공간영역의 특성을 반영하는 적응 양자화 가중치에 운동특성에 따른 움직임 보상 오차 가중치를 곱하여 이를 적응 양자화 가중치로 사용한다. 이때, 움직임 보상 오차 가중치는 각 매크로블록이 인터(inter) 방식으로 처리되었을 경우에 한해서 그 움직임 보상 오차가 일정 임계치보다 크고, 해당 매크로블록의 주변영역이 텍스쳐(texture) 영역이 아닐 경우에 적응 양자화 가중치값을 감소시키도록 정하게 된다. 이렇게 함으로써 주변영역이 평탄한 영역에서 움직임이 많은 물체가 지나가는 경우에 생기는 블록화 현상을 감소시킬 수 있게 되어 복원영상의 주관적 화질이 향상된다.

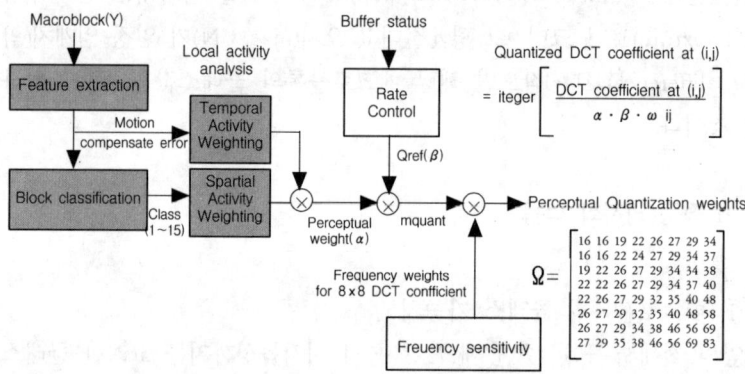

<그림 2-19> DCT 계수의 양자화 과정을 나타내는 블록도

③ 적응 양자화 가중치와 최종 양자화 가중치

다음의 식은, 위에서 설명한 적응 양자화 가중치를 구하는 방법과 최종적인 mquant값을 구하는 방법을 나타내고 있다.

Perceptual weight(P_weight)=CN_weight×MC_weight

　　여기서, MC_weight=0.7(움직임 보상 오차가 크고 주변영역이 텍

$$\text{스쳐가 아닐 경우)}$$
$$1(\text{그밖의 경우})$$

mquant＝Qref×P_weight

　　여기서, Qref는 Rate control에 따른 reference 양자화 파라미터

이렇게 구해진 mquant값과 MTF 특성을 반영하는 frequency weight를 이용해 <그림 2-19>에서와 같이 DCT 변환계수의 양자화를 수행한다.

12. 부호화 모드

MPEG-2 부호화 방식은 앞에서 설명한 바와 같이 GOP 구조 단위로 부호화하며 한 개의 GOP마다 한 개의 I 픽쳐, N/M−1개의 P 픽쳐, N−1 −P개의 B 픽쳐로 다음과 같이 구성된다.

$$1GOP = \text{I 픽쳐 1장}+$$
$$\text{P 픽쳐 (N−M−1)장}+$$
$$\text{B 픽쳐 (1−P)장}$$

여기서, M＝B 픽쳐의 갯수+1
　　　　N＝GOP의 픽쳐 수

즉, M＝1이라면 I, P 픽쳐 사이에 B 픽쳐가 없는 IPPP…PPP 구조의 GOP 구조를 의미하는 것이며 N＝9, M＝3이라면 IBBPBBPBBI…와 같은 GOP 구조를 가지게 된다. 여기서 M, N 등의 변수가 클수록 부호화/복호화 지연이 길어지며 random access 시간 또한 길어지는 등의 단점이 있기 때문에 M＝1 등으로 설정하는 방법 혹은 인트라 slice/column 부호화 방법 등 저지연 부호화에 관해서도 연구되고 있다.

제3장 디지털 방송 전송 방식

1. 디지털 방송 전송 스트림의 개요

미국과 유럽의 디지털 방송 전송 시스템은 모두 MPEG-2 시스템 계층의 트랜스포트 패킷 구조를 사용하고 있다. 패킷에 의한 전송 방식을 사용할 경우 장점은 우선 방송 프로그램 전송시 채널 환경에 따라 발생하는 잡음에 의한 데이터 손실을 막아주기 위해 에러 정정 부호를 사용할 수 있다는 특징이 있는데, MPEG-2 방식의 전송 규격은 188바이트 일정한 크기의 데이터 전송을 표준화하여 사용하고 있다.

일정 크기의 패킷으로 전송하기 위해 먼저 방송 프로그램은 서비스에 따라 오디오와 비디오 등의 PES(Packetized Elementary Stream)라는 Element Stream 구조로 개별 스트림을 구분하고, 다시 이것은 전송하기 위해 일정한 크기의 패킷에 실어 다중화시키게 된다.

트랜스포트 패킷으로 전송할 때 비디오/오디오 데이터 외에 수신에 필요한 부가 정보들이 존재한다. 비디오/오디오와 같은 상호 연관된 스트림의 동기화 정보와 TV 방송 또는 오디오 방송과 같은 방송 프로그램이 다채널로 전송될 때 각각의 프로그램에 대한 비디오/오디오 스트림에 대한 패킷을 찾아서 수신하기 위하여 디코딩 정보가 필요하다.

각 스트림간의 동기화를 위해 기준 시간정보에 해당하는 PCR(Program Clock Reference)과 각 스트림의 프레임이 디코딩되어져야 하거나 시연이 되어져야 할 시간을 나타내는 DTS/PTS(Decoding Time Stamp/ Presentation Time Stamp) 정보가 전송된다.

각 비디오/오디오 스트림이 다중화될 때 각 스트림에 대한 디코딩 정

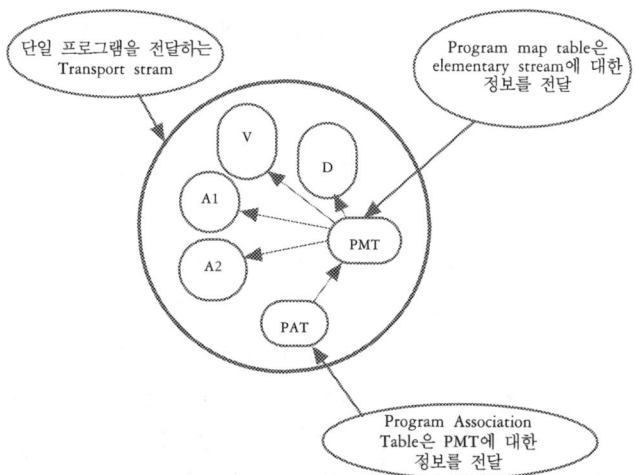

(a) 단일 전송 프로그램에서의 트랜스포트 스트림의 구성 구조

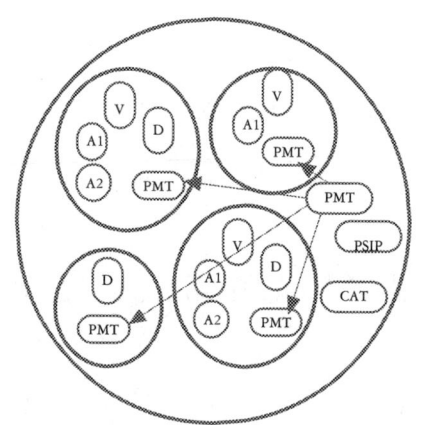

(b) 다채널 전송 프로그램에서의 트랜스포트 스트림의 구성 구조

<그림 3-1> 트랜스포트 스트림의 구성 구조

보를 MPEG에서는 PSI(Program Specific Information) 규격으로 전송한다. 유럽과 미국의 디지털 방송 방식에서는 트랜스포트 패킷의 이러한 다중화와 역다중화에 대한 정보 외에 방송 프로그램에 대한 내용을 예고하거나 다채널의 정보를 전송하기 위한 프로그램 가이드 규격이 추가되어 있는데, 유럽은 DVB-SI 규격으로 이를 정의하고 있고 미국의 경우 이를 PSIP(Program and System Information Protocol) 규격으로 정의하고 있다.

2. MPEG-2 트랜스포트 전송 방식

1) MPEG-2 트랜스포트 패킷의 구조

MPEG-2 트랜스포트 패킷은 188바이트의 일정한 크기와 4바이트 헤더로 구성된 구조를 갖는다. 트랜스포트 스트림이란 이러한 188바이트 크기의 트랜스포트 패킷의 연속적인 배열로 이루어진 스트림을 일컫는다.

<그림 3-2>는 트랜스포트 스트림을 도식화한 것으로 트랜스포트 스트림의 헤더와 그의 구성 및 몸체에 해당하는 페이로드(payload)를 그림으로 나타냈다.

<그림 3-2> 트랜스포트 스트림의 구조

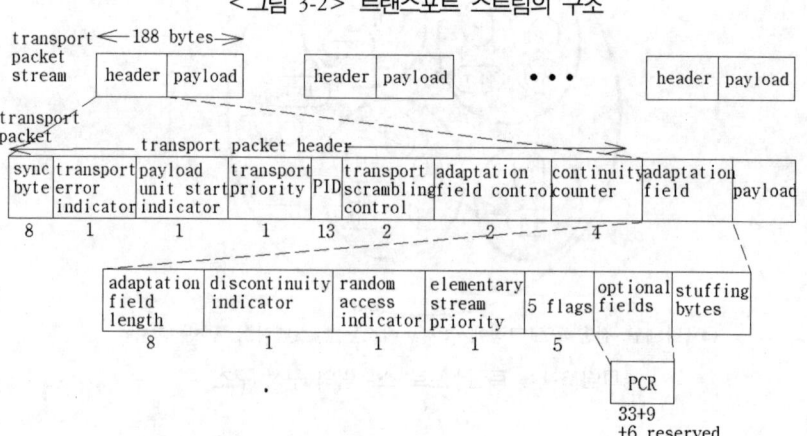

```
MPEG_transport_stream(){
        do {
                        transport_packet()
        } while(nextbits() == sync_byte)
}
```

<그림 3-3> 트랜스포트 스트림 구문

트랜스포트 스트림의 구문을 <그림 3-3>에 나타냈다. 여기서 trans-
port_packet()이라는 것은 188바이트 크기의 개별 패킷을 의미하며
MPEG_tranport_stream()이란 이러한 패킷의 일정한 모임이 스트림을
구성하여 이루어진다.

<그림 3-2>에서 트랜스포트 패킷의 헤더는 여러 가지 필드들로 구
성되는데 sync_bye, PID 및 adaptation_field 등이 있다. 우선 sync_byte
의 경우 트랜스포트 패킷이 연속적으로 직렬화하여 스트림으로 입력될
경우 각 패킷의 시작점의 위치를 알아야 패킷을 정확히 디코딩할 수가
있는데, 이러한 sync_byte는 패킷의 시작점을 알아내는 데 사용된다.

패킷의 sync_byte의 값은 MPEG-2에서 0X47의 값으로 고정되어 있
고 패킷이 직렬화하여 연속적으로 입력되어 들어올 때 0X47의 값이 일
정한 188byte의 간격으로 나타나게 되어지고, 이러한 188bytes의 간격
으로 나타나는 sync_byte를 찾음으로써 스트림에서 개별 트랜스포트 패
킷을 구분해낼 수가 있다.

Sync_byte를 이용하여 각 개별 패킷을 찾아낸 후 각 개별 패킷이 해
당 방송의 비디오/오디오 스트림에 해당되는지 구분해야 한다. 이를 위
해 PID(packet identification)값을 사용 해당 비디오/오디오와 같은 스트
림에 구성된 패킷의 고유 ID번호를 부여하므로 이를 구분하고 있다. 해
당 프로그램에 해당하는 비디오는 모두 같은 ID로 구성되며 오디오는
오디오에 해당하는 별도의 ID를 갖는다. 만약, 멀티비전과 같이 한 채
널에 해당하는 비디오가 두 개 이상 존재하는 경우 비디오 패킷의 ID
값은 비디오 스트림이 여러 개 존재하므로 해당 비디오 스트림의 개수
만큼 존재하게 된다.

MPEG-2에는 PID값의 사용을 다음의 표와 같이 정의하고 있는데, 0

<표 3-1> MPEG-2에서 정의된 PID 사용

PID값	정 의
0x0000	Program association table
0x0001	Conditional access table
0x0002-0x000F	Reserved
0x0010-0x1FFE	Network PID, Program map PID, elementary PID 등
0x1FFF	NUUL packet

x0000의 값은 뒷 절에서 설명할 PAT의 PID를 0x0001은 유료 전송 채널에 대한 정보를 전송하는 CAT의 PID를 위해 사용되도록 정해져 있다. 또한 0x1FFF는 아무런 정보가 없는 NULL 패킷을 나타내도록 하고 있다.

ATSC DTV 규격에서는 트랜스포트 패킷의 PID값을 할당함에 있어서 일련의 규칙을 마련하였다. 다중화된 트랜스포트 스트림 안에 구성되어 있는 각각의 프로그램들은 1에서 255 사이의 한 개의 프로그램 번호를 부여받을 수 있고, 이러한 프로그램 번호에 따른 기준 PID값은 4bit shift left되어서 계산된다.

기준 PID = 프로그램 번호 ≪ 4

그리고 한 프로그램을 구성하고 있는 비디오, 오디오 패킷의 PID값과 기타 다른 패킷의 PID값은 다음과 같다.

서비스	PID
PAT PID	0x0000
PMT PID	기준 PID+0x0000
영상 PID	기준 PID+0x0001
PCR PID	기준 PID+0x0001
오디오 PID	기준 PID+0x0004
데이터 PID	기준 PID+0x000A

영상과 오디오 PID는 기준 PID로부터 정해지며, PCR PID와 영상 PID가 같으므로 PCR 정보는 항상 영상에 대한 패킷으로만 전송된다는

것을 알 수 있다. 이와 같이 고정된 관계를 갖는 PID값을 갖게 하므로
좀더 쉬운 수신기의 제작을 가능하게 할 수 있다.

adaption_field는 다시 여러 개의 필드로 구분되는데, 이들 중 여러
개의 기초 스트림(elementary stream)들을 동기화를 위해 사용하는 PCR
(Program Clock Reference) 정보가 전송되고 있다. 이러한 PCR 정보의
사용은 다음 절에서 설명하도록 한다. 이외의 각각의 필드의 의미를 살
펴보면 다음과 같다.

  ─Transport_scrambling_control : 패킷의 payload를 암호화하기
   위하여 적용한 암호화키(scrambling key)를 의미한다.

00	Clear
01	Reserved
10	even word scrambling
11	odd word scrambling

  ─ transport_error_indicator : 해당 패킷의 오류 여부를 나타낸다.
  ─ pay_load_unit_start_indicator : 트랜스포트 패킷의 페이로드에
   PES 헤더 및 PSI 테이블의 시작 데이터가 존재함을 나타낸다. 즉,
   새로운 PES 또는 PSI 정보가 해당 패킷에서 시작됨을 알려준다
  ─ transport_priority : 패킷의 우선순위를 나타내나, ATSC 표준에서
   는 우선순위 전송을 지원하지 않는다. 즉, 이 값은 항상 '0'값을 갖는다.
  ─ adaptation_field_control : adaption_field와 payload의 존재에 대
   하여 필드값의 의미는 다음 표와 같다

필드값	정 의
00	Reserved
01	페이로드만 존재
10	adaptation_field만 존재
11	adaption_field 뒤에 payload가 존재

- continuity_counter : 비디오, 오디오 스트림과 같이 각 기초 스트림을 형성할 트랜스포트 패킷의 순서를 나타낸다. 이 값은 4비트이므로 순차적으로 0, 1, 2, … 15까지 증가했다가 다시 0, 1, 2, …의 순서로 값이 사용된다.
- discontinuity_indicator : 1비트 필드값으로 해당 TS 패킷의 시간적인 불연속성을 나타낸다. 이 필드는 PCR 시간정보, continuity_counter 값의 불연속의 경우에 적용된다. PCR 패킷의 경우 이 필드가 '1'로 세트될 경우 각 기초 스트림의 동기화를 위해 사용할 PCR값이 이전 패킷들과 연속이지 않고 시간적 흐름이 다시 셋팅되어 시작되었음을 나타낸다.

-PCR_flag : 적용필드 내의 PCR값의 유무를 나타낸다.

-PCR : 기초 스트림을 동기화하기 위해 사용할 시간정보를 제공한다. 이 값은 송신단에서 사용한 27MHz 클럭에 의한 카운터의 현재 값을 0.1초 내에 1회 이상 수신단으로 전송하는 것으로 수신단에서 이 값을 사용하여 송신단과 27MHz 클럭의 주파수를 연동시킬 수 있게 한다.

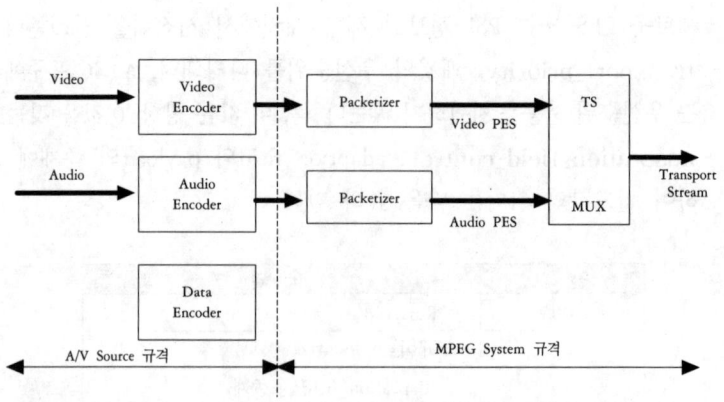

<그림 3-4> 오디오 비디오 입력 데이터와 트랜스포트 출력까지의 과정 흐름도

2) PES 스트림의 구조

PES 스트림은 PES 패킷의 직렬화된 구조로 구성되는데, 오디오/비디
오의 압축된 데이터들이 트랜스포트 패킷으로 다중화되어지기 전에
PES 패킷으로 먼저 패킷 구조로 변화된다. 이러한 PES 패킷 계층의 주
요 기능은 이 패킷에 속한 요소 스트림 데이터의 종류, 패킷화 형태, 패
킷에 속한 개별 비디오/오디오 데이터의 복호화 및 재생과 관련된 타이
밍 정보를 포함한다.

<그림 3-4>는 오디오/비디오 입력 데이터가 압축되어진 후 PES 패
킷화를 거쳐서 패킷화한 뒤에 TS(Transport Stream) MUX에서 트랜스
포트 스트림으로 다중화되어 출력되는 과정을 나타내고 있다.

<그림 3-5>에 PES 패킷의 구조가 나타나 있다. PES 패킷은 헤더와
패킷 데이터로 구분되며 헤더에는 패킷 데이터를 위한 타이밍 정보와
디지털 미디어를 위한 제어신호를 포함하고 있다. 각각의 필드의 내용
에 대하여 살펴보면 다음과 같다.

<표 3-2> 요소 스트림에 대한 stream_id값

stream_id	요소 스트림
0xBC	program_stream_map
0xBD	private_stream_1
0xBE	padding_stream
0xBF	private_stream_2
110x xxxx	number x xxxx를 갖는 MPEG-1, MPEG-2 audio stream
1110xxxx	number xxxx를 갖는 MPEG-1, MPEG-2 video stream
0xF0	ECM_stream
0xF1	EMM_stream
0xF2	DSMCC_stream
0xF3	ISO/IEC_13522_stream(MHEG)
0xF4	H.222.1 type A
0xF5	H.222.1 type B
0xF6	H.222.1 type C
0xF7	H.222.1 type D
0xF8	H.222.1 type E
0xF9	ancillary_stream
0xFA-0xFE	data stream
0xFF	program_stream_directory

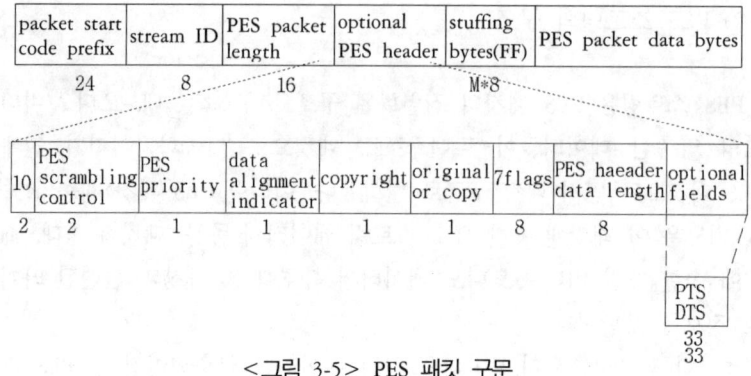

<그림 3-5> PES 패킷 구문

packet_start_code_prefix는 24비트 필드값으로 PES 패킷의 시작점
을 나타내며, 이 값은 0x000001의 고정값이다. 24비트를 사용하
므로 PES 스트림상의 어느 부분에서 시작해서 스트림을 분석하기
시작하여도 해당 PES 패킷의 시작 위치를 정확히 찾아낼 수 있다.

Stream_ID는 8비트 필드값으로 프로그램 스트림의 경우 요소 스트
림의 종류와 번호를 정의하며, 트랜스포트 스트림은 어떤 유효한
값으로 요소 스트림의 종류를 정의한다. stream_id의 값은 요소
스트림의 종류에 따라 그 값이 결정된다. 위의 <표 3-2>에
stream_id와 요소 스트림의 종류에 대하여 나타냈다.

data_alignment_indicator는 1비트 필드값으로 PES 패킷의 데이타
첫 번째 바이트는 오디오 frame sync word나 비디오 start code로
시작된다. 이러한 비디오 start code는 정의에 따라 frame start 또
는 GOP(Group Of Picture)가 되어질 수 있다.

DTS(Decoding Time Stamp)와 PTS(Presentation Time Stamp)
는 각 비디오와 오디오와 같은 기초 스트림의 동기화를 위하여
PES 패킷 헤더 내에 해당 단위 프레임에 대한 디코딩 시간 또는
시연 시간을 표시한다.

PTS_DTS_flag는 2비트 필드값으로 PES 패킷 헤더 내에 PTS, DTS 유무를 나타내며 다음 표와 같이 PTS, DTS의 존재를 나타낸다.

값	의 미
00	PTS, DTS 모두 존재하지 않음
01	forbiden
10	PTS
11	PTS, DTS

3. 스트림의 다중화와 동기화

1) 동기화 모델

MPEG-2 시스템 규격에서는 송신단과 수신단의 동기화와 비디오/오디오와 같은 기초 스트림 간의 동기를 위하여 시스템 클럭 정보를 송수신하는 방식을 사용하고 있다. 시스템 클럭은 27MHz 클럭을 사용하며 송신단에서는 이 시스템 클럭을 이용하여 증가시킨 카운터의 정보를 0.1초에 1회 이상 수신단에 송신하여 클럭의 안정화를 만들고 있다.

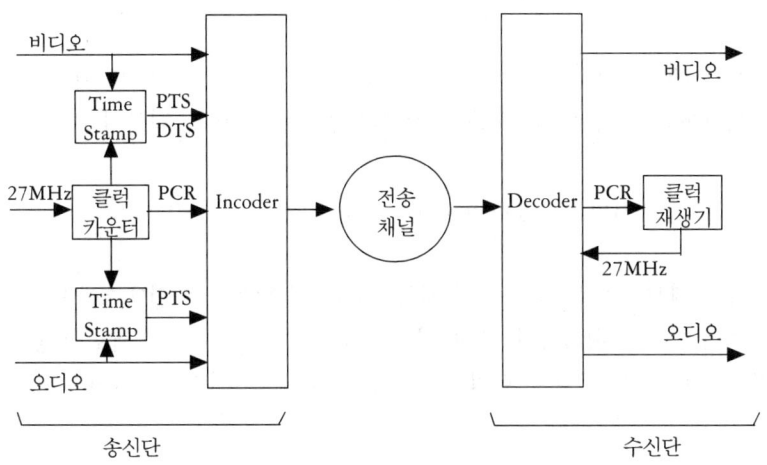

<그림 3-6> 송신단과 수신단의 동기화를 위한 블록도

<그림 3-6>에 송신단과 수신단의 동기화를 위한 블록도를 나타냈다. 송신단에서 사용하는 27MHz의 클럭으로 카운팅한 카운터의 값을 0.1초에 1회 이상 전송하며 비디오와 오디오 프레임이 입력되어지는 시간을 카운터로 측정하여 이 값을 수신단으로 송신한다.

PCR 필드 내의 타이밍 정보는 프로그램 생성시 시스템 클럭(27MHz)의 샘플값으로 코딩된다. 디코더는 PCR 값과 이 값이 도착되는 시간으로부터 시스템 클럭을 복원한다. PCR 데이터 값 인코딩시 시스템 클럭은 다음 조건을 만족해야 한다.

$$27\text{MHz} - 810\text{Hz} \leq \text{System\_clock\_frequency} \leq 27\text{MHz} + 810\text{Hz}$$

위의 조건에서 시스템 클럭은 27MHz±810Hz의 범위의 주파수를 가짐을 의미한다. PCR 필드에 인코딩된 값 PCR(i)는 PCR_base(i)값의 마지막 비트를 포함한 바이트의 전송되는 시간 $t(i)$를 나타낸다.

$$\text{PCR}(i) = \text{PCR\_base}(i) \times 300 + \text{PCR\_ext}(i)$$
$$\text{PCR\_base}(i) = (\{\text{system\_clock\_frequency} \times t(i)\} \text{ DIV } 300) \% 233$$
$$\text{PCR\_ext}(i) = (\{\text{system\_clock\_frequency} \times t(i)\} \text{ DIV } 1) \% 300$$

시간 $t(i^{(1)})$과 $t(i^{(2)})$에 PCR값 $\text{PCR}(i^{(1)})$과 $\text{PCR}(i^{(2)})$가 입력될 때, 모든 다른 바이트들의 트랜스포트 디코더의 입력시간 $t(i)$는 다음과 같다.

$$t(i) = [\text{PCR}(i)/\text{system\_clock\_frequency}] + [i - i^{(1)}/\text{transport\_rate}(i)]$$

이 식에서 i는 트랜스포트 스트림의 임의의 바이트의 인덱스이며, $i^{(1)}$, i, $i^{(2)}$의 순서로 위치하며, PCR 역시 $\text{PCR}(i^{(1)})$, $\text{PCR}(i^{(2)})$의 순서로 전송된다. 이때 트랜스포트 스트림의 전송률은 다음과 같이 계산되어진다.

$$\text{transport\_rate}(i) = [(i^{(2)} - i^{(1)}) \times \text{system\_clock\_frequency}]/[\text{PCR}(i^{(2)}) - \text{PCR}(i^{(1)})]$$

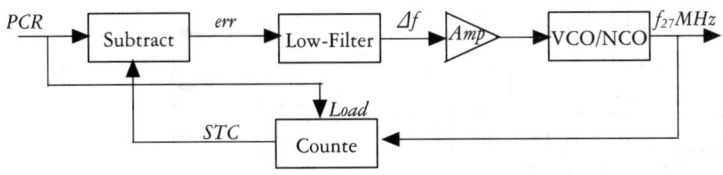

<그림 3-7> 시스템 클럭 복구를 위한 블록도

27MHz의 시스템 클럭을 수신단에서 정확히 복원하여 송·수신기간의 동기를 위하여 송신단에서 송신하는 PCR 정보를 사용하여 수신단에서 자체적으로 발생시킨 클럭을 제어하는 형태의 시스템을 구성할 수 있다. <그림 3-7>에 이를 위한 시스템 구성 예를 나타내고 있다.

트랜스포트 디코더로 PCR 패킷 데이터가 입력시 내부 STC 카운터에 값을 로드한 후, 입력된 PCR 값과 STC 값의 차이를 구한다. 이 값은 low pass 필터링한 후 DA 변환을 거쳐 27MHz VCXO로 입력된다. VCXO 출력은 27MHz 시스템 클럭으로 사용된다. 이 클럭은 역다중화 부, 기초 스트림 디코더의 시스템 클럭으로 사용되어 수신단 전체의 동기를 이루게 된다. 또한 이 클럭은 역다중화 부 내부의 STC 카운터로 입력되어 내부 PCR 값이 생성된다.

2) 스트림의 다중화

<그림 3-8>에 각 트랜스포트 패킷의 다중화 개념도를 나타냈다. <그림 3-2>에서와 같이 입력된 오디오/비디오가 압축기를 통과하여 압축 과정을 거치고, PES 패킷과 TS 패킷 과정을 거쳐서 <그림 3-8>과 같이 다중화된다.

프로그램을 구성하는 기초 스트림은 PES 패킷화 과정을 거친 후 송신단에서 다중화한 스트림을 수신단에서 역다중화하기 위한 정보인 PAT (Program Association Table)과 PMT(Program Map Table)와 함께 다중화한다.

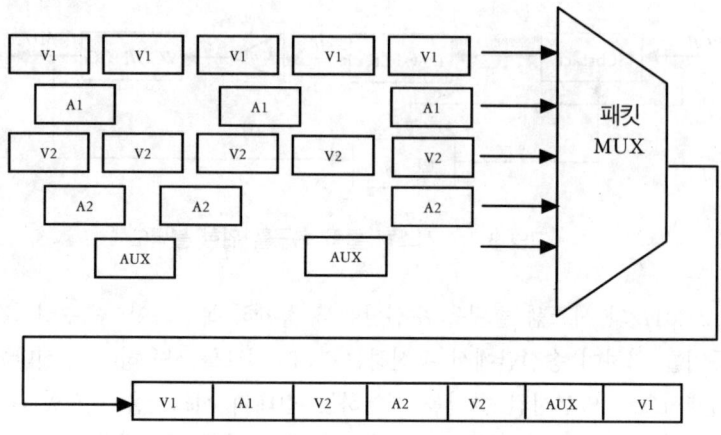

<그림 3-8> 트랜스포트 패킷의 다중화

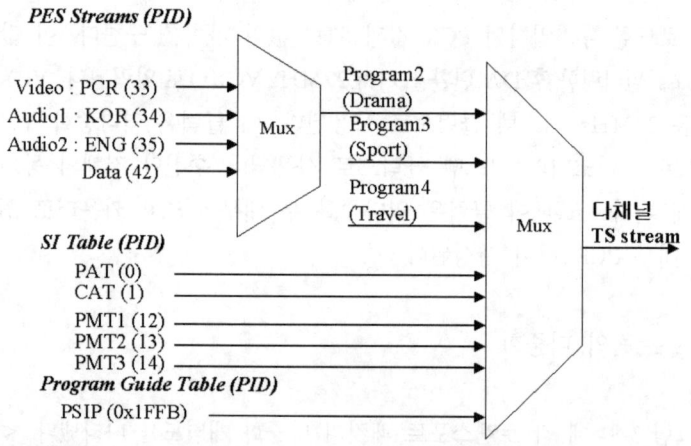

<그림 3-9> 다채널 트랜스포트 스트림의 다중화와 PSI 정보

<그림 3-8>은 이러한 PAT, PMT와 같은 PSI 정보와 함께 다중화
되어지는 다채널 송신 시스템의 구성도를 나타내고 있다. 한 개의 트랜
스포트 스트림에는 여러 개의 프로그램이 다중화하여 전송되어질 수 있
는데, 현재 그림에서는 4가지의 프로그램이 다중화되어 전송되는 시스
템이다. 이러한 다중화를 이용하여 디지털 방송 시스템은 여러 개의 채

널을 한 개의 물리적 채널로 전송할 수 있는 것이다.

수신단에서 다중화된 각 프로그램의 비디오/오디오 정보를 정확히 찾아서 수신하기 위해서는 각각의 프로그램의 트랜스포트 패킷의 PID 정보를 알고 있어야 한다. 이러한 정보가 PAT, PMT를 통하여 전송되는데 다음 절에서 PAT와 PMT 정보에 대하여 설명하기로 한다.

4. MPEG-2 PSI의 구조

1) SI 정보의 개요

트랜스포트 스트림을 역다중화하는 데 수신기는 프로그램 지정 정보(PSI)를 이용한다. PSI는 ISO/IEC 13818-1(MPEG-2 시스템 표준)을 따르며, 다음의 내용을 포함한다.

- Program Association Table(PAT)
- Conditional Access Table(CAT)
- Program Map Table(PMT)

선택된 반송파의 수신과 프로그램 안내를 위한 정보로서 유럽 방식의 부가 정보규격과 미국 방식의 부가 정보규격으로서 부가 SI 데이터가 있다. 먼저 유럽 방식의 ETSI/DVB 규격에 기초한 SI 정보는 아래의 내용을 포함한다.

- Network Information Table(NIT)
- Service Description Table(SDT)
- Event Information Table(EIT)
- Time and Date Table(TDT)

디지털 방송 이해 및 실무

미국 방식의 ATSC/PSIP 규격에 기초한 SI 정보는 아래의 내용을 포함한다.

- Master Guide Table(MGT)
- Virtual Channel Table(VCT)
- Event Information Table(EIT)
- Extended Time Table(ETT)
- Rating Region Table(RRT)
- System Time Table(STT)

국내 위성 방송에서 제한 수신 기능을 사용하는 경우에 한하여 전송되며, 아래의 내용을 포함한다.

- Entitlement Control Messages(ECM)
- Entitlement Management Messages(EMM)
- Receiver Command Messages(RCM)

2) PAT 정보

'Program Association Table(PAT)'은 서비스 스트림과 그 서비스 스트림을 위한 프로그램 정의를 갖고 있는 PMT 섹션들의 PID값 사이의 관계를 제공한다. 또한 PAT는 RSMS 데이터 스트림의 PMM과 RCM 구성요소들을 전달하는 트랜스포트 패킷의 PID값들을 제공한다. PAT 의 PID는 0x0000이고 그 구문은 ISO/IEC 13818-1(MPEG-2 시스템 표준)[1]에 규정된 것과 같다.

---

1) ETR 162: "Digital broadcasting systems for television, sound and data services; Allocation of Service Information(SI) codes for Digital Video Broadcasting(DVB) systems."

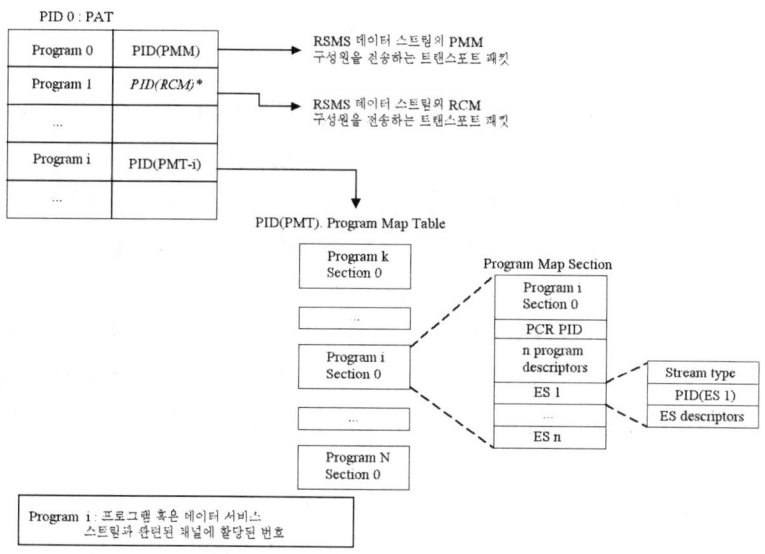

<그림 3-10> PSI 정보의 관계도

<그림 3-10>에 PSI 정보의 구성도를 보여주고 있다. PAT는 PID가 고정된 값을 사용하며 PAT를 찾기 위해서는 PID가 0x0000인 트랜스포트 패킷을 찾으면 된다. 이러한 PAT가 전송하는 내용은 PMT에 대한 PID 정보를 전송해준다. 다채널 방송의 경우 각 채널별로 PMT가 존재하여 해당 비디오/오디오 패킷의 PID값을 수신단으로 전송하는데, 이러한 PMT 패킷을 찾기 위해서는 PAT를 수신하므로 PMT 패킷의 PID를 알아내고 PMT 패킷을 수신하게 된다.

이와 같이 두 단계에 걸쳐서 전송 프로그램의 PID값을 전송하는 이유는 다채널의 PID 정보를 송신하는 경우 PAT에 한꺼번에 모아서 전송할 경우 데이터의 크기가 너무 커지고 필요 없는 내용의 정보를 수신단에서 처리해야만 한다. 수신단의 불필요한 이러한 계산량을 줄이기 위해서는 PAT와 PMT로 두 단계로 나누어 PID 정보를 전송하는 것이 효과적일 수 있다.

3) PMT 정보

'Program Map Table(PMT)'은 프로그램 번호를 한 세트의 기초 스트림(elementary stream)에 연결시킴으로써 프로그램 정의를 제공한다. 임의의 프로그램 정의에 포함되어 있는 모든 '기초 스트림'들은 동일한 서비스 스트림에 포함된다. PMT에 대한 ISO/IEC 13818-1(MPEG-2 시스템 표준)[1] 구문은 PMT의 다른 섹션들에 대하여 다른 PID들을 사용할 수도 있으나 보통은 PMT의 모든 섹션에 대하여 단지 하나의 PID값을 사용한다. 주어진 프로그램 번호에 대해 프로그램을 정의하는 PMT 섹션을 위한 PID는 해당 프로그램 번호와 관련된 PAT에서 추출할 수 있다.

<그림 3-10>에서 보여주듯이 PMT 정보는 여러 섹션으로 나누어져서 전송되고 각 섹션을 통하여 기초 스트림의 PID값들과 PCR 정보가 전송되는 패킷의 PID값을 제공한다.

5. 프로그램 안내 정보

1) DVB_SI 구조의 개요

각 서비스에서 제공하는 여러 가지의 프로그램들에 대한 내용과 프로그램의 종류에 대한 정보를 제공하기 위해서는 MPEG-2에서 정의하고 있는 스트림 외의 별도의 정보가 수록된 정보가 전송되어져야 한다. 이러한 별도의 정보가 서비스 정보 또는 프로그램 안내 정보이며, 이러한 규격으로 현재 공개되어진 방식으로 유럽의 DVB-SI 규격과 미국의 ATSC의 PSIP 규격이 있다. 이 절에서는 이와 같은 서비스 정보 또는 프로그램 정보라고 불리우는 유럽의 DVB-SI에 대하여 살펴보자.

디지털 방송은 케이블, 지상, 위성 등 다양한 네트워크를 통하여 프로그램이 전송되어진다. 각각의 네트워크는 다채널의 디지털 컨텐츠들이

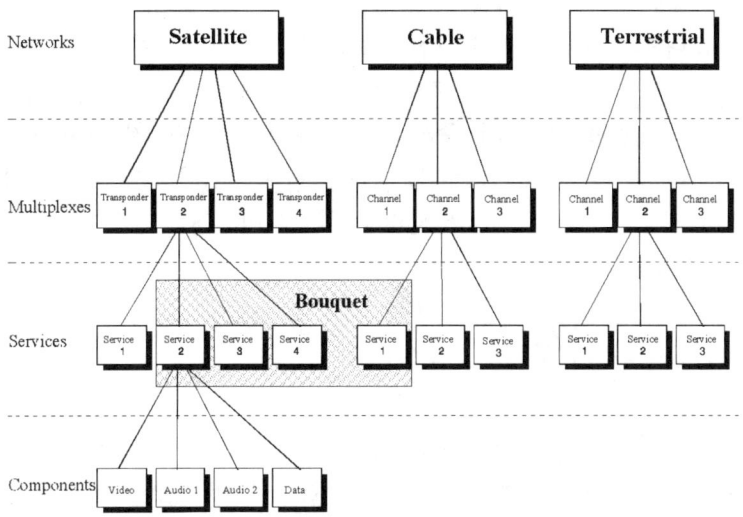

<그림 3-11> 디지털 방송의 비디오/오디오 컴포넌트, 방송 서비스, 다중화 및 네트워크의 구성도

다중화되어 전송되는데 <그림 3-11>에 이러한 네트워크에 전송 시스템의 과정도를 보여주고 있다. DVB-SI 정보는 이러한 여러 매체들로부터 전송되어지는 컨텐츠에 대한 정보를 위성, 지상, 케이블 디지털 방송의 존재에 관계없이 모두 호환되는 구조로 전송한다는 데 특징이 있다.

전송되는 서비스 정보를 사용하여 시청자는 스트림 안에서 원하는 서비스 또는 이벤트(event)라고 하는 개별 프로그램을 선택할 수 있으며 수신기는 선택된 서비스를 자동적으로 선택 수신할 수 있다. 개별 프로그램의 자동 선국을 위한 서비스 정보의 구조는 앞에서 설명한 바와 같이 ISO/IEC 13818-1의 프로그램 지정 정보(program specific information)를 이용할 수도 있다. DVB 규격에 따르면 수신기의 자동 선국에 대한 PSI의 정보와 함께 복잡한 네트워크상에서도 네트워크간의 스트림의 위치에 대한 정보와 시청자에게 보다 많은 프로그램에 대한 안내 정보가 제공 가능하다.

디지털 방송 프로그램은 <그림 3-11>에서 보인 것처럼 위성, 케이

블 및 지상으로 전달되어질 수 있다. 한 종류의 프로그램 서비스가 다
수의 오디오와 비디오 및 데이터 스트림으로 제작되고 다수의 프로그램
서비스는 다중화되어 위성의 경우 한 개의 중계기를 통해 전송되거나
케이블과 지상 방송의 경우 주파수 채널 대역을 통하여 전달되어진다.
이와 같이 전달되어지는 스트림들 중 필요한 스트림의 전달 위치를 파
악하여 해당 스트림을 수신할 필요가 있는데 이러한 방법을 제공하는
것이 서비스 정보이다.

 2) DVB 방식의 서비스 정보의 종류 및 내용

 DVB에서는 MPEG-2를 사용한 디지털 방송에 대한 서비스 정보 전
송을 규정하고 있다. 프로그램 지정 정보는 수신기가 다중화된 스트림
내에서 특정 스트림을 역다중화하고 이를 디코딩할 수 있는 정보가 전
달되어진다. 프로그램 지정 정보는 앞 절에서 설명한 것처럼 MPEG-2
에서 정의하고 있는 PAT, CAT, PMT 및 NIT가 있다.

 • PAT(Program Association Table)
  송신단에서 제공하는 각종 서비스에 대한 해당 PMT의 PID 정보
  와 다음에 설명할 NIT의 PID 정보를 전달하게 된다.

 • CAT(Conditional Access Table)
  송신단에서 사용하고 있는 유료방송 시스템에 대한 정보를 전송하
  며 이러한 내용은 유료방송 시스템에 따라 전달되어진 내용은 다
  르게 정의되고 사용된다.

 • PMT(Program Map Table)
  각 서비스의 종류와 함께 서비스가 전달되어지는 전송 트랜스포트
  패킷의 PID 정보와 PCR 정보가 전달되는 PID 정보를 전달한다.

• NIT(Network Information Table)

NIT는 해당 네트워크를 통하여 전송되는 트랜스포트 스트림의 물리적 구성과 네트워크 자체의 특성에 대한 정보를 전송한다. 물리적 구성과 네트워크 자체의 특성이란 위성, 지상 및 케이블 방송의 구분과 각 방송의 변조 방식 FEC 코드, 위성의 위치 및 네트워크의 이름 등과 같은 정보를 의미한다. 트랜스포트 스트림을 DVB 방식에 의하여 사용되는 시스템들에서 유일하게 표시하기 위하여 transport_stream_id와 original_network_id의 결합을 사용한다. 네트워크에는 개별적인 코드번호가 network_id를 통하여 주어지게 되며 각 network_id의 값은 ETR 162[1)]에 규정되어진 대로 사용한다.

처음으로 네트워크를 통하여 트랜스포트 스트림이 전송될 경우 network_id와 original_network_id는 같은 값을 갖게 된다. 채널변환과 같은 채널 선택의 시간을 최소화하기 위한 방법으로써 여러 가지 방법이 사용될 수 있다. 즉, 수신기는 non-volatile 메모리에 NIT 정보를 저장할 수도 있으며 시스템 운용자는 현재 사용되는 네트워크에 대한 정보뿐만 아니라 다른 네트워크의 정보까지도 전송함으로써도 가능하다.

이와 같은 프로그램 지정정보(PSI)에 추가하여 시청자에게 제공되는 서비스와 개별 프로그램에 대한 안내 정보를 제공하고 있으며 이것은 전송되어지는 해당 전송망에 대한 정보뿐만 아니라 다른 전송망에 대한 정보까지도 포함하게 된다. 이러한 추가정보에는 BAT, SDT, EIT, RST, TDT 및 ST의 6개의 테이블이 정의되어 있는데 다음과 같다.

• BAT(Bouquet Association table)

서비스 집합에 대한 정보를 제공하는데 그 서비스 집합들의 이름과 이러한 것들의 목록에 대한 정보를 제공한다.

디지털 방송 이해 및 실무

• SDT(Service Description Table)

SDT는 특정 트랜스포트 스트림 내에 제공되는 서비스들에 대한
정보를 제공하는데, 서비스 제공업자와 서비스의 이름 등에 관한
내용을 전달한다. 이러한 서비스는 해당 트랜스포트 스트림에 포함
될 수도 있으며, 다른 트랜스포트 스트림의 포함된 서비스일 수도
있다. 다음과 같이 Running_status 필드 정보를 사용하여 해당 서
비스가 방영되고 있는 여부를 수신기에 알림이 가능하다.

running satus	의 미
0	정의되어 있지 않음
1	방영 않음
2	몇 초 후 시작됨
3	연기되고 있음
4	방영중
5 to 7	미래에 사용될 값

• EIT(Event Information Table)

EIT는 개별 프로그램들에 관계되며 개별 프로그램의 이름과 시작
시간, 방영기간 등과 같은 정보를 전달하는 실질적인 프로그램 가
이드 역할을 한다.

EIT는 각 서비스 내에 이벤트(event)라고 부르는 개별 방송 프로그
램에 대한 정보를 연대순으로 제공하며, 4가지 부류로 구분되어 사
용하고 있다.

① 해당 TS 스트림이고 현재/다음 이벤트 정보에 대한 전송 정보
② 다른 TS 스트림이고 현재/다음 이벤트 정보에 대한 전송 정보
③ 해당 TS 스트림이고 이벤트 스케줄 정보에 대한 전송 정보
④ 다른 TS 스트림이고 이벤트 스케줄 정보에 대한 전송 정보

현재/다음 이벤트 정보는 현재 방영되는 개별 프로그램으로서 이벤
트에 대한 정보와 시간적 순서에 따라 계속해서 다음에 방영될 이
벤트에 대한 정보를 전달하게 된다. 이와 같은 정보는 해당 트랜스

포트에 대한 서비스에 국한된 정보일 수도 있으며 다른 트랜스포
트 스트림에 대한 정보일 수도 있다. 해당 트랜스포트 스트림 또는
다른 트랜스포트에 대한 이벤트 스케줄 정보는 현재/다음 이벤트
뒤에 언젠가 발생하게 될 이벤트에 대한 목록 및 스케줄 정보를 제
공한다. 이벤트 스케줄 정보는 선택적 사항이고 모든 이벤트 정보
는 시간적 순서로 전달되어진다.

• RST(Running Status Table)
개별 프로그램이 현재 방영중 여부에 대한 정보를 전송한다. 방송
의 내용은 시간이 진행되어감에 따라 방영된 이벤트의 내용이 처
음 방송 계획과 달라질 수 있는데, RST는 이러한 이벤트들의 변경
사항을 신속하게 전달하는 역할을 수행하는데, 이와 같이 다른 프
로그램 서비스 정보와 분리된 테이블을 사용하므로 독립적으로 신
속한 정보전달이 가능해진다

• TDT(Time and Date Table)
날짜와 시간에 대한 정보를 전송한다. 이 정보는 자주 변경되어야
하는 관계로 별도의 테이블로 전송한다. 다음 <표 3-3>과 같이
구조체로 시간과 날짜 정보를 전송한다.
TDT는 UTC-time과 날짜 정보만을 전달한다. TDT는 한 개의 섹
션으로만 구성되어 있으며 그 구성은 <표 3-3>에 나타나 있다.

<표 3-3> Time and date section

Syntax	No. of bit
stime_date_section()	
table_id	8
section_syntax_indicator = 0	1
reserved_future_use	1
reserved	2
section_length	12
section_length	40

디지털 방송 이해 및 실무

TDT 섹션은 PID가 0x0014인 트랜스포트 패킷으로 전송되어지고, TDT 섹션은 0x70의 table_id 필드를 갖는다.

time_date_section의 내용에는 UTC_time이라는 40bit 필드가 존재하는데 현재시간을 Universal Time Co-ordinated(UTC)와 Modified Julian Date(MJD)로 표시한다. MJD의 LSB 16bit로 연도와 날짜를 표시하고 24bit로 시·분·초의 시간 4bit Binary Coded Decimal (BCD)로 표시한다.

예) 93/10/13 12:45:00은 "0xC079124500"으로 표시된다.

• ST(Stuffing Table)

현재 전송되는 테이블의 내용을 디코더가 무시하도록 하기 위하여 사용한다. stuffing_section의 목적은 전송 시스템단에서 현재 전달되고 있는 서비스 정보의 내용을 무의미화하기 위해서 사용된다. 즉, 예로 케이블 TV 사업자가 다른 곳에서 프로그램을 받아서 재전송하는 데 있어서 EIT 또는 NIT로서 전달된 정보들 중 필요 없는 부분이 발생할 경우 이를 제거할 필요가 있다. 이를 제거하는 손쉬운 방법 중 하나가 전송된 섹션의 내용 중 table_id를 0x72로 변환시키는 방법이다. 수신기는 0x72로 수신된 테이블의 내용은 무의미한 부분으로 판단하여 stuffing_section을 디코딩하지 않고 내용을 버리면 된다.

3) ATSC-PSIP 정보의 개요

앞에서는 유럽의 DVB 방식에 의한 프로그램 가이드 및 서비스 정보체계에 대하여 살펴보았다. 계속해서 이 절에서는 미국 ATSC 방식의 프로그램 가이드 및 서비스 정보체계를 살펴보도록 하자.

앞에서 설명한 바와 같이 유럽 DVB 방식에서는 SI(System Information)이라 부르는 서비스 정보 내에 NIT 테이블을 이용하여 지상, 위성 및 케이블 등과 같은 전송 시스템의 물리적인 정보를 전송한다고 설명하였고 EIT, RST, SDT, TDT를 사용하여 전자 프로그램 안내(electronic program guide) 정보를 전송하고 있음을 설명하였다.

이와 비슷한 방식으로 미국의 ATSC 방식에서는 PSIP(Program and System Information Protocol)라는 테이블들의 조합으로 프로그램 안내와 채널 전송 정보를 전송한다. base-PID를 갖는 기초 트랜스포트 패킷에 STT(System Time Table), RRT(Rating Region Table), MGT(Master Guide Table), VCT(Virtual Channel Table)의 여러 종류의 테이블들이 전송되며, MGT에서 정의하는 PID를 갖는 트랜스포트 패킷에 EIT(Event Information Table)가 전송되어지며, MGT에서 정의하는 앞에서와 다른 PID를 갖는 세 번째 종류의 트랜스포트 패킷에 ETT(Extended Text Table)를 전송한다.

DVB 규격에서는 프로그램을 분류하기 위한 MPEG-2의 고유 규격인 PSI와 지상, 케이블, 위성 등에 전달되는 네트워크 정보와 프로그램 안내 정보를 모두 포함하는 DVB-SI(Service Information) 규격을 정하여 사용하고 있으며, ATSC 규격에서는 해당 전송 채널로 전달되는 정보에 대한 분류와 프로그램 안내와 같은 서비스 정보를 위한 PSIP(Program and System Information Protocol)를 정하여 사용하고 있다. ATSC 규격은 MPEG-2 시스템 규격의 일부인 PSI(Program Specific Information) 규격이 없이도 채널의 분류가 가능하며, MPEG-2에 호환되도록 필요는 없더라도 PSI를 전송하도록 하고 있다.

PSIP에 구성되어 있는 테이블들은 STT, RRT, MGT, VCT, EIT 및 ETT 모두 6가지 종류로 구성되어 있다. 미국 ATSC의 프로그램 안내는 유럽 DVB-SI와 같이 복잡한 구조보다는 간단한 구조로 구성되어 있으며, 주로 1개의 물리적 채널로 전송되어진 다수의 방송 프로그램을 선택하며 해당 방송 프로그램에서 방영할 개별 이벤트 프로그램의 시간별 분포와 시청제한 연령, 간략한 프로그램 정보 설명이 삽입되어 있는 정도이다.

디지털 방송이 종전의 아날로그 방송과는 다르게 다수의 방송 프로그램이 동시에 다중화되어 전달되어질 수 있기 때문에 다중화되어 있는 프로그램을 역다중화하여 수신할 수 있도록 해야 한다. 이러한 기능은 MPEG-2 시스템의 PSI로 해결할 수 있으나 아날로그 방송과 디지털 방송의 동시 방송과 디지털 방송의 다수 SDTV(Standard Definition Television) 프로그램 방영의 특성을 감안하여 VCT라는 테이블을 사용하여 다중화와 역다중화할 수 있도록 구성하였다. 또한 프로그램 안내를 위하여 개별 방송 프로그램에 대하여 프로그램 안내 테이블을 전송할 수 있으며 약간의 텍스트를 삽입하여 개별 방송 프로그램과 이벤트 프로그램에 대한 설명을 보낼 수 있도록 구성하였다.

4) ATSC-PSIP 각 테이블의 기능

(1) MGT(Master Guide Table)의 기능

PSIP는 방송 프로그램의 튜닝 정보와 프로그램 가이드 정보를 여러 개의 테이블로 구성하여 전송하고 있는데, 이 중 MGT(Master Guide Table)는 PSIP를 구성하는 다른 테이블들의 관계를 맺어주고 수신기가 디코딩하는 동안 PSIP를 위해 필요한 메모리의 크기를 할당시키는 역할을 한다. 시간적으로 개별 프로그램의 안내 정보를 전달하는 EIT-x에 대한 정보를 제공하기 위하여 EIT-x 테이블의 PID를 전송한다. <그림 3-12>에 나타난 것과 같이 MGT는 EIT-0, EIT-1, EIT-2 등에 대한 연결고리를 제공한다. MGT에는 해당 테이블의 내용이 변경되는 경우 version number를 증가시켜 내용이 변경되었음을 표시한다.

앞에서 설명한 것과 같이 MGT, STT, RRT, VCT는 같은 PID를 갖는 트랜스포트 패킷으로 전송되며, EIT-x와 ETT-x는 각각 다른 PID를 갖는 트랜스포트 패킷으로 전송된다. <그림 3-12>에서는 EIT-x의 PID를 MGT에서 지정하며, VCT 또는 EIT용 ETT-x의 PID를 역시 MGT에서 지정함을 나타내고 있다. MGT, STT, RRT, VCT를 전송하는 트랜스포트 패킷의 PID는 0x1FFB로 지정되어 있다.

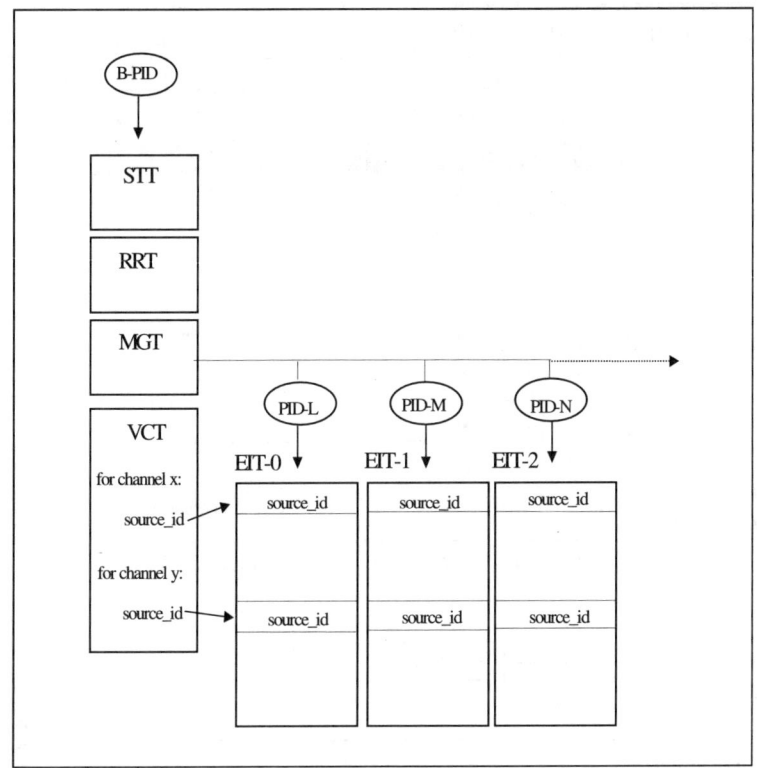

<그림 3-12> PSIP 테이블들의 기능적 연결 구조

<그림 3-13>에서는 이러한 PSIP 테이블들을 패킷화하고 이를 다중화하기 위한 블록도가 나타나 있다. MGT는 STT를 제외한 모든 PSIP 테이블에 대한 version number, length, 전송할 트랜스포트 패킷의 PID 정보를 전송하는 테이블로서 MGT로 전송되어지는 내용이 <그림 3-14>에 나타나 있다.

(2) VCT(Virtual Channel Table)의 기능

물리적인 지상 방송 채널에서 전달되는 여러 채널에 대한 정보를 포함하고, 이러한 채널의 이름과 채널에 구성되어 있는 방송 프로그램의 종류, 채널전달 변조 방식, 주파수 및 개별 방송 프로그램에 해당하는 source_id

디지털 방송 이해 및 실무

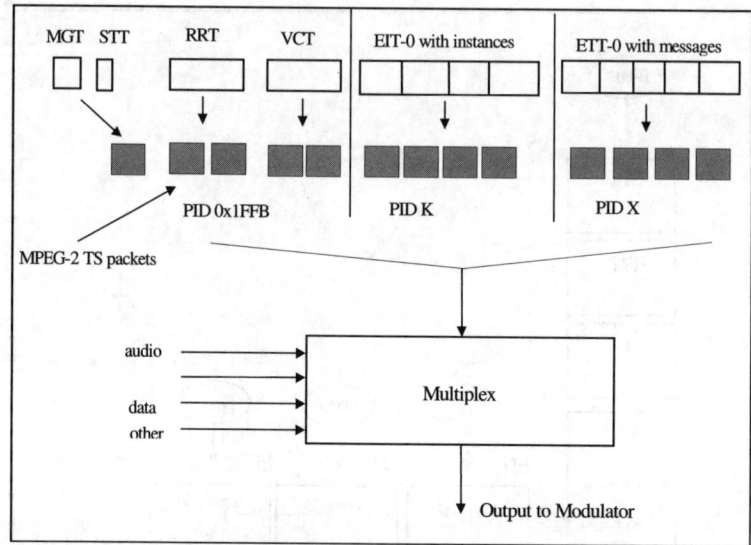

<그림 3-13> PSIP 테이블들을 전송하기 위한 트랜스포트 패킷의 구성도

MGT			
table_type	PID	version num.	table size
VCT	0x1FFB (base PID)	4	485 bytes
RRT - USA	0x1FFB (base PID)	1	560 bytes
EIT-0	0x1FD0	6	2730 bytes
EIT-1	0x1FD1	4	1342 bytes
EIT-2	0x1DD1	2	1224 bytes
EIT-3	0x1DB3	7	1382 bytes
ETT for VCT	0x1AA0	21	4232 bytes
ETT-0	0x1BA0	10	32420 bytes
ETT-1	0x1BA1	2	42734 bytes

<그림 3-14> MGT를 이용하여 전송할 수 있는 정보의 예

VCT									
current_next_indicator = 1									
number_channels_in_section = 5									
major num.	minor num	short name	carrier freq. (MHz)	channel TS ID	progr. num	flags	service type	source id	descriptors
12	0	NBZ	205.25	0x0AA0	0x0AA0	--	analog	20	ch_name
12	1	NBZD	620.31	0x0AA1	0x00F1	--	digital	21	ch_name serv_locat.
12	5	NBZ-S	620.31	0x0AA1	0x00F2	--	digital	2	ch_name serv_locat.
12	12	NBZ-M	620.31	0x0AA1	0x00F3	--	digital	23	ch_name serv_locat.
12	31	NBZ-H	620.31	0x0AA1	0x00F8	--	digital	24	ch_name serv_locat.

<그림 3-15> VCT를 통해 전송할 내용의 예

정보를 전달한다. 또한 수신기가 프로그램 안내를 위하여 <그림 3-12>에 나타나 있는 것과 같이 열거된 ch x, ch y에 대한 source_id를 이용하여 프로그램 안내테이블 EIT-x를 참조하여 프로그램 안내 정보를 얻는다.

<그림 3-15>에 나타낸 것과 같이 current_next_indicator='1'인 경우 현재 적용할 채널 정보임을 나타내며, number_channel_in_section='5'에서 VCT를 통해 전송될 채널의 수는 5개임을 나타낸다. 이러한 5개의 채널은 major_number가 12이고 minor_number는 0, 1, 5, 12, 31을 갖는다. 그리고 이러한 방송 프로그램 각각에 대한 주파수, channel_ID, program_number, service_type 등에 대한 정보가 전송된다.

(3) EIT(Event Information Table)의 기능

실질적인 프로그램 가이드로서의 정보를 EIT 테이블로 전송한다. EIT는 시간대별로 구성되며 한 개의 EIT는 3시간에 대한 안내 정보를

디지털 방송 이해 및 실무

갖고 있다. EIT는 전체 128개까지 사용할 수 있으며, 방송사는 이를 이용하여 최대 16일분의 프로그램 안내 정보를 광고할 수 있다. EIT-0는 현재부터 3시간 뒤까지의 안내 정보를 전송한다고 하면, EIT-1은 다음 3시간에 대한 안내 정보를 포함한다. 또한 각 트랜스포트 스트림에는 최소한 4개의 EIT를 포함하고 있을 것을 규정하고 있다.

<표 3-4>에 나타난 EIT-0, EIT-1, EIT-2는 각각 시간대별 안내표를 표시하고 있으며 각각의 EIT-x의 테이블들은 각 방송 프로그램 또는 개별 요소 스트림에 대한 안내 정보를 포함하고 있다. Source_id를 이용하여 찾고자 하는 각 방송 프로그램에 대하여 EIT-0, EIT-1, EIT-2를 참조하므로 해당 방송의 시간대별 프로그램 안내를 받아볼 수 있다.

<표 3-5>와 <표 3-6>에 나타난 바와 같이 난 EIT-0와 EIT1는 각각 시간대별로 UTC(Universal Coordinated Time) 18:00~21:00와 EDT (Eastern Time) 14:00~17:00 기간 동안의 안내 테이블이며 이때 version

<표 3-4> EIT에 의한 프로그램 시간대 예

EIT number	Version Num.	Assigned PID	Coverage(UTC)	Coverage(EDT)
0	6	123	18:00~21:00	14:00~17:00
1	4	190	21:00~24:00	17:00~20:00
2	2	237	0:00~3:00	20:00~23:00
3	7	177	3:00~6:00	23:00~2:00(nd)
4	8	295	6:00~9:00	2:00(nd)~5:00(nd)
5	15	221	9:00~12:00	5:00(nd)~8:00(nd)

<표 3-5> VCT와 EIT-0을 사용하여 처음 3시간 동안 전달할 안내 정보의 예

		14:00~14:30	14:30~15:00	15:00~15:30	15:30~16:00	16:00~16:30	16:30~17:00
PTC 12	NBZ	City Life	City Life	Travel Show	Travel Show	News	News
PTC 39 VC #1	NBZ	City Life	City Life	Travel Show	Travel Show	News	News
PTC 39 VC #2	NBZ	Soccer	Golf Report	Golf Report	Car Racing	Car Racing	Car Racing
PTC 39 VC #3	NBZ	Secret Agent	Secret Agent	Lost Worlds	Lost Worlds	Lost Worlds	Lost Worlds
PTC 39 VC #4	NBZ	Headlines	Headlines	Headlines	Headlines	Headlines	Headlines

<표 3-6> VCT와 EIT-1을 사용하여 두 번째 3시간 동안 전달할 안내 정보의 예

		17:00 ~ 17:30	17:30 ~ 18:00	18:00 ~ 18:30	18:30 ~ 19:00	19:00 ~ 19:30	19:30 ~ 20:00
PTC 12	NBZ	Music Today	NY Comedy	World View	World View	News	News
PTC 39 VC #1	NBZ	Music Today	NY Comedy	World View	World View	News	News
PTC 39 VC #2	NBZ	Car Racing	Car Racing	Sport news	Tennis Playoffs	Tennis Playoffs	Tennis Playoffs
PTC 39 VC #3	NBZ	Preview	The Bandit	The Bandit	The Bandit	The Bandit	Preview
PTC 39 VC #4	NBZ	Headlines	Headlines	Headlines	Headlines	Headlines	Headlines

number는 6이며 해당 PID는 123으로 할당하여 사용한다.

(4) ETT(Extended Time Table)의 기능

채널정보를 전송하거나 프로그램 안내 정보를 전송하는 VCT, EIT에 약간의 텍스트 정보를 추가하여 전송하므로 전달 내용을 풍부하게 할 수 있다. 예로서 VCT에 채널 수신을 위한 비용과 다음 프로에 대한 안내 등을 삽입하고 EIT에는 영화에 대한 프로그램 안내를 한다고 할 때 해당 영화에 대한 짤막한 설명 등은 프로그램 안내를 더욱 풍부하게 할 것이다. ETT는 선택적으로 전송하며 반드시 전송하지는 않는다.

VCT의 channel ETM과 EIT의 event ETM에 사용되는 ETM은 다중 문자열 구조로 되어 있으며, ETM은 여러 개의 언어로 표시될 수도 있다.

(5) RRT(Rating Region Table)의 기능

TV 수신의 시청연령 제한이 지역에 따라 차이가 있으므로 지역과 적용하는 등급에 정보를 전달한다. RRT의 경우 제한등급이 자주 변경되지 않는 사항이므로 RRT의 전송 빈도는 낮아질 수 있다.

수신 제한연령은 지역에 따라 차이가 있고 한번 정의가 되면 계속 사용이 가능하다. <그림 3-16>은 RRT로 전송될 수 있는 내용의 한 예이다. 제한 지역이 미국이고 지역에 대한 텍스트값으로 rating_region_name_text를 사용하여 미국 지역을 표시할 수 있다. 제한등급은 7개의 등급

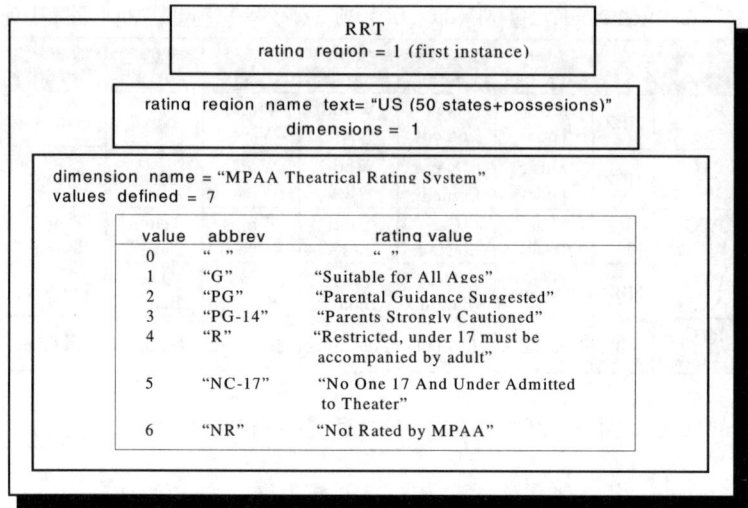

RRT
rating region = 1 (first instance)

rating region name text= "US (50 states+possesions)"
dimensions = 1

dimension name = "MPAA Theatrical Rating System"
values defined = 7

value	abbrev	rating value
0	" "	" "
1	"G"	"Suitable for All Ages"
2	"PG"	"Parental Guidance Suggested"
3	"PG-14"	"Parents Strongly Cautioned"
4	"R"	"Restricted, under 17 must be accompanied by adult"
5	"NC-17"	"No One 17 And Under Admitted to Theater"
6	"NR"	"Not Rated by MPAA"

<그림 3-16> RRT 내용의 예

을 두었으며 등급의 명칭을 'MPAA Theatrical Rating System'이라 하
였다.

(6) SST(System Time Table)의 기능

현재 시간과 날짜에 대한 정보 및 GPS(Global Positioning System)
시간과 UTC(Universal Coordinated Time) 시간의 차이 시간을 전송한다.

5) 전송 채널의 튜닝 방법

PSIP 테이블들에 채널의 정보 및 각 개별 프로그램에 대한 안내 정보
가 트랜스포트 패킷으로 다중화되어 전송된다는 것은 앞에서 설명하였
다. 수신단에서는 이러한 PSIP 정보를 이용해서 수신되어져야 할 프로
그램 정보를 얻어내게 되는데 이것이 <그림 3-17>에 나타나 있다.

수신된 트랜스포트 스트림으로부터 0xFFB의 패킷 역다중화하여 해당
패킷을 찾아내며 이것을 디코딩하여 VCT 테이블을 얻게 된다. VCT
테이블은 해당 패킷에서 table_id를 점검하여 해당 테이블이 MGT 또

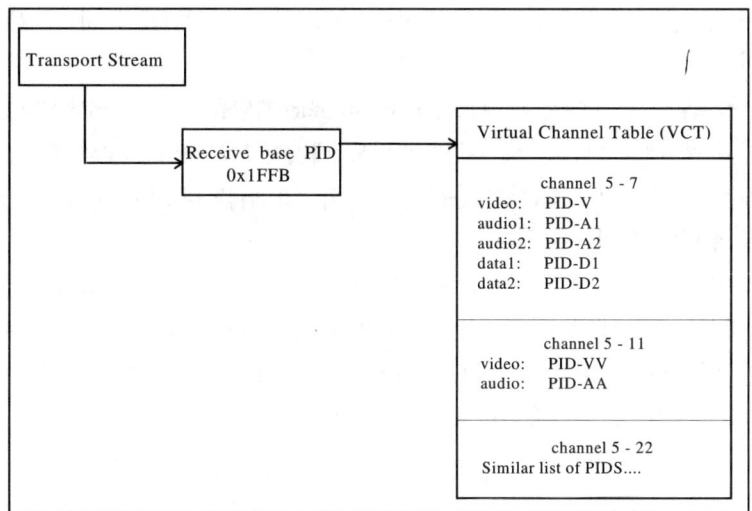

<그림 3-17> 트랜스포트 스트림으로부터 VCT의 추출과정

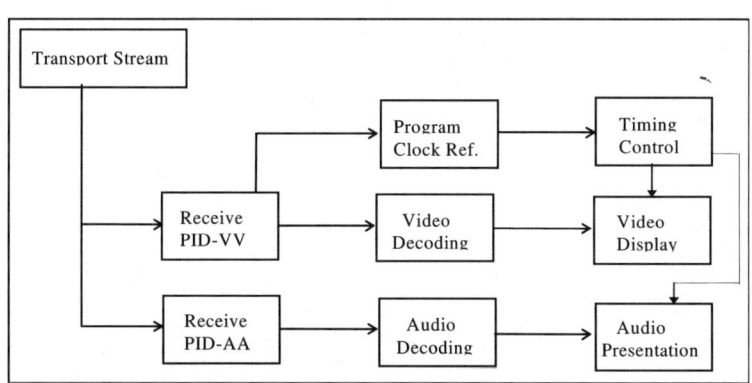

<그림 3-18> 오디오/비디오 스트림의 추출과정

는 STT, RRT, VCT임을 찾아내게 된다.

일단 VCT가 추출되고 디코딩되어지면 major 및 minor 채널에 대한 오디오/비디오 스트림의 PID를 얻을 수 있게 된다. major 채널과 minor 채널이 존재하는 까닭은 디지털 방송의 경우 아날로그 방송과 다르게 다수의 방송 프로그램이 동시에 다중화되어 전송되어질 수 있기 때문에 물리적 전송 채널인 major 채널을 선택하고 물리적 채널 속에 다중화되

디지털 방송 이해 및 실무

어 있는 방송 프로그램을 가리키는 minor 채널을 선택해야 하기 때문
이다.

<그림 3-18>에서는 예로써 major-minor 채널을 5-11을 선택했다고
할 경우 해당 방송 프로그램의 비디오 패킷의 PID, PID-VV와 오디오
패킷의 PID, PID-AA를 이용하여 각각의 스트림을 디코딩하면 되는 것
을 설명하고 있다.

이와 같이 VCT를 이용하여 개별 방송 프로그램을 역다중화하여 수
신할 수 있는데, MPEG-2의 PSI의 PAT 및 PMT의 정보가 없어도 수
신이 가능하게 된다. 그러나 ATSC에서는 MPEG-2와의 호환을 위하여
PSI 정보를 동시에 송신하도록 하고 있다.

제4장 데이터 방송

1. 아날로그 TV 방송 부가 데이터서비스

제1장에서 비디오 신호 포맷에서 언급한 바와 같이 TV 방송 규격은 한 화면당 전체 주사선 수와 유효 주사선 수가 존재한다. 전체 주사선 수와 유효 주사선 수의 차분만큼이 수직 귀선 구간(VBI; Vertical Blanking Interval)에 해당된다. NTSC 영상의 경우 525개의 전체 주사선을 갖고 있으며, 이런 화면이 1초에 약 30장 전송되며, 수직 귀선 기간은 모두 21개의 선으로 이루어져 있다.

아날로그 텔레비전의 데이터 방송은 이처럼 영상 신호가 실리지 않는 수직 귀선 기간에 데이터를 삽입·전송하는 방식으로 이루어진다. 그러나 화면 전체 주사선에 비해 수직 귀선 기간은 매우 짧으므로 빠른 속도의 데이터 전송은 어렵다. 또한 수직 귀선 기간에 삽입된 디지털 데이터는 다른 영상 신호와 함께 아날로그 방식으로 변조되어 송출되므로 디지털 전송에 비해 효율이 높지 못하다. 아날로그 텔레비전의 수직 귀선 기간을 이용한 부가 데이터 방송에는 다음과 같은 것들이 있다.

1) 문자다중방송

디지털 방송 이해 및 실무

아날로그 TV 신호의 수직 귀선 기간을 이용하여 문자정보를 전송하는 문자다중방송은 아날로그 텔레비전의 가장 대표적인 데이터 방송이다. 국내 문자다중방송은 1988년에 시작되었다. 전송 방식으로는 도형의 표현 능력과 확장성 등 여러 면에서 우수한 북미 방식(NABTS; North American Basic Teletext Specification)이 도입되었다. 문자다중방식으로는 문자코드방식과 문자패턴방식이 있는데 NABTS 방식은 문자코드방식이므로 다소 다양한의 정보 전송이 가능하다. 각종 정보는 시청자가 선택하여 TV 수상기에 표시할 수 있으며 광고 삽입도 가능하다.

문자 및 도형을 표현하기 위한 디지털 신호는 36바이트의 패킷 형식으로 구성되어 빈 주사선에 실린다. 그러나 각 패킷에는 문자나 도형 데이터뿐만 아니고 동기 신호, 제어 신호도 포함되므로 화면상의 한 라인에 해당하는 데이터도 다 수용하지 못하는 경우가 있다. 따라서 한 화면을 구성하기 위해서는 여러 개의 패킷이 필요하다. 결국 화면구성이 복잡해지거나, 전송할 화면 수가 많을수록 전송시간이 증가하여 수신측의 평균 대기시간이 길어진다.

2) 자막 데이터 방송(캡션 방송)

자막 데이터 방송은 텔레비전의 음성신호를 문자로 변환하여 TV 화면에 자막으로 표시해주는 부가 방송이다. 캡션(caption) 방송으로 알려진 이 서비스는 청각장애인의 텔레비전 시청을 돕고, 내국인의 외국어

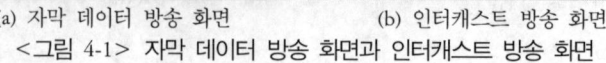

(a) 자막 데이터 방송 화면   (b) 인터캐스트 방송 화면
<그림 4-1> 자막 데이터 방송 화면과 인터캐스트 방송 화면

교육 및 외국인의 국어교육에 효과적으로 활용될 수 있다. <그림
4-1>은 자막 데이터 방송 화면이다.

3) 인터캐스트(Intercast) 방송

1995년 미국 인텔사가 개발 TV 수신카드를 장착한 컴퓨터에서 TV
를 시청함과 동시에 부가 정보를 수신할 수 있는 데이터 방송의 일종이
다. 텔레비전 신호의 수직 귀선 기간에 부가 데이터를 삽입하여 전송하
는 것은 문자다중방송과 같다. 그러나 문자다중방송이 TV 수상기를 대
상으로 데이터 방송하는 것과 달리 인터캐스트는 TV 수신카드를 내장
한 컴퓨터를 대상으로 방송한다.
인터캐스터 방송 서비스에 대한 특징을 살펴보면 다음과 같다.

- 인터넷을 접속할 때와 같이 그래픽, 사진, 문자 데이터 등 다양한
  서비스가 가능하며 HTML 문서, 멀티미디어 데이터, 일반 파일 전
  송도 가능하다.
- 인터넷 방송과 서비스는 필요한 정보 및 방송을 쌍방향으로 제공하
  는 서비스인 반면, 인터캐스트는 수요자의 요청과 무관하게 방송이
  기본적으로 단방향으로 제공되는 서비스이다.
- 인터캐스트 방송 내용을 쌍방향으로 원할 때 반송 수신 도중 바로
  인터넷상의 관련 정보로 링크시킬 수도 있다.
- 인터캐스트 방송은 기존 아날로그 방송 시스템 기술과 컴퓨터 기술
  이 융합한 기술이다.

비록 정보제공 능력이 적고, 완전한 쌍방향성 구현에 어려움이 있지
만 시청자는 별도의 접속 비용 없이 드라마 줄거리, 출연자 정보 등 프
로그램관련 부가 정보와 기상정보, 스포츠 데이터, 속보 등 데이터서비
스를 수신할 수 있기 때문에 아날로그 텔레비전 환경에서 유용하게 사
용되고 있다. <그림 4-1> (b)에 인터캐스트 방송의 한 화면을 나타냈다.

4) 가정용 VCR 간편예약 녹화 시스템(KBPS)

시청자가 TV 프로그램을 녹화할 경우 VTR의 자체 시간정보를 이용하여 정해진 시각에 VTR이 프로그램을 녹화하고 멈추는 예약녹화 기능을 이용할 수 있다. 시작 시간과 끝나는 시간정보를 몇 개의 숫자로 조합한 G-Code 방식이 있으나 방송 사정상 예정된 정확한 시각에 예정된 프로그램이 방송되고, 프로그램 길이도 정확히 맞추기란 어려우며, 경우에 따라 프로그램이 갑자기 취소될 수도 있으므로 절대시간을 표시하여 녹화를 하는 경우 방송 내용과는 별개로 동작하여 원하지 않는 프로그램이 녹화될 수도 있는 단점이 있었다.

국내에서는 KBPS(Korea Broadcast Program Service)라는 서비스가 예약 녹화의 단점을 극복하기 위해 개발되었다. 텔레비전 신호에 각 프로그램의 방영시간에 대한 부가 데이터가 첨부되어 전송되고, 이 정보를 이용하여 VTR을 동작시켜 원하는 프로그램을 정확히 녹화할 수 있다. 방송사의 정보제공에 따라 일주일 분량의 프로그램을 사전에 녹화 예약할 수 있다.

KBPS 기능을 내장한 녹화기는 자동 시간 설정 및 보정 기능, 프로그램 변경시 자동 녹화 기능과 함께 약간의 프로그램 편성 안내 서비스가 미약한 수준에서 이루어졌다. 이에 비하여 디지털 방송에서는 이러한 서비스가 넓은 대역폭으로 본격적으로 이루어질 수 있다.

2. 디지털 텔레비전의 데이터 방송 규격

디지털 방송은 아날로그 방송과는 달리 프로그램의 오디오/비디오 신호가 디지털 데이터의 성격을 갖고 있으므로 부가적인 데이터의 삽입·송출에 편리하다. 또한 아날로그 방송에 비해 부가 데이터에 더 많은 대역폭을 할당할 수 있으며, 전송기술도 디지털 방식을 사용하기 때문에 고속·고품질 서비스가 가능하다. 그러나 데이터 방송이 효과적으로 구현되기 위해서는 서비스 제공자와 서비스 수요자의 기술적 정합이 필요하다. 이 절에서는 데이터를 위한 기술 규격들을 살펴본다.

1) DAVIC(Digital Audio Video Council)

오디오/비디오 압축의 국제표준기술인 MPEG(Moving Picture Experts Group)이 MPEG-1에서 시작하여 MPEG-2로 확산되면서 오디오/비디오 정보를 사용한 멀티미디어 서비스가 세계적으로 파급되기 시작했다. 이러한 시점에 여러 가지 응용 서비스를 포함한 종합적인 오디오/비디오 서비스를 전송·제공하기 위해 각종 네트워크의 인터페이스에 대한 체계적인 규격 정리가 필요하게 되었다.

DAVIC(Digital Audio Video Council)은 현존하는 기술을 적극 활용하여 표준화 작업을 수행하였다. DAVIC은 부분적으로 표준을 새로 제정하기보다 다양한 국제표준을 조합하고 사용하려 하였고, 목적하는 서비스를 구현할 방법이 없을 경우에만 독자적인 표준화를 부분적으로 구현하는 데 있다. 즉, 새로운 서비스를 달성하기 위해 기존의 표준을 최대한 활용하는 것이다.

1995년 처음으로 DAVIC1.0 규격이 만들어졌다. 여기에는 TV 프로그램의 분배, VOD(Video On Demand), NVOD(Near VOD), 원격 쇼핑 등 응용 서비스에서 사용될 기본구성, 통신규약, 정보표현방식 등의 표준안이 기술되어 있다. DAVIC이 추구하는 목표는 초고속 통신망이나 디지털 방송과 같이 여러 통신매체를 사용하는 멀티미디어 오디오/비디오 서비스가 전세계적으로 통용될 수 있도록 상호 운용성을 최대한 보장하는 것이다.

2) MHEG(Multimedia and Hypermedia information coding Experts Group)

MHEG은 멀티미디어 정보를 추가적인 처리 없이 상호 교환하고 표

현할 수 있도록 만드는 표준기술이다. MHEG-1이 처음 개발되었을 때
는 모든 멀티미디어/하이퍼미디어의 응용 서비스를 수용하기 위해 지나
치게 넓은 범위에서 표준을 제정했다. 결국 실제 특정 서비스를 구현하
는 데 추가적으로 규정되어야 할 요소가 너무 많아지게 되었다. 따라서
DAVIC은 주문형 서비스의 정보검색을 위한 표준을 요청하게 되었고,
MHEG은 MHEG-5라는 새로운 국제표준을 제정했다.

여러 사업자가 등장하고, 응용 서비스도 다양해짐에 따라 이들이 맞
물려 서로 다른 서비스가 서로 다른 플랫폼에서 서비스될 때 원활한 기
능을 못하는 불편함이 발생했다. 즉, 서비스 제공자의 입장에서는 다양
한 사용자를 수용하기 위해서 여러 종류의 플랫폼을 통한 서비스가 필
수적이고, 사용자 입장에서는 다양한 서비스를 누리기 위해서는 여러
가지 수신장치 또는 OS 프로그램이 필요해진다. 한번 제작된 프로그램
이 아무런 변경 없이 어떠한 플랫폼에서도 수행될 수 있기 위해서는 특
별한 응용 방법이 필요하다. 이를 위해 MHEG에서는 응용 상호교환을
위한 형태로 정의하므로 응용 프로그램이 한번 만들어지면 본 표준에
일치하는 어떠한 플랫폼에서라도 실행 가능하도록 하고 있다.

3) AICI(Advanced Interactive Content Initiative)

AICI의 응용 목표는 디지털 방송 환경으로 홈쇼핑, 대화형 광고, 진
보된 전자 프로그램 가이드, 대화형 스포츠 경기 중계, 웹 데이터 형식
의 데이터 표시, 대화형 퀴즈 프로그램 등과 같은 분야를 적용대상으로
하고 있다.

AICI에서는 BHTML 언어를 사용하고 있다. BHTML은 웹에서 사용
하는 보통의 HTML을 지원하며 현재 DTV 프로파일에서 모든 WWW
(World Wide Web) 형식을 지원하기 위한 기술을 개발중에 있다. 현재
MPEG-4, VRML, XML 기반 HTML 기술들의 상호 결합이 상당히 성
숙한 단계에 와 있으며 이러한 기반 기술들을 사용하여 AICI에서 목표
하는 서비스를 수용할 수 있을 것이다.

4) ATSC의 데이터 방송: DASE(DTV Applications S/W Environment)

ATSC(Advanced Television Systems Committee)는 연방통신위원회(FCC; Federal Communications Commission)에 미국 지상파 디지털 방송의 규격을 만들어 제안하는 기관이다. ATSC는 디지털 방송의 세부 규격 작성을 위해 <표 4-1>과 같은 여러 소위원회를 운영하고 있다. T3/S13에서는 방송용 데이터를 인코딩하는 방법에 따라 프로토콜별로 분류하고, 오디오/비디오 프로그램과 동기화되는 방법에 따라 프로파일별로 분류하여 규격화를 진행하고 있다. T3/S16 소위원회에서는 서비스 제공자와 수신자 간 쌍방향 기능제공을 위해 필요한 규격을, T3/S17(DASE)는 데이터서비스를 수신기 내에서 수신할 수 있는 소프트웨어의 환경을 정의하고 있다.

<그림 4-2>에 DASE 소프트웨어의 구조를 나타냈다. DASE는 데이터 방송 응용 프로그램을 해석하고 실행시키기 위한 AEE(Application Execution Engine), HTML로 작성된 DASE 응용 데이터 방송을 해석하

<표 4-1> ATSC T3의 활동 분야와 업무 내용

위원회	활동 분야	업무 내용
T3/S8	Transport Stream(PSIP)	PSIP 서비스 규격 작성
T3/S13	Data Broadcasting	데이터 방송 규격 작성
T3/S16	Interactive Service	쌍방향 서비스 규격 작성
T3/S17	DASE(DTV Applications S/W Environment)	DTV 응용 소프트웨어 환경 구성
IS/S3	DIGW(Data Implementation Work Group)	데이터 구현 연구

DASE Application			
DASE API			
AEE(Java VM)	CD(MPEG 등)	PE(HTML, Java)	AL(Application Launcher)
시스템 서비스를 위한 Native Libraries			

<그림 4-2> DASE 소프트웨어의 구조

디지털 방송 이해 및 실무

고 화면에 도시하여주는 PE(Presenation Engine)을 갖고 있다. 또 특정한 미디어의 유형으로 작성된 소재를 디코딩하는 CD(Content Decoder), 시스템에서 사용되는 자원에 대한 DASE API(Appilication Programming Interface)에 대한 규격을 기술하고 있다

AEE는 플랫폼과 독립적인 방식으로 실행 코드 부분을 번역 실행하며 현재 JVM(Java Virtual Machine)이 DASE의 AEE로 권고되었다. CD는 특정 미디어의 표현 형태로 제작된 데이터를 해석하여 PE가 화면에 도시할 수 있는 형태의 데이터로 변환시킨다. 실제 수신기에는 여러 CD 가 공존하여 데이터를 수신할 수 있으며 화면상 공간적 배치나 화소의 표현을 직접적으로 제어하지는 않는다. PE는 HTML과 같은 언어로 작성된 데이터를 해석하고, 화면상의 공간 위치와 시간상의 동기화 기능, 화면에 표시될 화소와의 합성 등을 수행하여 CD의 결과를 화면에 표현한다. 다음 절에 DASE에 대한 보다 구체적인 설명을 하도록 하겠다.

5) 기타 규격

데이터 방송 규격으로 앞에서 언급한 것 이외에 ATVEF, MEDIA-HIGHWAY, OpenTV 등을 살펴볼 수 있다.

(1) ATVEF(Advanced Television Enhancement Forum)

ATVEF는 TV를 생산하는 가전사와 마이크로소프트 등 컴퓨터 회사가 모여 컨소시엄 형태로 구성되어 있다. 이들은 지상파, 위성, 케이블 등 모든 매체를 통하여 대화형 소재를 전송할 수 있는 디지털 TV, 셋탑박스, PC에 관해 표준화 작업을 진행하고 있다. 주로 웹에서 사용하는 HTML4.0, CSS(Cascaded Style Sheet) 및 JavaScript를 사용하여 데이터 파일을 작성한다.

(2) MEDIAHIGHWAY

MEDIAHIGHWAY는 프랑스의 위성 방송 사업자인 CANAL+사에

서 개발한 쌍방향 서비스로서 EPG(Electronic Program Guide), PPV(Pay Per View), PC Download, TV 퀴즈 프로그램 등 서비스를 위성과 케이블, 인터넷 및 PSTN 망을 통하여 제공할 수 있는 방식이다.

(3) OpenTV

OpenTV는 1994년 Sun과 Thomson의 합작에 의해 설립되었다. Open TV는 디지털 방송에서 대화형 서비스를 TV 시청자에게 제공하기 위한 소프트웨어 규격을 정하고 있으며, MPEG-2로 제작된 오디오/비디오 스트림이라면 어느 스트림이라도 OpenTV를 통하여 서비스가 가능하다. 현재 OpenTV는 영국의 BskyB, BIB, 스웨덴의 Senda 등 여러 회사들이 채택하여 사용하고 있다.

3. ATSC의 데이터 방송 서비스 프로토콜

1) 시스템 구성 환경

ATSC 데이터 방송 시스템의 구성을 <그림 4-3>에 나타냈다. 헤드-엔드(head-end)와 중개자는 채널 다중화를 생성하거나 재생할 필요가 있다. 예를 들어, 두 가지 프로그램을 다중화하여 네트워크로 전송되는 경우 지역방송국은 전국 방송용 데이터의 일부를 지역 방송용 데이터로 대치하기 위해 선택을 해야 할 것이다. 이것은 대기시간 내에 수행되어져야 하며, 전국방송 시스템의 모든 구성요소 데이터량 한계 내에서 수행되어져야 한다. ATSC 표준은 배급 체인의 마지막 부분으로부터 수신기까지의 데이터 전송에 대한 내용을 포함한다. 그리고 뒤에서 설명할 데이터 서비스 프로파일 정보는 전체 시스템 대기시간에 대한 필요조건을 요한다.

수신기는 데이터를 표현 및 저장할 수 있고, 데이터를 어떤 의미 있는 방식으로도 처리할 수도 있다. 어떤 수신기는 다중 데이터서비스와 함께 다양한 오디오/비디오 방송을 복호화하여 중계할 수 있다. 또한

디지털 방송 이해 및 실무

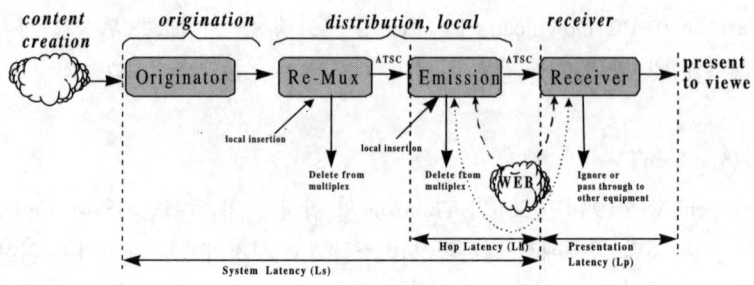

<그림 4-3> ATSC 데이터 방송 시스템 구성도

어떤 수신기는 가능한 저렴하게 하나의 기능만을 수행하도록 설계되어 지기도 한다.

2) 데이터 다운로드 프로토콜

데이터 다운로드 프로토콜로서 DSM-CC(Digital Storage Media-Control Command)는 다음과 같은 전송방법을 지원한다.

- 비동기 데이터 전송
- 비동기 데이터 연속 비트열 전송
- 스트리밍 방식이 아닌 동기 데이터 전송

이와 같이 스트리밍 형태가 아닌 동기 데이터를 전송하는 것이 DSM-CC 프로토콜의 한 예이다. 이러한 스트리밍 형태가 아닌 동기 데이터는 DSM-CC 섹션 내에서 캡슐화된 데이터 모듈로 전송되며, 연속적으로 비디오 비트열과 결합되는 자막 데이터와 같은 응용 데이터를 생각할 수 있다.

(1) 어드레서블 섹션(Addressable Sections)
데이터의 비동기 전송을 위한 것으로 DSM-CC 섹션 내에 존재하는 데이터를 캡슐화하여 MPEG-2 전송 비트열 패킷의 페이로드 내에 존재하는 데이터 전송 규격이다. DSM-CC 어드레서블 섹션은 멀티 프로토콜 데이터의 터널링(tunneling)에 사용된다.

(2) 동기(Synchronous) 데이터 스트리밍(Data Streaming)

동기 데이터 스트리밍은 데이터와 클럭이 수신기에서 재생될 수 있다는 시간적 정보를 가진 스트리밍이다. 비디오와 오디오 스트림은 재생하기 위한 시간정보를 필요로 하는 동기 데이터의 한 예라 할 수 있다. 이러한 동기 데이터의 동기 데이터 비트열은 연속되는 패킷들간의 주기적인 간격에 의해 구분된다. 만약 패킷들간에 최대 도착시간과 최소 도착시간이 한정되어 있다면 데이터는 연속적이 된다. 또한 이러한 데이터는 PES 패킷 내에서 전송된다.

(3) 동기화된(Synchronized) 데이터 스트리밍(Data Streaming)

동기화된 데이터 비트열은 동기 데이터 스트리밍이 갖는 시간정보와 동일한 스트림간의 시간정보를 갖는다. 게다가 동기화된 데이터 스트리밍은 다른 PID에 의해 참조되는 PES 비트열간에 강한 타이밍 연관성을 반드시 수반한다. 동기화된 스트리밍 데이터 또한 PES 패킷 내에서 전송되며, 비디오 비트열과 결합되는 응용 스트리밍 데이터를 한 예로 들 수 있다.

(4) 데이터 파이핑(Piping)

임의의 사용자 정의 데이터를 MPEG-2 전송 비트열 내에 위치시켜 전송하는 기법을 데이터 파이핑이라 정의한다. 데이터는 MPEG-2 TS 패킷의 페이로드에 직접 삽입되고, ATSC 표준에서 정의된 섹션, 표, 또는 PES 데이터 구조 어느 것도 필요로 하지 않는다. 다시 말해, ATSC 표준 내에는 이러한 방식으로서 전송되는 데이터의 분열 또는 재결합에 대해 어떠한 방식도 규정되어 있지 않으며, 데이터 비트에 대한 모든 이해는 응용 분야에 따라 정의된다.

(5) 데이터서비스

하나의 데이터서비스는 하나 또는 그 이상의 데이터 방송 유형의 집합이다. 예를 들어, 하나의 데이터서비스는 스트리밍 동기화된 데이터와 비동기 멀티프로토콜 캡슐화된 데이터를 포함할 수 있다.

DSM-CC 호환성 기술자를 사용하여 데이터서비스의 적절한 표현을 위해 데이터 수신기 하드웨어와/또는 소프트웨어 필요조건을 규정하는 데 사용될 수 있다.

3) 사용자와 네트워크 사이 DSM-CC 다운로드 프로토콜

스트리밍 형태가 아닌 동기화된 데이터는 DSM-CC 섹션 내에 캡슐화된 데이터 모듈에 전송되며 재생을 위한 시간정보인 PTS(Presentation Time Stamp) 값을 포함한다.

DSM-CC 사용자와 네트워크 사이의 다운로드 프로토콜은 비흐름 제어 방법과 데이터 운반 방법 모두를 지원한다. 비흐름 제어 방법은 데이터 영상을 단방향으로 한 번 전송한다. 데이터 운반 방법은 데이터 수신기로 데이터 모듈을 반복적으로 전송한다. 데이터는 모듈로 구성되고 블록으로 나뉘어진다. 하나의 모듈 내에 존재하는 모든 블록은 보다 작은 크기를 가질 수 있는 마지막 블록을 제외하고는 모두 같은 크기이다.

이 데이터 방송 규정자는 다운로드 포로토콜의

• DownloadDataBlock 메시지와
• DownloadInfoIndication 메시지를

사용한다. 제어 정보는 DownloadInfoIndication 메시지를 사용하는 반면에 데이터는 DownloadDataBlock 메시지 내에 존재하여 전송된다. DownloadInfoIndication 메시지는 모듈을 기술하고, 다중 섹션 메시지가 가능하다.

다운로드 프로토콜은 비동기 스트리밍 데이터서비스를 전송하기 위해 사용될 수 있다. 이러한 경우, 모듈 크기는 정해지지 않는다. 다운로드 프로토콜의 흐름 형태가 아닌 제어 방법 역시 동기화된 데이터를 전송하기 위해 사용될 수 있다. 이러한 모듈은 DownloadDataBlock 메시지 내에 있는 TS 헤더 적응 필드 내에 타임 스탬프 정보를 추가함으로써 지원된다. 이러한 경우, TS 스트림에 존재하는 payload_unit_start_indicator 필드와 pointer_field는 MPEG-2 SPI 정보를 전송할 때 적용한 방법을 적용한다.

payload_unit_start_indicator 필드는 DSM-CC 섹션의 첫 바이트를 전송할 때는 1로 사용하고, 나머지 바이트를 전송할 때는 0으로 설정된다.

pointer_field 바로 뒤에 DSM-CC 섹션이 시작됨을 나타내기 위해 pointer_field 값은 항상 0으로 설정되어야 할 것을 제약하고 있다.

비동기 비흐름 제어방법 또는 다운로드 프로토콜의 운반방법에 관련된 비트열의 유형값은 0x0D와 같아야만 한다. 다운로드 프로토콜의 정의와 용례는 아래에 설명되어 있다.

(1) DSM-CC 사용자와 네트워크 간의 비트열 다운로드 프로토콜 규격

DSM-CC 섹션은 다운로드 프로토콜의 제어 메시지와 데이터 메시지 모두를 전송한다. 유일한 필요 제어 메시지는 모듈 목록을 제공하는 DownloadInfoIndication 메시지이다. 유일한 필요 데이터 다운로드 메시지는 데이터 모듈을 담고 있는 DownloadDataBlock 메시지이다. DownloadInfoIndication 메시지는 이 메시지 내에 기입되어 있는 모듈을 전송하는 DownloadDataBlock 메시지와 동일한 PID에 의해 항상 참조된다.

(2) 다운로드 정보 표시 메시지

DownloadInfoIndication 메시지는 제어 메시지로써 분류되어진다. 이 메시지는 하나 이상의 dsmccMessageHeader를 포함한다.

각각의 DownloadInfoIndication 메시지는 메시지 번호를 할당받는다.

메시지 번호는 0부터 시작하여 각각의 새로운 메시지에 따라 1씩 증가한다. 이 메시지 번호의 복사본은 DSMCC_section 내에 있는 section_number 필드로 전송한다.

데이터 모듈은 동일한 버전을 가지는 하나 이상의 DownloadInfoIndication 메시지 내에 사용되지 않는다.

DownloadInfoIndication 메시지의 버전(version)은 dsmccMessageHeader 내에 있는 transaction_id 필드에 의해 규정되며 약간의 메시지 내용이라도 수정되었을 경우에는 1씩 증가한다.

데이터 모듈의 크기는 DownloadInfoIndication 메시지 내에 있는 moduleSize 필드에 의해 규정될 수 있다. moduleSize가 0과 같은 것은 모듈의 크기가 규정되어 있지 않거나 허용되어진 모듈 크기의 최대값보다 크다는 것을 의미한다.

4) 어드레서블 섹션에서의 IP 캡슐화 법칙

IP 데이터그램은 섹션에서 나뉘어지면 안된다. PES에서 캡슐화되는 IP 데이터그램을 위한 최대 전송 단위 크기는 4,072바이트이며 하나 이상의 IP 데이터그램을 포함하지 않는다.

5) 동기식과 동기화된 스트리밍 데이터

동기식과 동기화된 스트리밍 데이터서비스는 PES 패킷화를 제공해야 한다. 동기식 데이터의 의미는 데이터를 수신받고 클럭을 사용하여 수신기에서 재생할 수 있는 시간적 정보를 갖는 데이터열을 말한다. 동기식 데이터 스트림은 다른 데이터 스트림간의 시간적인 간섭이 없다. 또한 동기식 데이터 스트림은 주기적 간격으로 연속되는 PES 패킷으로 전송된다.

동기화된 데이터 스트림은 동기 데이터 스트림과 같이 스트림간 시간 정보가 필요하다. 동기화된 데이터 스트림은 PES 패킷에 전송되어지며,

다른 하나 또는 그 이상의 PES 스트림과의 강한 시간적 재생 관계를 갖는다.

6) 데이터 파이핑(Piping)

MPEG-2 전송 비트열 내의 임의의 사용자 정의된 데이터 전송에 관한 구조인 데이터 파이핑을 정의한다. 데이터는 MPEG-2 전송 비트열의 페이로드에 직접 삽입된다. 이 표준안에는 이러한 방법으로 전송된 데이터를 다시 모으기 위한 어떠한 방법도 정의하고 있지 않으며, 전송된 데이터에 관한 해석은 응용 분야에 따라 정의된다. 데이터 파이핑은 전송 비트열 헤더의 Payload Unit Start Indicator를 이용한다.

7) 데이터 통신 서비스를 위한 시스템 타깃 복호기

기본(Elementary) 데이터 비트열의 전송은 정의된 시스템 타깃 복호기 버퍼를 따라야 한다. 비동기, 동기 그리고 동기화된 기본 데이터 비트열을 위한 모델은 불연속한 패킷 입력을 위한 smoothing 버퍼와 transport 버퍼를 포함해야 한다. 추가적으로, 동기화된 데이터 방송 서비스를 위한 버퍼 모델은 데이터 기본 비트열 버퍼를 포함해야 한다. 여기서는 smoothing 버퍼 모델의 필수요건들을 데이터 수신자에게 알려주는 기술들에 대해 살펴본다.

(1) Smoothing 버퍼 변수

서비스를 위한 최대 비트율은 data_broadcast_descriptor 내에서 존재하는 data_service_profile 필드와 이 필드로 정의되는 maximum_bitrate 값과, maximum_bitrate descriptor에 존재하는 maximum_bitrate 값의 합 중에 더 작은 값으로 설정한다.

smoothing 버퍼 SBn의 필수조건과 관련되는 기술자에 할당되는 값은 서비스를 공급하면서 개별적인 데이터 기본 비트열 혹은 각각의 데

디지털 방송 이해 및 실무

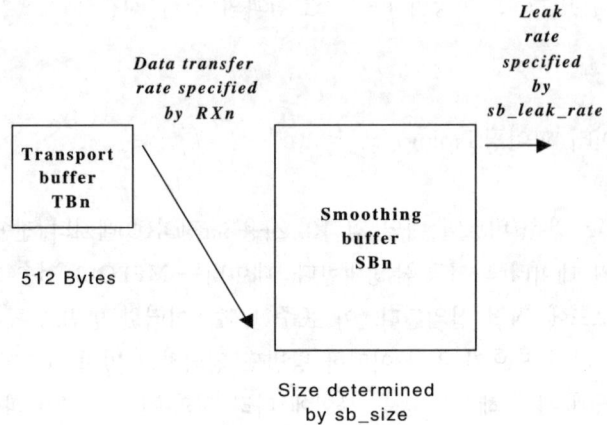

<그림 4-4> Transport 버퍼와 Smoothing 버퍼 모델의 구성

이터서비스를 위해 명시되어야 한다. 다음의 변수들이 데이터 방송 서비스의 버퍼링 요구조건을 규제하기 위해 사용된다.

- smoothing_buffer_descriptor의 sb_size와 sb_leak_rate 필드
- maximum_bit_rate의 maximum_bitrate 필드
- data_broadcast_descriptor 내에서 기술된 data_service_profile 필드

<그림 4-4>는 수신기 버퍼 모델에서 사용된 transport 버퍼와 smoo-thing 버퍼의 구현을 정의한다.

8) 동기화 데이터서비스를 위한 버퍼 모델

데이터 기본 버퍼(Data Elementary Buffer; DEBn)는 동기화된 데이터서비스가 타깃 수신기에 시기적절하게 전송한다. 이 버퍼로의 입력은 <그림 4-4>에서 보인 smoothing 버퍼 SBn으로부터 기원하는 바이트들이다. 동기화된 데이터서비스를 위한 전체적인 시스템 타깃 복호기 모델을 <그림 4-4>에 나타냈다.

(1) 일반적인 규제사항

다음 절부터 동기화된 데이터 기본 비트열(Synchronized Data Elementary Stream; SDES)은 스트리밍 형태가 아닌 동기화된 데이터 모듈을 전송하는 MPEG-2 DSM-CC 섹션이나 스트리밍 동기화된 데이터 페이로드를 전송하는 MPEG-2 PES 패킷을 지칭하는 데 사용한다.

SDES는 데이터 접근 단위(Data Access Unit; DAU)들로 나누어진다. AU는 각각의 페이로드에 이어지는 PES 헤더 혹은 DSMCC_section 헤더 바이트를 포함한다. 또한 각각의 DAU는 개개의 프리젠테이션 타임 스탬프(Presentation Time Stamp)를 포함한다. 프리젠테이션 타임 스탬프를 사용함으로써 동시에 발생하는 오디오/비디오 이벤트에 대해서도 DAU가 올바르게 작동한다.

동기화된 데이터 기본 비트열을 가진 하나 또는 그 이상의 데이터 기본 비트열을 이용하는 데이터서비스를 위한 버퍼 모델을 정의할 때 이 SDES를 사용하며, 요구되는 버퍼 DEBn의 크기는 data_broadcast_descriptor의 data_service_level 필드값에 의해 규정된다. 만약 데이터서비스로 하나 이상의 SDES가 사용된다면, DEBn 버퍼의 SDEBSn의 크기는 데이터서비스에 사용되는 모든 동기화된 데이터 기본 비트열 내에 균일하게 나누어진다. 이러한 경우, 각각의 동기화된 데이터 기본 비트열에 할당되는 버퍼 크기는 가장 가까운 정수 바이트로 반올림한다.

(2) 동기화 서비스를 위한 데이터 기본 비트열 버퍼

인덱스 n에 의해 표기되는 동기화된 데이터 기본 비트열과 연관된 smoothing 버퍼, SBn의 출력단의 모든 바이트는 DEBn이라 칭해지는 데이터 기본 버퍼를 지나게 된다. 이 버퍼, DEBn은 오버플로어를 허용하지 않는다.

데이터 기본 버퍼 DEBn에 대해, 가장 오랫동안 버퍼에 머물렀던 데이터 접근단위(Data Access Unit; DAU)에 대한 모든 데이터는 시간 tpn에서 순간적으로 제거된다. Presentation Time tpn은 DAU의 PTS 필드에 의해 규정한다.

(3) 최소 데이터 기본 비트열 버퍼 크기

DEBSn에 대한 최소값은 120120바이트로 제한된다. 이와 같은 버퍼 사이즈는 19.2Mbits/sec의 데이터 전송속도에서 16.683333밀리세크 (1/60초)동안 전송될 수 있는 최대 데이터 양의 3배에 해당한다. 이 경우 일반적인 DAU 크기는 1/60초에 전송할 수 있다는 최대 바이트에 해당된다는 가정이 유효하다. 따라서 일반적인 DAU 사이즈는 19.2 Mbits/sec×1001/(8×60×1000)=40040바이트와 같고, 일반적인 Data Access Unit 주파수는 59.94Hz이다. 일반적인 DAU에 의해 전송되는 데이터는 특별한 DTV 비디오 필드와 연관된 것으로 간주할 수 있다. 데이터 기본 비트열 버퍼의 크기는 그것이 3개의 DAU를 보유할 수 있도록 설정된다. DEBn에 대한 이와 같은 결정은 두 번째 DAU가 준비하고, 세 번째 DAU가 버퍼로 유입되는 동안, 첫 번째 DAU가 버퍼에서부터 출력되는 것을 허용한다.

데이터 접근 단위(Data Access Unit; DAU)는 일반적인 DAU 주파수의 3배의 주파수에 해당되는 5.561111ms 내에 분리되어야 한다. 따라서 데이터 기본 비트열 버퍼의 출력단에서 요구되는 최소 누설률은 레벨 1 데이터서비스에 대해 172.8Mbits/sec와 같다.

(4) 버퍼 크기와 데이터서비스 수준

이 항에서는 데이터서비스 수준에 대해 언급한다. 데이터서비스 수준은 데이터 기본 비트열 버퍼의 크기와 DEBSn의 값에 따라 달라진다. 레벨 1 데이터서비스는 이전 섹션에서 기술된 것처럼 120120바이트의 값의 DEBSn에 해당된다. 레벨 4, 레벨 16 그리고 레벨 64 데이터서비스는 레벨 1 DEBSn의 값으로 다음과 같이 정의한다.

- Level 1(multiplicative factor는 1)에서는 DEBSn의 값이 120120바이트이다.
- Level 4(multiplicative factor는 4)에서는 DEBSn의 값이 480480바이트이다.

- Level 16(multiplicative factor는 16)에서는 DEBSn의 값이 1921920 바이트이다.
- Level 64(multiplicative factor는 64)에서는 DEBSn의 값이 7687680 바이트이다.

각각의 레벨 1, 4, 16, 64에 해당되는 일반적인 DAU 크기는 각각 40040, 160160, 640640 그리고 2562560바이트이어야 한다. 데이터 서비스 레벨의 값은 data_broadcast_descriptor에서 만들어진다.

(5) 버퍼 조절(buffer arrangement)

<그림 4-5>는 동기화된 데이터서비스의 버퍼 조절에 대해 보여준 다. transport 버퍼의 크기, TBn은 512 바이트로 사용된다. smoothing 버퍼, SBn의 크기와 누출률은 각각 sb_size와 sb_leak_rate에 의해 규정 되어야 한다. DAU는 데이터 기본 버퍼, DEBn으로 입력된다.

(6) 다른 데이터 방송 규격과의 연동

ATSC 복호기가 다른 방송표준을 따르도록 생성된 비트열을 복호화 하는 것은 가능하다. 적어도 조화(harmonization)는 서로 다른 전송구조

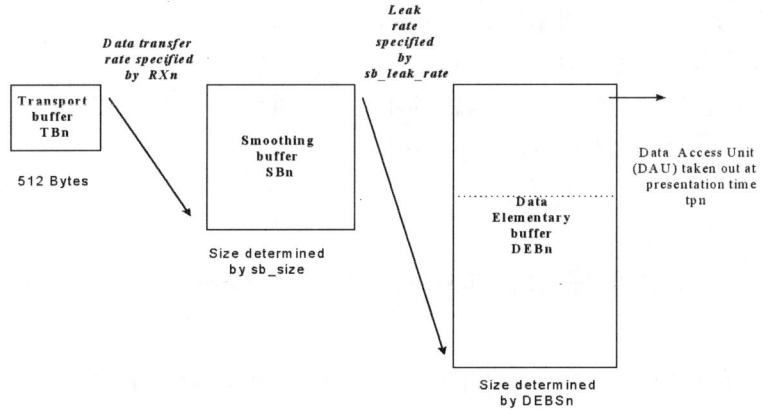

<그림 4-5> 동기 데이터서비스를 위한 시스템 타깃 복호기 버퍼 모델

디지털 방송 이해 및 실무

<표 4-2> ATSC와 DVB의 데이터서비스를 위한 프로토콜 비교

Broadcast Service	ATSC	DVB
유 형	데이터 파이핑	데이터 파이핑
비동기	DSMCC sections에서의 DSM-CC U-N Download protocol	PESDSMCC sections에서의 DSM-CC U-N Download protocol
동 기	PES	PES
동기화	PES Optional: DSMCC sections 에서 DSM-CC 의 동기화된 Download Protocol	PES
프로토콜 인캡슐레이션	LLC-SNAP 을 통한 DSMCC_addressable_section	Datagram_section: LLC-SNAP Encapsulation IP Datagram

가 충돌(부적절한 복호 동작)을 일으키지 않도록 하는 데 그 목적을 둔다. 이상적으로, 데이터 방송을 위한 표준은 모든 플랫폼에 걸쳐 동작하는 공통적인 복호기 디자인을 허용하면서, 상호 동작 가능해야 할 것이다. ATSC와 DVB 간의 전반적인 조화(harmonization)는 ATSC 표준 A/58 에서 설명되어져 있다.

ATSC 수신기가 데이터 방송을 수용하기 위한 메커니즘은 DVB 데이터 방송 서비스를 위해 사용된 것과 상당한 차이를 보인다(주로 ATSC PSIP와 DVB SI와의 차이로 인해). ATSC 데이터서비스는 VCT(VCT는 DVB SI에서는 존재하지 않는다) 내의 기술자에서 기술된다. DVB 데이터 서비스는 서비스 기술자 표(SDT) 혹은 이벤트 정보 표(EIT) 내의 기술 자를 통해 기술된다.

<표 4-2>는 ATSC와 DVB 사이의 서로 다른 형태의 서비스를 전송 하는 데 이용되는 프로토콜을 보여준다.

4. ATSC의 데이터 방송 서비스 기술 규격

이 절에서는 ATSC 데이터 방송의 응용신호와 대화식 서비스를 제공 할 수 있게 하는 방법들을 설명할 것이다. 이러한 데이터서비스 기술

구성의 전달과 연계되어 사용되는 버퍼 모델은 비동기 데이터서비스에
대해 정의된 버퍼 모델을 따를 것이다.

1) 데이터서비스 표(Data Service Table)

데이터서비스 표는 하나 또는 그 이상의 수신측 응용 분야로 구성되
어 있는 데이터서비스의 기술(description)을 제공하기 위해 사용된다.
데이터서비스 표는 데이터 수신측에서 그들이 소비하는 데이터에 관계
된 응용 분야들을 연결시킬 수 있도록 하기 위한 정보를 제공한다.
<표 4-3>는 DST(Data Service Table)의 형식을 규정한 것이다. DST
는 일반적인 elementary_PID값에 의해 참조되는 MPEG-2 패킷들로 전
송된다. DST를 전달하는 패킷의 stream_type은 0x95로 설정된다. 동일
한 MPEG-2 전송열에서 다중 DST의 경우, 각 DST는 개개의 elemen-
tary_PID값들에 의해 참조된다. 수신측에서의 표의 복구를 수월하게 하
기 위해, DST는 섹션별로 나뉘어져 각 섹션이 완전한 응용 신호(appli-

<표 4-3> 데이터서비스 표 섹션의 정의

Syntax	No. of bits	Format
data services table section() {		
table_id	8	0xCF
section_syntax_indicator	1	bslbf
private_indicator	1	bslbf
reserved	2	'11'
private_section_length	12	uimsbf
table_id_extension	16	uimsbf
reserved	2	'11'
version_number	5	uimsbf
current_next_indicator	1	bslbf
section_number	8	uimsbf
last_section_number	8	uimsbf
serviceDescriptionData()		
CRC_32	32	rpchof
}		

cation signaling) 루프를 구성하도록 한다. DST의 적어도 하나는 어떤 ATSC 데이터서비스를 위해 전송되어야 한다. 그러나 그 DST의 전송 주기는 정해져 있지 않다. 하나의 DST는 data_services_table_section이 라 불리는 섹션들에 의해 전송된다. 하나의 DST는 256개만큼의 섹션 들로 나누어질 수도 있다.

table_id : 이 8비트 필드는 0xCF로 설정된다.

section_syntax_indicator : 이 1비트 지시자는 '1'로 설정된다.

private_indicator : 이 1비트 필드는 '1'로 설정된다.

private_section_length : 이 12비트 필드는 data_services_table_sec- tion의 끝까지 private_section_length 필드에 연이어 오는 절에서 그 나머지 바이트의 수를 나타낸다. 이 필드의 값은 4093(0xFFD) 보다 크거나 같지 않다.

table_id_extension : 이 16비트 필드는 0x0000으로 설정된다.

version_number : 이 5비트 필드는 데이터서비스 테이블의 버전 값 을 가리킨다. 이 필드는 DST 내에서 전송된 정보에 있어서의 변 화가 일어나면 모듈로(modulo) 32로 1만큼 증가한다.

current_next_indicator : 이 1비트 필드는 '1'로 설정된다.

section_number : 이 8비트 필드는 이 섹션의 수를 가리킨다. DST에 있는 처음 섹션의 section_number는 0x00으로 설정된다. sec- tion_number는 이 DST 내의 각 부가 섹션과 함께 1씩 증가한다.

last_section_number : 이 8비트 필드는 완전한 DST의 마지막 섹션 (즉, 가장 높은 section_number를 갖는 섹션)의 수를 나타낸다.

serviceDescriptionData() : 이 구조는 DST의 부분을 나타낸다.

2) 서비스 기술 표(Service Description Table)

서비스 기술 표에 대한 비트열 구문을 <표 4-4>에 나타냈다.

<표 4-4> 서비스 기술 표 구조의 정의

Syntax	No. of bits	Format
serviceDescriptionTable() {		
applicationsCount	8	uimsbf
for(j = 0; j<applicationsCount; j++) {		
compatibility_descriptor()		
appIdByteLength	16	uimsbf
for(i=0; i<appIDByteLength; i++) {		
appIdByte	8	uimsbf
}		
tapsCount	8	uimsbf
for(i=0; i<tapsCount; i++) {		
protocol_encapsulation	8	uimsbf
systemStateFlag	7	uimsbf
resourceLocation	1	bslbf
Tap()		
tapInfoLength	8	uimsbf
for(k=0; k<N; k++) {		
descriptor()		
}		
}		
appDataLength	16	uimsbf
For(i=0; i<appPrivateDataLength; i++) {		
appDataByte	8	uimsbf
}		
appInfoLength	16	uimsbf
for(i=0; i<M; i++) {		
descriptor()		
}		
}		
serviceInfoLength	16	uimsbf
for(j=0; j<K; j++) {		
descriptor()		
}		
servicePrivateDataLength	16	uimsbf
for(j=0; j<servicePrivateDataLength; j++) {		
servicePrivateDataByte	8	uimsbf
}		
}		

124

디지털 방송 이해 및 실무

applicationsCount : 이 8비트 필드는 데이터서비스에 사용 가능한
응용의 수를 나타낸다.

compatibility_descriptor() : 이 구조는 앞에서 설명한 DSM-CC 적합
성 기술자를 포함한다. 그 목적은 데이터서비스의 적합성 요구사
항을 알리는 것이다. 그래서 수신측은 이 데이터서비스를 사용할
수 있는 기능을 판단하게 된다. 이 사양은 그 구조의 내용을 정
의하지 않는다.

appIdByteLength : 이 16비트 필드는 응용 분야를 확인하는 데 사용
되는 바이트 수를 나타낸다.

appIdByte : 이 8비트 필드는 응용 분야 확인자(identifier)의 한 바이
트를 나타낸다.

tapsCount : 이 8비트 필드는 이 응용에 의해 사용되는 탭(tap) 구조
들의 수를 나타낸다.

protocol_encapsulation : 이 8비트 필드는 탭에 의해 참조되는 특별
한 데이터 요소를 전송하기 위해 사용되는 프로토콜 캡슐화 유형
을 규정한다.

systemStateFlag : 이 7비트 필드는 탭에 의해 참조되는 데이터의
자연성(nature)을 가리키기 위해 다음의 Tap() 구조의 use 필드와
연결되어 사용된다. <표 4-5>는 이 필드의 관련된 의미와 그 값
들을 나타낸 것이다.

resourceLocation : 이 1비트 필드는 그 다음의 Tap() 구조에 열거되
어 있는 association_tag 값과 일치되는 association_tag 필드의 위
치를 나타낸다. 이 비트는 일치되는 association_tag가 현 MPEG-2

<표 4-5> 시스템 상태 플래그 필드의 정의

Value	systemStateFlag
0x00	Run-time data
0x01	Bootstrap data
0x02-0x3F	ATSC 사용 유보
0x40-0x7F	사용자 정의

프로그램의 PMT에 있을 경우 0으로 설정된다. 그리고 일치되는 association_tag가 이 데이터서비스의 네트워크 자원 표(network resource table) 내부의 DSM-CC 자원 기술자(resource descriptor)에 있으면 '1'로 설정된다.

Tap() : 이 구조의 정의에 대해서는 다음에 설명될 내용을 참조하라.

tapInfoLength : 이 8비트 필드는 tapInfoLength 길이를 따라오는 기술자의 바이트 수를 나타낸다.

appDataLength : 이 16비트 필드는 연이어 오는 appDataByte 필드의 길이를 바이트 단위로 나타낸다.

appDataByte : 이 8비트 필드는 입력 변수들의 한 바이트와 그 응용과 관계된 다른 개별 데이터 필드들을 나타낸다.

appInfoLength : 이 8비트 필드는 appInfoLength 필드를 따르는 기술자들의 바이트 수를 나타낸다.

serviceInfoLength : 이 8비트 필드는 serviceInfoLength 필드를 따르는 기술자의 바이트 수를 나타낸다.

servicePrivateDataLength : 이 16비트 필드는 다음에 올 개별 필드의 길이를 바이트 단위로 나타낸다.

servicePrivateDataByte : 이 8비트 필드는 개별 필드의 한 바이트를 나타낸다.

(1) 탭 구조(Tap Structure)

탭은 하층 통신 채널에 속해 있는 응용단계 데이터 요소를 찾아내기 위해 사용된다. associationTag 필드를 이용해 응용단계 데이터 요소와 탭 사이에 관계가 이루어진다. 탭 구조의 associationTag 필드값은 현 PMT의 AssociationTag 기술자나 networkResourcesTable에 있는 dsmcc-ResourceDescriptor 기술자 중에 위치한 association_tag 필드값에 대응된다. 데이터서비스에서 동일한 associationTag 값은 하나 이상의 탭 구조에서 특징화될 수 있다. AssociationTag는 데이터 요소의 위치를 결정하기 위한 기초로 사용된다.

(2) 다운로드 기술자(Download Descriptor)

download_descriptor는 protocol_encapsulation이 0x01이거나 0x02일 때 데이터서비스 표(data service table)의 탭 구조 다음에 명시되는 반복적 형태의 디스크립터에 포함된다. 기술자는 DSM-CC Download 프로토콜에 명시된 것을 따라야 한다.

(3) 멀티프로토콜 캡슐화 기술자(Multiprotocol Encapsulation Descriptor)

multiprotocol_encapsulation_descriptor는 protocol_encapsulation이 0x03이거나 0x04일 때 데이터서비스 표(data service table)의 탭 구조 다음에 명시되는 기술자 루프(descriptor loop)에 포함된다. 기술자는 deviceId를 특정한 주소로 만들기 위해 정의되는 정보들을 제공한다. 또한 이 기술자는 selectorType의 값이 0x0102라는 것과 함께 탭의 선택자(selector) 내에 명시되어 있는 deviceId 내의 실제 바이트(bytes)에 관한 정보를 포함하고 있다. 결과적으로 이 기술자는 신호 조정과 프로토콜 분리에 사용된다.

3) 네트워크 자원 표(Network Resource Table)

네트워크 자원 표(The Network Resources Table; NRT)는 현재의 MPEG-2 전송 비트열의 네트워크 연결에 관한 정보뿐만 아니라 모든 네트워크 연결에 관한 정보를 제공하며, 데이터서비스에 이용한다.

NRT(Network Resources Table)는 IP와 같은 프로토콜에 사용되는 양방향성 통신 채널뿐만 아니라 원격 MPEG-2 전송 비트열의 데이터 구성 비트열에 관한 정보를 포함한다. NRT는 elementary_PID의 값에 따라서 MPEG-2 패킷에 포함되어 전송된다. 같은 MPEG-2 전송 비트열에 여러 개의 NRT가 사용될 경우에는, 각각의 NRT는 여러 개의 elementary_PID값에 의해 결정된다. elementary_PID값은 NRT와 결합된 데이터서비스 표를 포함하고 있는 MPEG-2 전송 패킷을 위해 사용되는 값과 동일해야 한다. NRT를 포함하고 있는 패킷의 stream_type은

<표 4-6> 네트워크 자원 표(network resources table) 구분

Syntax	No. of bits	Format
networkResourcesTable_section() {		
table_id	8	0xD1
section_syntax_indicator	1	bslbf
private_indicator	1	bslbf
reserved	2	11
private_section_length	12	uimsbf
table_id_extension	16	uimsbf
reserved	2	11
version_number	5	uimsbf
current_next_indicator	1	bslbf
section_number	8	uimsbf
last_section_number	8	uimsbf
networkResourcesData()		
CRC_32	32	rpchof
}		

0x95이다.

NRT는 <표 4-6>에 명시되어 있듯이 여러 개의 부분으로 분리되어 있다. 수신측에서 표의 복구를 용이하게 할 수 있게 하기 위해 NRT는 각각의 부분이 완전한 자원 기술(Resource Description) 루프를 구성할 수 있도록 부분별로 분리된다. 적어도 한 번 이상의 NRT의 이용방법이 현재의 MPEG-2 전송 비트열이 아닌 다른 통신 채널을 이용하여 ATSC 데이터서비스를 위해 전송된다.

table_id : 8비트로 구성되며, 0xD1의 값을 갖는다.

section_syntax_indicator : 1비트로 구성되며, '1'의 값을 갖는다.

private_indicator : 1비트로 구성되며, '1'의 값을 갖는다.

private_section_length : 12비트로 구성되며, private_section_length 다음부터 networkResourcesTable_section 부분의 끝까지 남아 있는 바이트의 숫자를 명시한다. 이 숫자는 4093(0xFFD)보다 크거나 같을 수 없다.

table_id_extension : 16비트로 구성되며, 0x0000의 값을 갖는다.

version_number : 5비트로 구성되며, networkResourcesTable_section 내의 정보가 변할 때마다 모듈로(modulao) 32로 version_number 가 1씩 증가한다.

current_next_indicator : 1비트로 구성되며, '1'의 값을 갖는다.

section_number : 8비트로 구성되며, 이 섹션의 숫자를 명시한다. 네트워크 자원 표(network resources table)의 첫 번째 섹션의 section _number는 0x00의 값을 갖는다. section_number는 네트워크 자원 표에 새로운 섹션이 추가될 때마다 '1'씩 증가한다.

last_section_number : 8비트로 구성되며, 최종의 네트워크 자원 표의 마지막 섹션(즉, 가장 큰 section_number를 갖는 섹션) 숫자를 명시한다.

networkResourcesData() : 네트워크 자원 표의 세그먼트(segment)를 명시한다.

(2) 원격 MPEG-2 전송 비트열 내의 데이터 비트열

MPEG-2 전송 비트열 내에 존재하는 MPEG-2 데이터 기본 비트열의 참조(reference)를 위해 deferredMpegProgram 자원 기술자를 만들어 사용한다. DeferredMpegProgram 기술자는 수신자가 원격 MPEG-2 전송 비트열 내에 존재하는 데이터 기본 비트열의 위치를 정할 수 있게 해준다.

(3) Ipv6 자원 기술자(Ipv6 Resource Descriptor)

DSM-CC IPV6 ResourceDescriptor는 인터넷 프로토콜 버전 6을 지원

<표 4-7> IPV6 자원 기술자의 정의

Syntax	No. of Bits	Format
IPV6ResourceDescriptor () {		
sourceIpV6Address	128	nbomsbf
sourceIpV6Port	16	nbomsbf
destinationIpV6Address	128	nbomsbf
destinationIpV6Port	16	nbomsbf
ipV6Protocol	16	uimsbf
}		

하는 양방향성 통신 채널의 사용법을 알리는 데 이용된다. <표 4-7> 에 Ipv6 자원 기술자에 대한 내용을 나타냈다.

sourceIpV6Address : 128비트로 구성되며, IP 버전 6 자원 주소를 명시한다. 0의 값은 이것이 유효한 IP 주소가 아님을 의미한다.

sourceIpV6Port : 16비트로 구성되며, 어디에서부터 데이터가 전송 되었는지의 포트(port)를 명시한다.

destinationIpV6Address : 128비트로 구성되며, IP 버전 6의 목적지 주소를 명시한다.

destinationIpV6Port : 16비트로 구성되며, 데이터가 전송될 포트 (port)를 명시한다.

ipV6Protocol : 16비트로 구성되며, IP 비트열에 전송되는 프로토콜 을 명시한다. TCP를 위해서는 0x0006이 할당되고, UDP를 위해 서는 0x0011이 할당된다.

일단 sourceIpV6Address, sourceIpV6Port, destinationIpV6Address 그 리고 destinationIpV6Port 영역이 uimsbf 바이트로 전송되면, 나머지 데 이터는 Network 바이트 순서로 전송된다(즉, 가장 중요한 바이트가 가장 먼저 전송된다).

URL 자원 기술자(resource descriptor) IETF RFC 2396에 의해 규정 된 것처럼 DSM-CC URLResourceDescriptor 기술자는 Uniform Resource Locator(URL)에 의해 규정되는 양방향성 통신 채널의 사용법을 알리는 데 이용된다.

4) 데이터서비스를 위한 PSIP 요구사항

PSIP는 시스템의 정보와 프로그램 안내를 설명하기 위해 계층적으로 배열된 테이블들의 집합이다 방송 데이터서비스를 선택하기 위하여 PSIP를 이용하게 된다.

(1) 가상 채널

PSIP VCT에서의 각 가상 채널은 오직 한 개의 데이터서비스만을 포함한다. 이 서비스는 규정에 기록된 어떠한 프로토콜이라도 이용할 수 있다. 데이터서비스를 위한 minor_channel_number는 100보다 커야 한다. 이 조건 하에 주(major) 채널당 900개의 데이터서비스가 가능하다.

(2) 데이터 정보 표(Data Information Table)

데이터 정보 표라는 새로운 표가 정의되는 데 그 목적은 다음과 같다.

- 어떤 오디오/비디오 정보도 포함하지 않는 가상 채널 내의 데이터 서비스를 알린다.
- 가상 채널 내의 오디오/비디오/데이터 이벤트나 오디오/데이터 이벤트의 서비스를 구분한다.

service_type이 0x04인 가상채널은 모든 데이터서비스 이벤트가 DIT에 공시되어 있어야 한다. service_type이 0x02이거나 0x03인 가상 채널은 오디오/비디오/데이터 이벤트가 독립적으로 DIT에 선언될 수 있다. 이처럼 분리시켜 표시하는 목적은 다음과 같다.

- 연관된 오디오/비디오 이벤트와 연결되지 않은 데이터서비스 일정표를 전송하기 위해서, 이 경우 데이터서비스 일정표는 한 이벤트의 일부분일 수도 있고, 여러 이벤트의 부분일 수도 있다. DIT의 source_id 값은 이것에 대응되는 EIT에 있는 source_id 값과 같아야 한다.
- 오디오/비디오/데이터 이벤트 데이터서비스 할당분의 구별되는 이름이나 기술을 전송하기 위해, 이 경우 이벤트의 데이터서비스 할당분은 이벤트의 오디오/비디오 할당분의 일정표를 공유한다. DIT의 source_id 값은 대응되는 EIT의 source_id 값과 같아야 한다.

DIT는 세 시간 동안의 가상 채널의 데이터서비스에 관한 정보(제목, 시작시간)를 포함한다. 128개의 DIT가 전송될 수 있는데, 각각은 DIT-k (k=0, 1, … 127)로 구분된다.

각 DIT-k는 여러 개의 사건을 가질 수 있는데, table_id와 source_id 의 조합으로 구분된다. DIT-k의 각 사건은 256개의 섹션으로 나뉘어 지는데, 하나의 섹션은 여러 개의 데이터서비스를 포함할 수 있지만, 하나의 데이터서비스에 관한 정보는 여러 개의 섹션으로 나누어질 수 없다. 따라서 각 섹션의 protocol_version 다음의 첫 번째 필드는 num_ data_in_section이다.

service_type이 0x04인 가상채널이 ATSC 전송 비트열에 포함되어 있 으면, PSIP는 적어도 4개 많으면 128개의 DIT를 가져야 하는데, 각 DIT는 임의의 시간의 데이터 정보를 나타낸다. PSIP는 선택적으로 service_type이 0x02이거나 0x03인 가상 채널에 속하는 데이터서비스를 포함하는 DIT를 가질 수 있다.

ATSC 전송 비트열 내에 service_type이 0x04인 가상 채널이 하나도 없다면, ATSC 전송 비트열에 DIT가 있을 필요가 없다. 데이터 이벤트 는 각각의 시작 시각에 따른 순서로 정렬된다.

DIT는 테이블 ID가 0xCE인 개별(private) 섹션에 의해 전송되고, 개 별 섹션의 구문문법과 의미를 따른다. 다음의 제약이 DIT를 운송하는 전송비트열 패킷에 적용된다.

- DIT-k의 PID는 MGT에 정의된 값과 같다.
- transport_scrambling_control의 값은 00이다.
- adaptation_field_control의 값은 01이다.

PSIP의 EIT(Event Information Table) 적용된 바 있는 규칙들이 DIT 에도 적용된다.

각 DIT는 하나의 구체적인 가상 채널에 관한 3시간 동안의 유효한 데이터서비스를 나타낸다. 각 시작 시간은 UTC에 따르며, 0:00(자정),

3:00, 6:00, 9:00, 12:00(정오), 15:00, 18:00, 21:00이다.

DIT-0는 지금의 세 시간 동안의 이벤트 정보를 나타내고 DIT-1은 다음 세 시간 동안의 이벤트 정보를 나타낸다. 이와 같이 겹치지 않는 세 시간 동안의 정보가 시간 순서대로 나열된다.

DIT가 필요한 모든 디지털 전송 비트열은 최소한 네 개의 DIT(DIT-0, DIT-1, DIT-2, DIT-3)를 가져야 한다는 것이고 이것은 12시간분에 해당하며 나머지 시간에 대한 사항은 선택사항이다.

(3) 데이터 방송 기술자(Data Broadcast Descriptor)

DIT의 모든 이벤트는 데이터 방송 기술자를 포함한다. 만약 service_type이 0x02 혹은 0x03인 가상 채널이 데이터서비스를 포함한다면, 그리고 만약 데이터서비스가 DIT에 독립적으로 선언되어 있지 않다면, EIT 내의 이러한 이벤트는 데이터 방송 기술자를 포함하여야 한다. 데이터 방송 기술자의 목적은 다음과 같다.

• 데이터서비스와 연결된 버퍼 모델의 요구조건과 최대의 전송대역폭을 표시
• 동기화된 서비스 레벨과 연결된 버퍼의 사이즈를 표시

(4) PID 카운트 기술자(Count Descriptor)

데이터 방송 기술자 이외에, DIT나 EIT는 PID_count_descriptor라 불리는 선택적인 기술자를 가질 수 있다. EIT나 DIT로 특징되지 않는 어떤 시스템에 대하여 PID_count_descriptor는 PMT의 첫 번째 루프에 삽입될 수 있다. 이 기술자의 목적은 서비스에 사용되는 모든 PID의 개수를 헤아리는 데에 있다. 선택적으로 기술자는 수신기가 동시에 얻을 수 있는 PID의 개수를 지정하는 필드를 특징화할 수 있다.

(5) 데이터서비스에 대한 예보

현재 DIT 전송을 위한 요구조건은 12시간의 데이터서비스(DIT0-3)

에 해당한다. 두 가지 방법은 앞으로 더 개발될 데이터서비스에 대한 광고(advertisement)를 보완한다. 128개까지의 DIT가 전송될 수도 있는데, 이는 앞으로 384시간까지의 이벤트들에 해당하는 것이다. 이 표준은 또한 장기간 데이터서비스 알림이 사용 가능해야 하기 때문에, 이 목적을 위해 준비된 999개의 부(minor) 채널을 사용해 전송되는 특별한 DIT를 이용한다. 이 광고를 위한 지원은 선택 사항이다. 이 특별한 데이터 정보 표(Data Information Table)는 장기간 서비스 표(Long Term Service Table; LTST)라고 불린다. LTST는 현 3시간 분량에 해당되며 또 다른 다음의 창에 나타날 수 있도록 하기 위하여 계속해서 시간에 따라 반복된다. 비록 LTST가 현재라는 시간에 속한다 하더라도 현 프로그램 지도 표(Program Map Table)의 어느 서비스도 알려주지 않는다. 장기간 데이터서비스는 LTST에 있는 data_id 필드들에 의해 확인된다. data_id 필드값은 전송할 때에 나타나기 시작한 시간부터 데이터서비스가 종결될 때까지 유효하다.

그러므로 data_id 값들은 미리 제공되어야 하며, 서비스가 효과적으로 127번째나 그 이전의 세그먼트들에 효과적으로 포함될 때까지 EIT-k나 DIT-k 테이블에 있는 이 특별한 data_id 값들 중에 어느 것도 특징지어질 수 없다. LTST에 있는 data_id 값들은 최종적으로는 EIT의 event_id나 혹은 DIT의 data_id로 매핑되는데, 이는 그 데이터서비스가 A/V 프로그램과 독립적으로 전달되느냐에 따른다.

DIT나 EIT와 같이, LTST도 분할되어 전송된다. 그러나 256까지의 섹션에서 LTST를 나누는 것은 하나의 이벤트(내부 루프의 반복)가 2개나 그 이상의 섹션들로 분할되지 못하도록 하기 위함이다.

(6) 데이터서비스를 위한 PSIP의 사용법

ATSC 지상파 방송에서 데이터서비스를 얻기 위한 DASE 규격에서는 두 가지 트랜스포트 기술(DSM-CC data carousel과 PES)이 제공된다.

디지털 TV를 위해 채용된 ATSC 표준은 MPEG-2 압축으로 형성된 오디오/비디오 신호의 멀티플렉싱과 하나의 물리 채널의 데이터서비스를 위한 전송 비트열의 할당 방법을 제공한다. 가까운 미래에 하나의 물리적인 전송 채널에서 서비스할 수 있는 목록은 아마도 백 가지 이상에 이를 것으로 예상된다.

본 표준은 데이터서비스와 PSIP 사이의 링크를 정의한다. PSIP는 디지털 지상파 방송을 위한 모든 전송 비트열 내에서 이용되는 테이블의 작은 집합을 의미한다. 그 목적은 시스템 정보와 모든 가상 채널에 대한 각 이벤트의 레벨을 기술한다. PSIP는 계층적으로 연관성을 가지는 각 테이블의 집합이며, 각각은 전형적인 디지털 TV 서비스의 특별한 요소를 기술한다.

데이터 방송을 위해 요구되는 튜닝(tuning) 단계는 아래와 같다.

① 기술된 것처럼, 각 전송 비트열은 이벤트 기술과 시스템 정보를 상술하는 테이블의 집합을 전송한다. 채널 튜닝에 대한 첫 단계는 0x1FFB로 선택된 베이스 PID를 얻는 것이다. 이것은 PSIP의 모든 베이스 테이블에 대해 할당된다. 베이스 테이블은 STT, RRT, MGT 그리고 VCT를 포함한다. VCT는 각 이벤트들이 포함되는 가상 채널에 대한 정보를 포함한다. 데이터 방송을 위해, VCT는 방송 비트열에서 서로 다른 데이터서비스를 나열한다. 일단, VCT가 수집되면, 사용자는 전송 비트열 내에 주 채널과 부 채널 번호로 이루어지는 특정 가상 채널로 튜닝한다.

지상파 방송을 위한 PSIP 프로토콜은 VCT 내의 서비스 위치 기술자의 존재를 의무화하므로, 튜닝을 위한 PAT 혹은 PMT로의 접근을 필요로 하지 않는다. 이러한 특징은 채널로의 튜닝과 변경을 위해 요구되는 시간을 최소화시킨다.

② Master Guide Table(MGT)은 모든 다른 테이블에 대한 정보를 제공한다. 이것은 방송 채널에 대한 모든 DIT에 관여한다. DIT는 VCT 내에 기술되는 각 가상 채널과 연관된 데이터 이벤트를 기술한다. 전형적인 데이터 가이드 응용을 위해, 위에 설명한 것과 같은 일정이 표시된 이벤트가 사용자들에게 제공될 것이다.

③ VCT 내의 정보는 데이터서비스를 시작하기 위해 필요한 모든 정
보를 제공한다. 다음의 두 가지 가능성이 존재한다.

- DSM-CC: VCT에 의해 확인된 DII를 얻는다. DII는 데이터서비
  스를 기술한다. 다음으로 DDB를 얻는 과정으로 이어진다. 디폴
  트로써, DII와 DDB는 같은 가상 채널/PID에서 수송되어진다.
  그렇지 않을 경우, 디스크립터는 DII에 포함되어야 한다.
- PES: VCT에서 정의된 것과 같은 PES를 얻는다.

제5장 디지털 방송 송신 방식

이 장에서는 국내 디지털 지상파 방송의 전송 방식인 ATSC의 8VSB 변조 방식에 대하여 살펴보도록 한다. 먼저 ATSC의 8VSB 표준인 8VSB 송수신 시스템에 대하여 살펴보고, 그리고 디지털 방송 전송 조건에 따른 전반적인 내용의 이해를 위하여 심벌간의 간섭, 스펙트럼, 눈 모양도(eye diagram), 성상도(constellation), 그리고 전력 레벨(power level) 등에 대한 이론적인 내용과 그에 대한 분석에 대하여 살펴보도록 한다.

1. 8VSB 변조 방식

미국 ATSC의 디지털 지상파 TV 전송 시스템은 8VSB로 제니스사가 제안한 방식이다. 처음에는 트렐리스 코딩이 없는 4VSB 방식을 제안하였다. 4VSB은 2비트를 한 개의 심볼로 만들어 전송시 4개의 전압 레벨로 만들어서 보낸다. 관련사 사이에 대연합(grand alliance)을 한 뒤에 좀 더 전송 에러를 줄이기 위해 비율 2/3의 트렐리스 코딩을 하여 8VSB가 되었다. 현재 표준에서는 두 가지 모드가 있는데 하나는 지상 방송 모드로 8VSB 방식이고, 다른 하나는 고속 데이터 모드로 16VSB 방식이다. 여기서는 지상 방송 모드만 다루기로 하겠다.

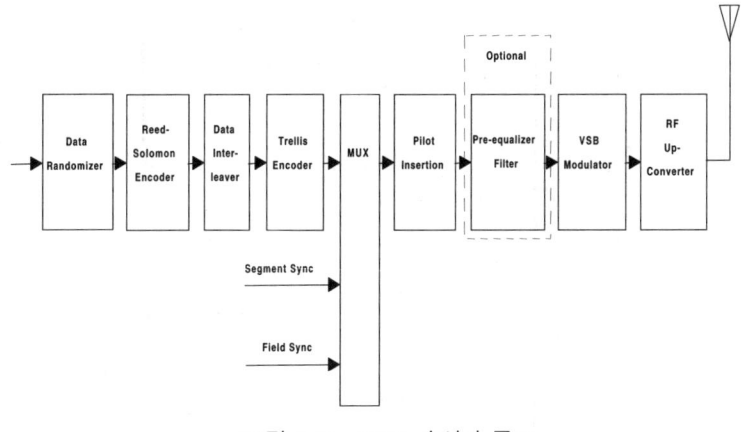

<그림 5-1> 8VSB 송신기 구조

1) 개요

　지상 방송용 8VSB는 6MHz 채널에 19.39Mbps의 데이터를 전송할
수 있다. <그림 5-1>은 8VSB 디지털 지상 방송용 송신기의 블록 다
이어그램이다. 송신기의 입력 데이터는 MPEG 트랜스포트 시스템으로
부터 입력되는데 이는 한 패킷이 188바이트로 구성된 MPEC2-TS(trans-
port stream)의 구조를 따르고 있다. 이 입력 데이터의 속도는 19.39
Mbps이며 직렬 데이터 형태이다.
　입력 데이터는 먼저 데이터 난수화기(data randomizer)에서 랜덤한 형
태로 바뀐 다음 일정 단위의 패킷에 대하여 20바이트 RS(Reed Solomon)
패리티가 더하여진 RS 코딩, 1/6 데이터 필드 인터리빙과 2/3 비율의
트렐리스 코딩을 행함으로써 에러 정정 부호화(FEC; Forward Error
Correction) 과정이 수행된다. 전송시 데이터 세그먼트 동기 신호에 해
당하는 트랜스포트 패킷의 싱크 바이트에는 랜덤화와 에러 정정 부호화
처리 과정을 행하지 않는다.
　랜덤화와 에러 정정 부호화 처리 후 데이터 패킷은 전송용 데이터 프
레임으로 변형되고 데이터 세그먼트 동기 신호와 필드 동기 신호가 더
하여지게 된다. 그리고 전치 등화기에서 고출력 증폭기의 리플과 롤오

디지털 방송 이해 및 실무

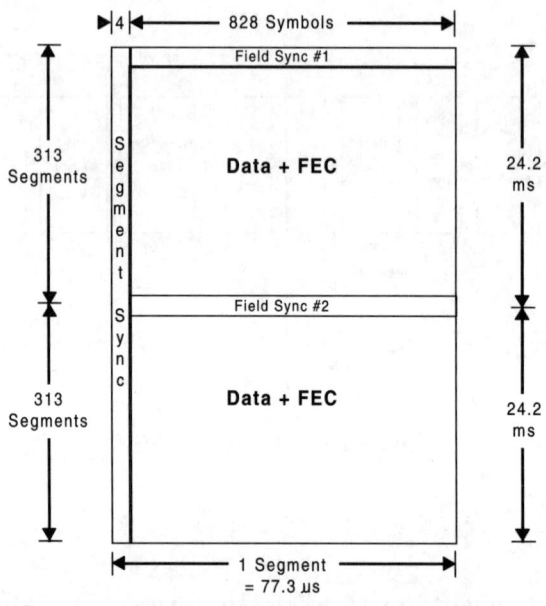

<그림 5-2> 8VSB의 데이터 프레임

프의 왜곡을 거의 완벽하게 보상해주며 VSB 필터링 및 변조된 후 RF
주파수로 올려서 안테나로 송출된다.

<그림 5-2>는 전송 프레임의 구성도이다. 각 데이터 프레임은 2개
의 데이터 필드로 이루어져 있고, 각 필드당 313데이터 세그먼트로 이
루어져 있다. 데이터 필드의 첫 번째 데이터 세그먼트는 동기용 신호인
데이터 필드 동기 신호이고 이 신호는 수신기에서 등화기에 의해 사용
되어지는 훈련용 데이터 시퀀스를 포함하고 있다. 나머지 312데이터 세
그먼트들은 각각 188바이트 트랜스포트 패킷에 FEC용 데이터가 추가
로 20바이트씩 실려 있다. 실제로는 각 데이터 세그먼트에 있는 데이터
는 한 개의 트랜스포트 패킷으로 구성되지 않고 데이터 인터리빙 때문
에 몇 개의 트랜스포트 패킷들로 구성된다. 데이터 세그먼트는 832개의
심벌들로 이루어져 있다. 첫 번째 4개 심벌은 2진 형태로 전송되어지고
세그먼트 동기의 기준을 제공한다. 이 데이터 세그먼트 동기 신호는
MPEG-2-TS의 188바이트 중 첫 번째 바이트인 싱크 바이트를 나타낸

다. 나머지 828 심벌들은 트랜스포트 패킷의 187바이트와 에러 정정용 FEC 패리티(parity) 데이터 20바이트이다. 이들 828 심벌들은 8레벨 신호로 전송되어짐으로써 각 심벌당 3비트를 실어 보낸다. 따라서 2,484 비트(828×3)의 데이터가 각 데이터 세그먼트마다 실려 보내진다.

- 전송되는 심벌 속도 S_r은
$$S_r[\text{MHz}] = 4.5/286 \times 684 = 10.76223776[\text{MHz}] \tag{5-1}$$
- 데이터 세그먼트 속도 f_{seg}은
$$f_{seg} = S_r/832 = 12.94 \times 10^3[\text{Data Segments/s}] \tag{5-2}$$
- 데이터 프레임 속도 방정식 f_{frame}은 다음과 같다.
$$f_{frame} = f_{seg}/626 = 20.66[\text{frames/s}] \tag{5-3}$$

2진 데이터 세그먼트 동기와 데이터 필드 동기 신호 그리고 8레벨 심볼들은 압축 캐리어를 사용된다. 그리고 전송 전에 저측파 대역은 VSB로 변조하기 때문에 제거된다. 결과 스펙트럼은 620KHz 전이 영역에서만 Square Root Raised Cosine 형태를 따르는 대역 끝부분을 제외하고는 통과 대역 주파수에서는 평탄하다. 압축 캐리어 주파수(저역 끝부분으로부터 310KHz)에서는 작은 파일럿 신호가 원래 신호에 더하여지게 된다. <그림 5-3>은 송출된 8VSB 신호의 주파수 특성을 보여주고 있다.

<그림 5-3> VSB의 주파수 특성도

디지털 방송 이해 및 실무

2) 채널 에러 보호

채널 에러 보호와 동기화를 설명하면 다음과 같다. 데이터 랜덤화기
는 모든 입력 데이터(데이터 필드 동기 신호와 데이터 세그먼트 동기 신호,
그리고 RS 패리티 바이트를 제외한)를 랜덤화하기 위해 사용한다. 데이터
랜덤화는 데이터 필드의 시작 부분에서 시작되는 최대 길이가 16비트
인 PRBS(Pseudo-Random Binary Sequence)와 모든 입력 데이터를 XOR
한다. PRBS는 9궤환 탭들을 가지고 있는 16비트 쉬프트 레지스터에서
발생된다. 쉬프트 레지스터 출력의 8비트는 아래의 생성 다항식 중
$X(D^0)$, $X^3(D^1)$, $X^4(D^2)$, $X^7(D^3)$, $X^{11}(D^4)$, $X^{12}(D^5)$, $X^{13}(D^6)$, $X^{14}(D^7)$에서
출력된다. 그 데이터 비트들은 MSB 대 MSB, LSB 대 LSB로 XOR한다.
랜덤화기 생성 다항식은 다음과 같다.

$$G_{(16)}=X^{16}+X^{13}+X^{12}+X^{11}+X^7+X^6+X^3+X+1 \qquad (5\text{-}4)$$

그리고 16진수 F180으로 초기화를 하는데 그 초기화 시기는 첫 번째
데이터 세그먼트의 데이터 세그먼트 동기 신호 간격 동안에 일어난다.
VSB 전송 시스템에서 사용한 RS 코드는 $t=10$, RS(207, 187) 코드이
다. RS 데이터 블록 크기는 에러 교정을 위해 더하여진 20바이트 RS
패리티와 187입력 데이터 바이트를 포함해서 207바이트이고 전체 RS
블록은 데이터 세그먼트마다 전송된다. 직렬 비트 스트림에서 바이트를
만들 때, 바이트의 MSB는 직렬 비트 스트림의 첫 번째 비트가 된다.
20 RS 패리티 바이트들은 데이터 세그먼트의 끝으로 보내진다. 패리티
생성 다항식과 필드 생성 다항식은 다음과 같다.

코드 생성 다항식: $g(x) =(x+\alpha^0)(x+\alpha^1)(x+\alpha^2)(x+\alpha^3)\cdots(x+\alpha^{19})$
$$=x^{20}+152x^{19}+185x^{18}+240x^{17}+5x^{16}+111x^{15}+99x^{14}+6x^{13}+$$
$$220x^{12}+112x^{11}+150x^{10}+69x^9+36x^8+187x^7+22x^6+$$
$$228x^5+198x^4+121x^3+121x^2+165x^1+174 \qquad (5\text{-}5)$$

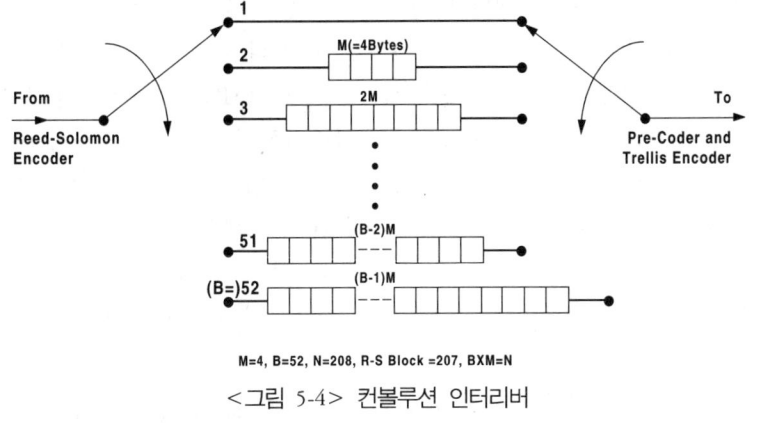

M=4, B=52, N=208, R-S Block =207, BXM=N

<그림 5-4> 컨볼루션 인터리버

$$필드\ 생성\ 다항식:\ G(256)=x^8+x^4+x^3+x^2+1 \qquad (5\text{-}6)$$

VSB 전송 시스템에서 구현하고 있는 인터리버는 52데이터 세그먼트 간의 컨볼루션 바이트 인터리버가 된다. 인터리빙은 약 데이터 필드의 1/6 깊이(4m/sec)가 된다. 데이터 바이트들만 인터리버가 되고, 인터리버는 데이터 필드의 첫 번째 바이트에 동기화되어 있다. 세그먼트 내부의 인터리빙은 트렐리스 코딩 처리를 위해 수행된다. 컨볼루션 인터리버의 구성도는 <그림 5-4>과 같다.

8VSB 전송부 시스템은 1개의 부호화하지 않은 비트를 포함하여 2/3 비율의 트렐리스 코드를 구현한다. 한 개의 입력 비트는 다른 입력 비트가 프리코더를 거치는 동안 1/2 비율의 컨볼루션 코드를 사용하여 2개의 출력 비트로 된다. 그래서 이 3비트는 1차원상에서 성상도가 8레벨로 나타난다. 이렇게 전송된 신호는 8VSB라고 하고 4상 트렐리스 부호화기(4-state trellis coder)를 사용한다. 트렐리스 코드에서 세그먼트 내부의 인터리빙이 사용되는데 인터리브된 데이터 심볼을 만들기 위해 12개의 동일한 트렐리스 부호화기와 프리코더를 사용한다. 코드 인터리빙은 12개 경로로 나누어지는데 각 경로를 하나의 그룹이라 하면 첫 번째 그룹은 부호화 신호 (0, 12, 24, …)이고, 두 번째 그룹은 (1, 13, 25, 37, …), 세 번째 그룹은 (2, 14, 26, 38, …) 등등 전체 12그룹이 된다.

디지털 방송 이해 및 실무

병렬 바이트들로부터 직렬 바이트들을 생성할 경우 MSB가 첫 번째로 보내지게 된다(7, 6, 5, 4, 3, 2, 1, 0). 두 개의 비트씩 나누어 신호 처리하는데 MSB는 프리코더화되고(7, 5, 3, 1), LSB는 궤환 컨볼루션 부호화된다(6, 4, 2, 0). 부호화하는 데는 표준 4상 최적 웅거벡 코드(4-state optimal ungerboeck code)를 사용한다. 트렐리스 코드는 <그림 5-5>에서 보여지는 4상 궤환 부호화를 이용한다. 트렐리스 코드와 프리코더한 것을 세그먼트 내부에서 인터리빙하는 것은 <그림 5-6>에 나타나 있고 그 출력을 8레벨로 변환하는 것은 <그림 5-5>에 나타나 있다.

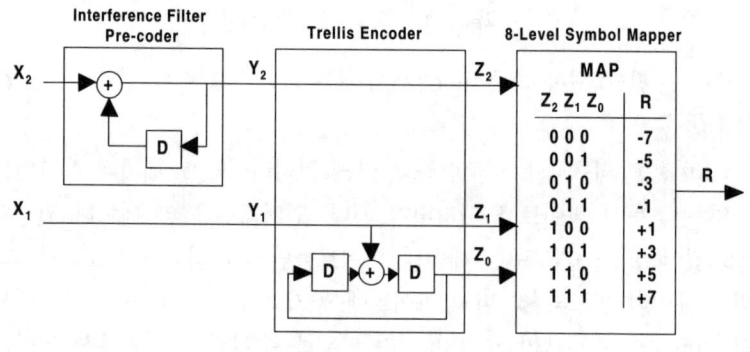

<그림 5-5> VSB 트렐리스 인코더, 프리코더, 심볼 변환기

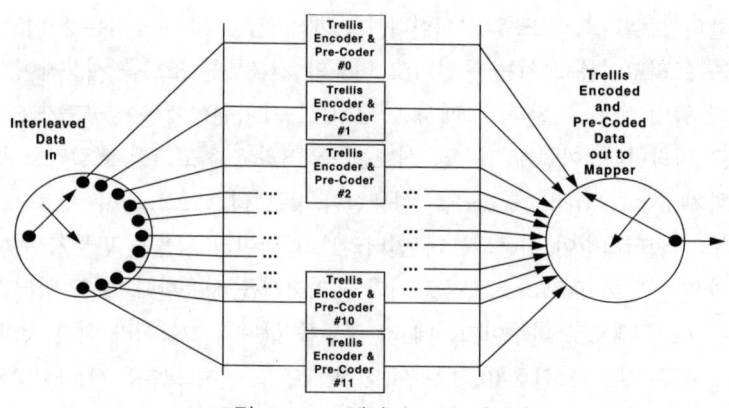

<그림 5-6> 트렐리스 코드 인터리버

<그림 5-6>에 있는 출력 다중화 기능은 매 세그먼트마다 네 개의 심볼만큼씩 시작점이 건너뛰면서 수행된다. 즉 다중화기로부터 나오는 데이터가 프레임의 첫 번째 세그먼트는 인코더 0부터 11까지 정상 순서로 진행되지만 두 번째 세그먼트 순서는 먼저 4~11 인코더들이 출력된 다음 0~3의 출력이 나온다. 세 번째 세그먼트는 인코더 8~11이 먼저 출력된 다음 0~7이 출력된다. 이와 같이 3개의 세그먼트씩 처리하는 것은 한 프레임, 즉 312 데이터 세그먼트가 끝날 때까지 반복한다.

3) 동기화 신호

트렐리스 부호화한 데이터는 다중화기에서 데이터 세그먼트 동기 신호와 데이터 필드 동기 신호를 삽입하는데 매 데이터 세그먼트 시작점마다 2레벨의 4개의 심볼에 해당하는 데이터 세그먼트 동기 신호가 삽입될 것이다. 이때 MPEG 싱크 바이트는 데이터 세그먼트 동기 신호로 대치되고, 데이터 세그먼트 동기 신호의 모양은 <그림 5-7>에 나타나 있다. 하나의 세그먼트는 832심볼들로 이루어지고, 데이터 세그먼트 동기 신호는 2레벨로 동기 신호 패턴이 $77.3\,\mu s$ 간격으로 규칙적으로 반복한다. 데이터와는 다르게 데이터 세그먼트 동기를 위한 4개의 심볼은 RS 코딩도 하지 않고 트렐리스 코드도 하지 않고 인터리빙도 하지 않는다. 데이터 세그먼트 동기 신호 패턴은 1001이다.

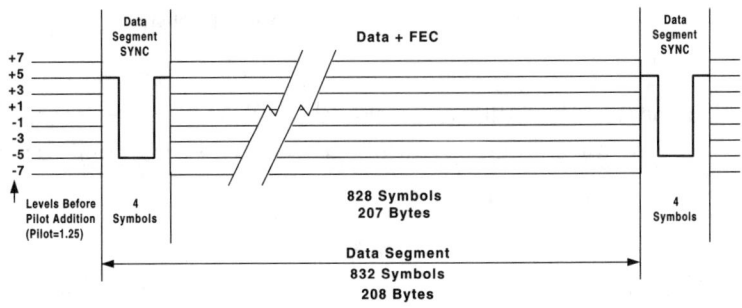

<그림 5-7> 8VSB 데이터 세그먼트

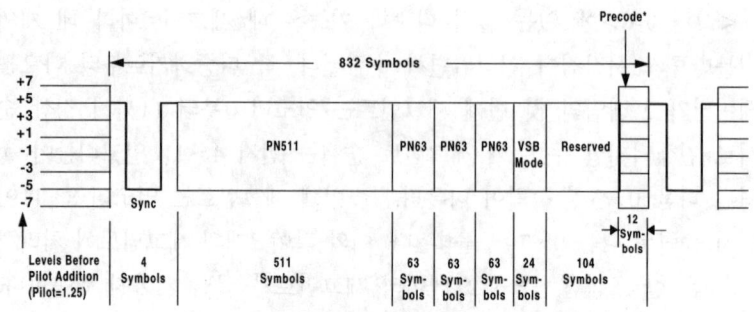

<그림 5-8> VSB 데이터 필드 동기 신호

데이터는 세그먼트로 나누어질 뿐만 아니라 각각 313세그먼트로 구성되어 있는 데이터 필드들로 나누어져 있다. 각 데이터 필드는 <그림 5-2>처럼 첫 번째 데이터 세그먼트는 <그림 5-8>과 같은 데이터 필드 동기 신호가 된다. 데이터 세그먼트 동기 신호처럼 데이터 필드 동기 신호도 Reed-Solomon 부호화하지 않고 트렐리스 인코딩하지 않고 인터리빙도 하지 않는다. 각 심볼은 2레벨이고, 이 필드 동기 신호용의 832심볼은 다음과 같이 정의된다.

동기 신호: 이것은 데이터 세그먼트 동기 신호이고 1001이다.
PN511: 이 랜덤 시퀀스는 $X^9+X^7+X^6+X^4+X^3+X+1$이고 초기값은 010000000이다.
PN63: 이 시퀀스는 3번 반복되는데 시퀀스 방정식은 X^6+X+1이고 초기값은 100111이다. 이 가운데 PN63은 매 데이터 필드마다 부호가 바뀐다.
VSB mode: 이들 24비트는 프레임 데이터의 VSB 모드를 결정한다. 이는 지상파용 8VSB 모드인지 고속 데이터 전송용 16VSB 모드인지 알 수 있게 한다.
Reserved: 마지막 104비트는 보류되어 있다.
Precode: 8VSB 모드에서 마지막 세그먼트의 심볼은 바로 하나 전 세그먼트의 마지막 12심볼을 그대로 복사해서 실어 보낸다.

4) 변조

<그림 5-5>는 트렐리스 인코더 출력을 신호 레벨로 매핑하는 것을 보여준다. <그림 5-8>에서 보는 것처럼 데이터 세그먼트 동기 신호와 데이터 필드 동기 신호의 레벨은 -5와 +5이다. 작은 양의 파일럿 캐리어를 생성하기 위하여 1.25에 해당하는 값을 비트 대 심볼 매핑 후 모든 심볼의 레벨에 일정하게 더해진다. 이 파일럿의 주파수는 <그림 5-3>에서의 압축 캐리어 주파수와 같다. 이것의 발생 방법은 작은 양의 DC레벨인 1.25값을 동기 신호를 포함한 모든 심볼(+1, +3, +5, +7)에 더한다. 파일럿의 전력 파워는 평균 데이터 신호 전력보다 11.3dB 만큼 작다. VSB 변조기는 8레벨로 트렐리스 코딩된 신호를 10.76M symbols/sec로 받아들여 변조된다. DTV 시스템 주파수 특성은 송신기와 수신기에 Raised Cosine Nyquist filter 형태를 따르는데 roll-off-factor는 0.115이고, 필터의 응답은 본질적으로 대역 각 끝의 전이 영역을 제외하고는 전대역에 따라 평탄하다. 전송기에서의 주파수 특성은 Square Root Cosine Filter의 형태를 취하는데 그 형태는 <그림 5-3>과 같다.

5) 수신기

VSB 전송 시스템은 신호 포착과 동작을 강력하게 하기 위해 파일럿, 세그먼트 동기 신호, 그리고 훈련용 데이터 시퀀스를 이용한다. VSB 수신기 시스템은 또한 위상 교정기와 등화기뿐만 아니라 캐리어 동기와 클럭 회복 회로를 가지고 있다. 부가하여 VSB 수신기 시스템은 에러 정정용으로 트렐리스 디코더와 RS 디코더가 있다. 서비스 지역을 최대화하기 위해 지상파 방송 모드는 NTSC 간섭 제거 필터가 수신기에서 동작될 때 트렐리스 디코더는 트렐리스 인코더와 NTSC 간섭 제거 필터에 대응하는 역할을 하는 트렐리스 디코더로 바뀐다. VSB 전송은 본래 심볼률로 샘플링할 때 I, Q 채널 둘 다 샘플링할 필요가 없이 I 채널만

<표 5-1> 8VSB 전송 시스템의 파라미터

Parameter	Terrestrial mode(8VSB)
Channel bandwidth	6MHz
Excess bandwidth	11.5%
Symbol rate	10.76Msymbols/s
Bits per symbol	3
Trellis FEC	2/3rate
Reed-Solomon FEC	T=10 (207,187)
Segment length	832 symbols
Segment sync	4 symbols per segment
Frame sync	1 per 313 segments
Payload data rate	19.39Mbps
NTSC co-channel rejection	NTSC rejection filter in receiver
Pilot power contribution	0.3dB
C/N threshold	14.9dB

샘플링하면 되므로 적은 비용으로 수신기를 제작할 수 있다. 수신기는
10.76M samples/sec로 동작하는 하나의 ADC 변환기와 한 개의 등화기
만 있으면 된다. <표 5-1>은 지상파용 8VSB의 파라미터를 보여준다.
지상파 8VSB 시스템은 14.9dB의 CNR 상황에서도 동작한다. 신호
대 잡음 비(SNR)로 환산하면 14.6dB이다. <그림 5-9>에서는 세그먼
트 에러 확률 곡선인데 1.93×10^{-4}의 세그먼트 에러 확률을 표시하고
있다. 이것은 1초당 2.5세그먼트 에러에 해당된다.

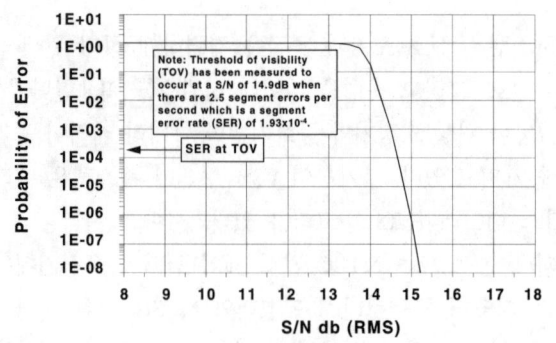

<그림 5-9> 세그먼트 에러 확률도(4상 트렐리스 코드를 사용한 8VSB)

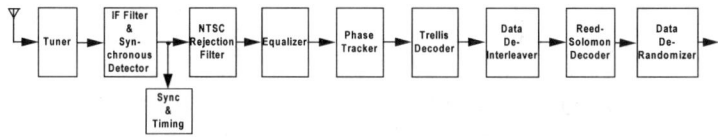

<그림 5-10> 8VSB 수신기의 블록 다이어그램

<그림 5-10>는 VSB 지상파 방송 전송 시스템의 수신기 블록 다이어그램을 보여준다. 튜너에서 채널을 선택하고 IF 필터에서 중간 대역 필터를 한 다음 동기 주파수 검출기(syncronous detector)로 주파수를 찾아낸다. 동기 신호와 클럭 신호는 동기 검출기와 타이밍 검출기에서 찾아내고 NTSC 간섭 제거 필터를 거친 다음 등화기(equalizer)에서 다음 경로에 의한 간섭을 제거한다. 그리고 위상 보정기(phase tracker)에서는 남아 있는 위상 에러를 보상하고 이하의 채널 디코더는 송신기의 역으로 되어 있다. 수신기 중에서 큰 특성 중의 하나는 NTSC 제거 필터가 있다는 것이다. 이는 콤 필터로서 동일 채널의 NTSC 방송으로부터 오는 비디오 캐리어, 컬러 캐리어, 오디오 캐리어를 제거하는 역할을 한다. 동일 채널상에 NTSC 방송으로부터의 신호가 있으면 이 필터가 작동하고 NTSC 방송으로부터의 신호가 없으면 이 필터는 통과하게 되어 있다. 수신기 구성 중 중요한 특징인 NTSC 간섭 제거 필터를 자세히 설명하기로 하겠다.

6) NTSC 간섭 제거 필터

VSB 간섭 제거 필터는 6MHz의 채널 안에서 동일 채널상에 NTSC 방송이 있을 경우, 이 NTSC 신호의 캐리어의 위치와 VSB 수신기에서의 콤 필터가 주기적으로 제로가 되는 위치를 일치하도록 함으로써 구현할 수 있다. <그림 5-11>은 NTSC 신호의 3가지 주된 캐리어 신호의 위치를 보여주는데 ① 영상 캐리어는 맨 좌측 밴드의 끝으로부터 1.25MHz 떨어져서 위치하고 있고, ② 컬러 캐리어는 영상 캐리어에서 3.58MHz만큼 높은 곳에 위치하고 있고, ③ 오디오 캐리어는 영상 캐

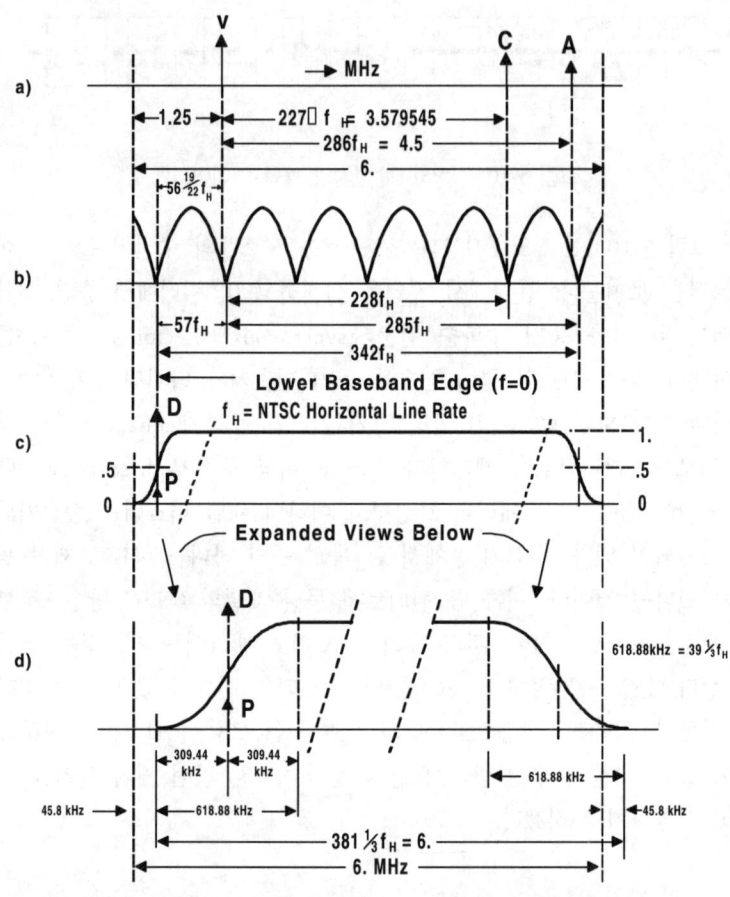

<그림 5-11> NTSC 캐리어의 위치와 콤 필터

리어에서 4.5MHz 위에 위치하고 있다. NTSC 간섭 제거 필터(콤 필터)
는 <그림 5-12>에서 보는 바와 같이 탭 수가 하나인 선형 순차 연결
필터이다. <그림 5-11> b)를 보면 콤 필터의 주파수 특성이 $57*f_H$
(10.762MHz/12 or 896.85kHz)를 주기로 제로가 됨을 알 수 있다. 그
래서 6MHz의 밴드 안에서 7개의 제로 점이 생긴다. NTSC 영상 캐리
어는 좌로부터 두 번째 제로 근처(2.1kHz 아래)에 위치하고, 컬러 캐리
어는 6번째 제로에 정확히 일치하고, 오디오 캐리어는 7번째 제로 근처

(13.6kHz 위)에 위치한다. 대개 NTSC 오디오 캐리어는 영상 캐리어에 비해 적어도 7dB만큼 신호가 작다.

8VSB 시스템의 전체 채널의 주파수 특성은 <그림 5-11> c)와 <그림 5-11> d)에 나타나 있다. <그림 5-11> d)는 NTSC의 영상 캐리어와 ATV의 캐리어가 $56^{19}/_{22}*f_H$만큼 떨어져 있기 때문에 DTV 스펙트럼이 전체적으로 45.8KHz만큼 이동했음을 보여주고 있다. 이 이동이 상위 채널에 영향을 줄 수 있지만 그 영향은 -40dB 정도로 무시할 만하다. 만약 상위 채널이 또 다른 DTV 채널이라면 이 상위 채널도 45.8KHz만큼 이동해 있으므로 스펙트럼상의 겹침이 없고, NTSC라 하더라도 그 영향이 작아 무시할 만하다.

NTSC 간섭은 <그림 5-12>의 회로에 의하여 그 여부가 검출된다. 콤 필터 전후에서 데이터 필드 싱크 신호 구간 동안의 신호 대 간섭 비를 측정하여 이 두 가지 값을 비교한다. 즉, 하나는 콤 필터를 하지 않을 경우의 신호 대 잡음 비를 측정하고 다른 하나는 콤 필터를 했을 경우의 신호 대 잡음 비율을 측정하여 어느 쪽의 잡음 에너지가 적은지 비교하여 적은 쪽을 선택한다. NTSC 간섭 제거 필터를 항상 작동시키지 않은 이유는 이 콤 필터가 신호 대 잡음 비를 3dB 감소시키는 역할을 하기 때문이다. 그래서 NTSC 간섭이 많을 경우에는 제거 필터를 동작시키고 없을 경우에는 콤 필터를 통과시키도록 되어 있다.

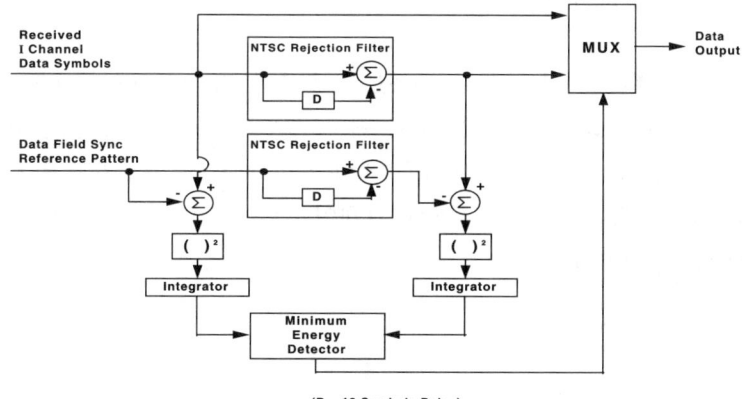

<그림 5-12> NTSC 간섭 제거 필터

7) 토의 및 정리

이상과 같이 미국 디지털 지상파 TV의 전송 규격인 8VSB 방식을 살펴보았다. 에러 보정용으로 $t=10$ RS(207, 187)의 Reed-Solomon 부호화 코드와 2/3 비율의 트렐리스 코드를 사용하였고 군집 에러를 효과적으로 보정하기 위해 인터리빙을 하였다. 캐리어를 정확히 검출하기 위해 파일롯을 삽입했으며 동기를 정확히 하기 위하여 세그먼트 동기 및 필드 동기 신호를 삽입하였다. 필드 동기 신호는 채널 등화기에서 훈련용 시퀀스로도 이용된다. 수신기 중에서 큰 특성 중의 하나인 NTSC 제거 필터가 있어서 동일 채널의 NTSC 방송으로부터 오는 비디오 캐리어, 컬러 캐리어, 오디오 캐리어를 제거하는 역할을 하여 동일 채널상의 NTSC 영향을 제거하여 터부 채널상에서 디지털 방송을 할 수 있도록 하였다. 이 방식으로 디지털 지상 방송을 시청 가능한 캐리어 대 잡음 비는 약 14.9dB이고 전송할 수 있는 순수 데이터는 19.4Mbps이다.

2. 디지털 전송 신호의 분석

1) 심벌간 간섭과 스펙트럼

8VSB 변조는 격자 코드 변조로서 일종의 PAM(Pulse Amplitude Modulation)이라고 할 수 있는데 이는 전력과 대역폭(BW) 활용 면에서 뛰어나다. <그림 5-5>에서 보는 바와 같이 8VSB의 트렐리스 인코더의 출력 심벌은 각각의 심볼에 대하여 전압으로 다음과 같이 매핑(mapping)되어 있다.

$$a_k = \begin{cases} -7 & \text{if symbol } x_k = 000 \\ -5 & \text{if symbol } x_k = 001 \\ -3 & \text{if symbol } x_k = 010 \\ -1 & \text{if symbol } x_k = 011 \\ 1 & \text{if symbol } x_k = 100 \\ 3 & \text{if symbol } x_k = 101 \\ 5 & \text{if symbol } x_k = 110 \\ 7 & \text{if symbol } x_k = 111 \end{cases} \tag{5-7}$$

격자코드 변조된 신호를 a_k라고 했을 때 전송된 신호는 식 (5-8)과 같이 표현할 수 있다.

$$s(t) = \sum_k a_t h(t - kT_b) \tag{5-8}$$

여기서 $h(t)$는 저역 통과 필터(low pass filter)이다. 수신기 신호의 출력(output)은 다음 식과 같다.

$$y(t) = \mu \sum_k a_k h(t - kT_b) + n(t) \tag{5-9}$$

where μ : scaling factor
$$\mu h(t) = h_t(t) * h_c(t) * h_r(t), \mu H(f) = H_t(f)H_c(f)H_r(f)$$
$$h(0) = 1 \quad \text{normalized}$$
$$n(t) = w(t) * c(t)$$

심벌간의 간섭 영향을 알아보기 위하여 앞에서 구한 식 (5-9)를 이용하여 전체 신호를 구하고 샘플링을 해보면 다음 식과 같다.

$$y(t_i) = \mu \sum_{k=-\infty}^{\infty} a_k h[(i-k)T_b] + n(t_i) = \mu a_i + \underbrace{\mu \sum_{\substack{k=-\infty \\ k \neq i}}^{\infty} a_k h[(i-k)T_b]}_{\text{ISI}} + n(t_i) \tag{5-10}$$

식 (5-10)에서 첫 항 μa_i는 i번째 전송된 비트의 기여를 나타내며 두 번째 항은 i번째 비트의 디코딩시에 다른 모든 전송된 비트의 잔여 영향(residual effect)을 나타낸다. 표본화 t_i 순간의 전후에 존재하는 펄스로 인한 이 잔여 영향을 심벌간 간섭(ISI, Inter-symbol Interference)이라고 한다.

<그림 5-13>은 전송된 비트의 임펄스 응답(impulse response)을 그려서 세 신호 s_1, s_2, s_3가 합해지는 것과 잔여 영향을 설명하기 위한 그림이다. t_1, t_2, t_3 시간에 순서대로 s_1, s_2, s_3의 펄스를 송신했을 경우에 수신단에서 이 펄스들의 잔여 영향이 더해져서 합의 형태로 출력된다. 이와 같이 모든 펄스들의 잔여 영향으로 인해서 원래의 신호가 왜곡된다. 여기서 샘플링 시간을 정확하게 잡지 못하면 에러가 발생한다.

<그림 5-13>의 경우는 합해진 신호에 심벌간 간섭이 발생하지 않았다. 따라서 수신기에서 제대로 샘플링만 하면 심벌간 간섭이 없는 신호를 재생할 수 있다. 또한 샘플링 타임이 어긋나게 되면 심벌간 간섭이 생기는 것도 쉽게 알 수 있다.

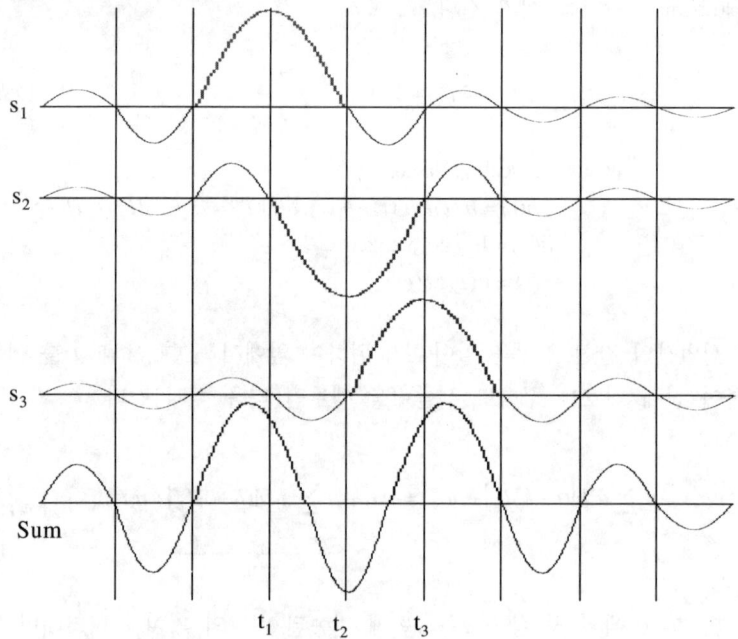

<그림 5-13> 전송된 비트의 잔여 영향(residual effect)

대역폭과 전송속도와의 관계는 나이퀴스트 최소 대역폭(nyquist mini-
mum bandwidth) 정리에 다음과 같이 나타나 있다. 사용할 수 있는 대
역폭이 W[Hz]일 경우 8VSB와 같이 실수 데이터를 전송했을 때 심벌
간 간섭 없이 최대한으로 전송할 수 있는 속도는 $2W$[symbols/sec]이다.
만일 대역폭이 6MHz이고 2bits/symbol일 경우 전송속도는 다음과 같
다. 롤오프 팩터(α)가 0일 경우는 최대 전송속도를 가지며 2*6*2Mbps
=24Mbps이고 $\alpha=1$일 경우의 전송속도는 24/(1+1)Mbps=12Mbps이다.

DTV는 롤오프 팩터가 0.1152인 상승 코사인 스펙트럼(raised cosine
spectrum)을 사용한다. 이때의 전송속도는 24/(1+0.1152)=21.5Mbps
이다. <그림 5-14>는 $\alpha=0.115$로 사용된 8VSB의 상승 코사인 스펙
트럼과 시간 축에서의 임펄스 응답을 보여주고 있다.

전송하는 데이터의 8레벨이 ±1, ±3, ±5, ±7일 때 데이터 세그먼
트 동기 신호와 데이터 필드 동기 신호는 2레벨(bi-level)을 사용하고 있
고 그 전압 레벨은 -5와 +5이다. 이때 파일럿 캐리어를 생성하기 위

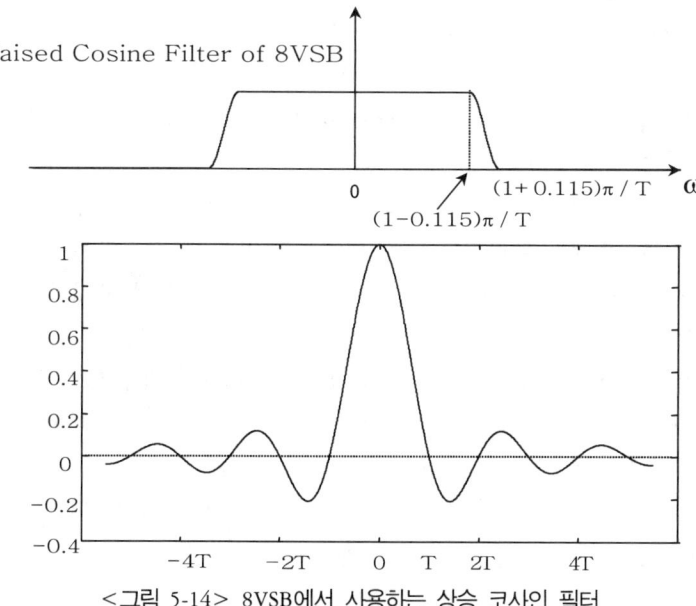

<그림 5-14> 8VSB에서 사용하는 상승 코사인 필터

디지털 방송 이해 및 실무

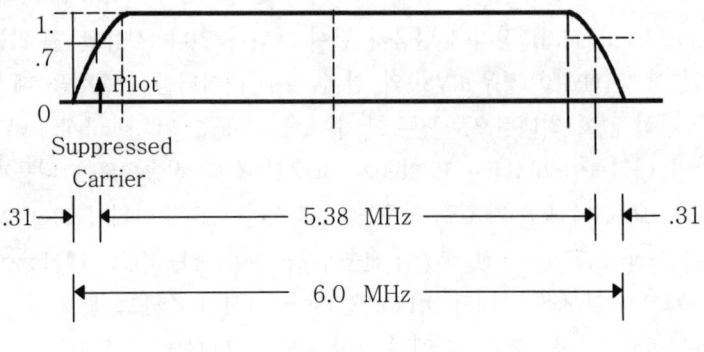

<그림 5-15> 8VSB 주파수 특성도

하여 1.25해당하는 값을 비트 대 심벌 매핑 후 모든 심벌의 레벨에 일정하게 더해준다. 이 파일럿 신호의 주파수는 <그림 5-15>에서의 압축 캐리어 주파수 위치에 해당된다. 이것의 발생 방법은 DC 레벨인 1.25 값을 동기 신호를 포함한 모든 심볼(±1, ±3, ±5, ±7)에 더한다. 파일럿의 전력은 평균 데이터 신호 전력보다 11.3dB만큼 작다. 전송 전에 저측파 대역은 VSB로 변조하기 때문에 제거되어 결과적으로 스펙트럼은 <그림 5-15>와 같이 620kHz 전이영역에서만 제곱 루트 상승 코사인(square root raised cosine) 형태를 따르고 중간통과 대역 주파수에서는 평탄한 형태를 따르고 있다.

6MHz 대역 내에서는 송신기의 방사 스펙트럼의 경우 제곱 루트 상승 코사인 형태를 취하지만 대역 외에서는 인접 채널에 미치는 영향이 최소화되도록 정의되어야 한다. 인접 채널 간섭은 인접 채널이 NTSC가 있을 경우와 DTV가 있을 경우 두 가지로 볼 수 있는데 NTSC가 있을 경우가 미치는 간섭영향이 크다. DTV 서비스의 요구조건은 NTSC의 Grade B, F(50, 50)의 커버리지 영역을 DTV에서도 충분히 보장하는 것이다. 여기서 F(50, 90)은 지표면에서 10m 높이의 수신안테나로 송신기 안테나를 중심으로 원을 따라가면서 화면이 위치상으로 50% 시간적으로 90% 이상 잘 나오는 반경을 의미한다.

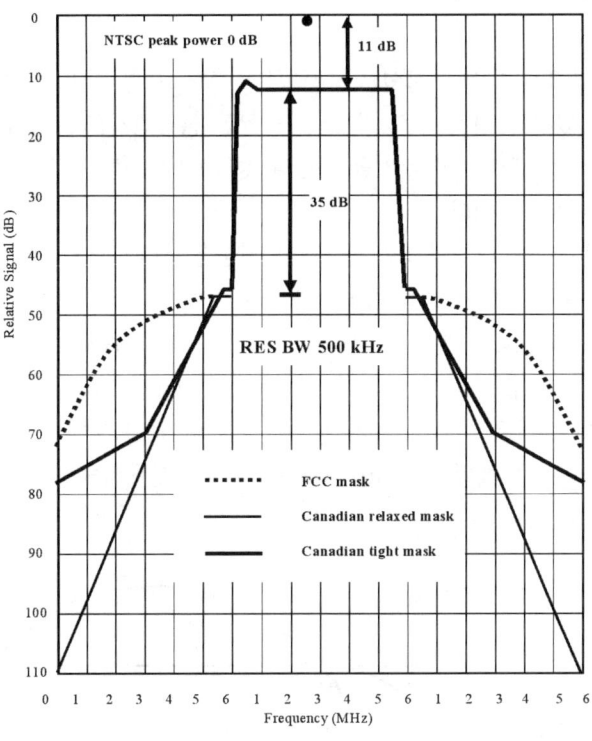

<그림 5-16> DTV 방사 마스크

방사 마스크(emission mask)는 인접 채널들에 영향을 미치는 간섭을 통제하기 위한 송신기 spectral out-off-band spillover를 제한하는 데 사용된다. NTSC에서 DTV 천이기간 동안 주요 간섭은 처음 인접 NTSC 신호로의 DTV 신호간섭이다. ATSC DTV threshold는 C/N=15dB이지만 NTSC Threshold Of Visibility(TOV)가 C/N=50dB이기 때문에 위의 인접 채널 간섭이 DTV 방사 마스크를 설계하는 데 가장 큰 제한 요소이다. <그림 5-16>은 DTV 방사 마스크인데 송신기에서 대역 내와 인접 채널의 대역에서의 스펙트럼 마스크를 보여주고 있다.

2) 눈 모양도(Eye Diagram)와 성상도

아날로그 TV의 경우 오실로스코프로 신호를 보면 곧바로 영상 신호를 볼 수 있지만 디지털 TV의 경우는 영상과는 관계없는 압축된 디지털 신호가 전송된다. 이 디지털 모뎀의 성능을 측정할 수 있는 방법 중 하나가 눈 모양도이다.

어떤 환경에서 디지털 TV 시스템의 성능을 손상시키는 것들의 복합적인 효과를 어떻게 평가하는가는 중요한 일이다. 이런 평가를 위한 도구로서 눈 모양도라 불리는 실험적인 방법을 사용하는데 이것은 어떤 신호구간 동안에 원하는 신호의 모든 가능한 신호형태를 중첩하여 보는 것이다. 이 이름은 이산 신호의 경우에 인간의 눈과 닮았기 때문에 붙여진 것이다. 눈 패턴(eye pattern)에서 안쪽 부분을 눈 모양도라고 한다.

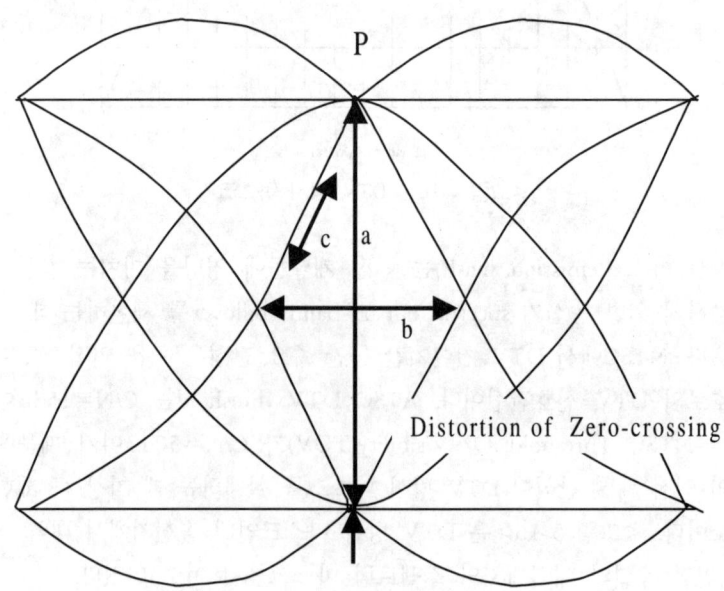

<그림 5-17> BPSK 경우의 눈 모양도

눈 모양도의 폭은 수신신호가 심벌 간섭으로 인한 오차 없이 표본화할 수 있는 시간 구간인데 가장 최적의 표본화 순간은 눈이 가장 크게 열려 있는 시간이다. 타이밍 오차에 대한 시스템의 민감도는 표본화 시간이 변화함에 따라 눈이 닫혀지는 비율로 결정된다. 표본화 순간에서 눈 모양도의 높이는 시스템의 잡음에 대한 여유이다.

<그림 5-17>는 BPSK 경우의 눈 모양도를 나타내는 경우이며 a는 잡음(noise)에 대해서 얼마나 강한가를 보여주는데 다음과 같은 설명이 가능하다.

a가 커지면 잡음에 대해서 더 강해진다. 잡음과 심벌 간 간섭이 모두 없다면 P는 점으로 모아진다. 그러나 심벌간 간섭이 존재하면 P점은 흩어지게 된다. P점을 통해서 심벌간 간섭의 영향을 파악할 수 있다.

b는 타이밍 위상 에러에 대해 얼마나 강한지를 파악할 수 있다.

c는 타이밍 위상의 지터(jitter)에 대한 민감도를 나타낸다. M-ary 방식에서는 M-1개의 눈 모양이 생긴다. 그러므로 8VSB 변조 방식에서는 7개의 눈 모양이 있다.

<그림 5-18>는 8레벨 [±1, ±3, ±5, ±7]의 신호에 파일럿 DC 1.25V를 더해 α =0.115로 상승 코사인 필터링한 눈 모양도이다. <그림 5-19>

<그림 5-18> 노이즈와 심볼 간 간섭이 없는 경우의 8VSB의 눈 모양도 그림

디지털 방송 이해 및 실무

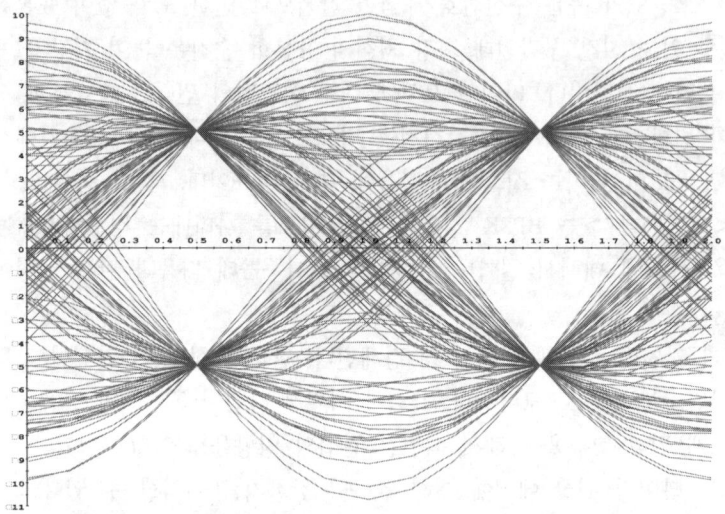

<그림 5-19> 노이즈가 없을 경우 2레벨의 PN 시퀀스의 눈 모양도

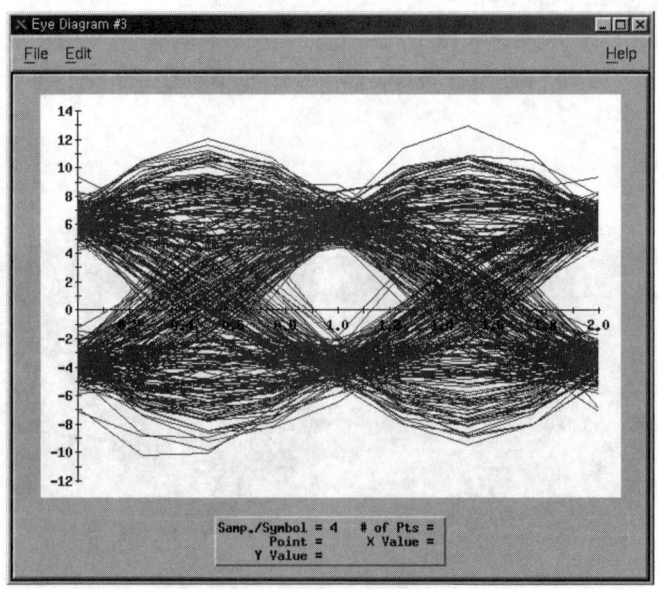

<그림 5-20> CNR=14.9dB일 때의 PN 시퀀스의 눈 모양도

는 데이터 필드 동기 신호처럼 2레벨의 PN 시퀀스를 사용할 경우의 눈 모양도를 나타낸 것이다. 이때 미국의 DTV에서 TOV에 해당하는 CNR이 14.9dB일 경우의 눈 모양도를 보면 <그림 5-20>과 같고 이 경우에는 2레벨인 경우 눈이 많이 열려 있어서 데이타 세그먼트 동기 및 데이터 필드 동기가 잘 수행이 될 것이라는 것을 알 수 있다.

DTV의 성상도(constellation)를 이해하기 위해서는 VSB 필터에 대해 먼저 이해해야 한다. VSB의 경우 데이터는 실수 축에서만 존재한다. 즉, I(in-phase)채널에만 정보가 있다. 그러나 이것이 VSB 필터를 거치면서 I(in-phase)채널과 Q(quadrature-phase)채널에 모두 신호가 존재한다. 그 원리를 살펴보면 다음과 같다.

시간축상에서 실수값인 신호는 주파수상에서는 Conjugate symmetric 하다. 즉, <그림 5-21>과 같이 I채널은 y축 대칭이고, Q채널은 원점 대칭이다. 이 Conjugate symmetric 현상을 이용하여 신호를 USB(Upper Side Band)나 LSB (Lower Side Band) 한 쪽만 보내도 수신기에서는 원래 신호를 완전히 재생할 수 있다.

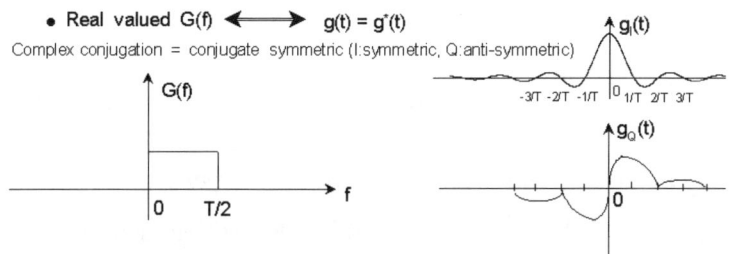

<그림 5-21> 실수 데이터 변환시 푸리에 변환의 성질

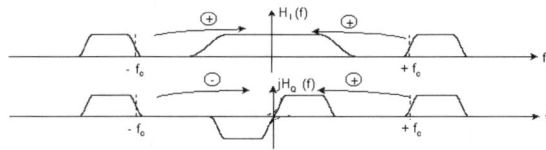

<그림 5-22> Pass band 필터 $H(f-f_c)$와 $H(f+f_c)$로부터 기저대역 필터를 구하는 방법

디지털 방송 이해 및 실무

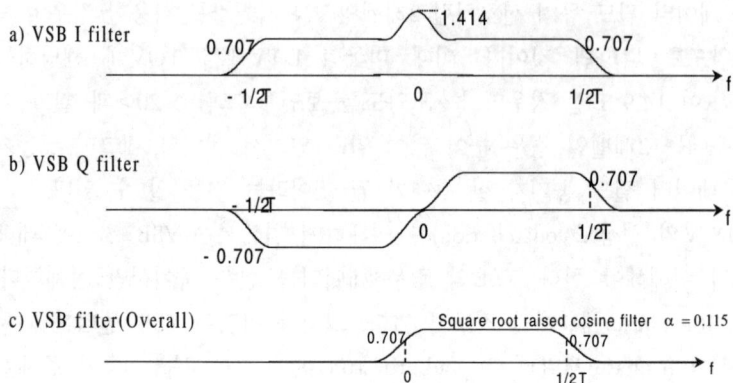

<그림 5-23> Square root raised cosine 필터를 사용할 때의 VSB 변조와 기저대역
에서의 동위상과 직각위상의 필터의 스펙트럼

기저 대역 필터의 주파수 응답을 $H(f)$라 하면 패스 밴드 필터(pass band
filter)의 주파수 응답은 $H(f-f_c)$, $H(f+f_c)$이다. 그러면 기저 밴드(base band)
$H(f)$의 I채널과 Q채널 응답은 다음과 같은 관계를 갖는다.

$$H_I(f)=\text{LPF}[H(f-f_c)+H(f+f_c)] \qquad (5\text{-}11)$$

$$H_Q(f)=\text{jLPF}[H(f-f_c)-H(f+f_c)] \qquad (5\text{-}12)$$

이것을 그림으로 그려보면 <그림 5-22>와 같다.

VSB 변조는 SSB 변조에 쓰이는 힐버트 변환(Hilbert transform)을 응
용하여 <그림 5-23> a)와 같은 임펄스 응답을 가지는 VSB I필터와 <그
림 5-23> b)와 같은 임펄스 응답을 가지는 VSB Q필터를 만들어서 합
성하면 <그림 5-23> c)와 같은 Square root 상승 코사인 스펙트럼 형
태를 얻을 수 있다.

다음의 그림들은 8VSB의 눈 모양과 성상도의 예를 보여준다. <그림
5-24>은 CNR에 따른 8레벨의 8VSB의 눈 모양과 성상도를 보여주고
있다. <그림 5-24> (a)는 노이즈가 없을 경우이고, (b)는 CNR이 25

dB일 때, (c)는 CNR이 20dB일 때, (e)는 CNR이 18dB일 때, (e)는
CNR이 14.9dB일 때이다. CNR이 20dB 이하가 되면 눈이 많이 닫혀
있는 것을 볼 수가 있고 화면이 잘 나오고 안 나오고의 기준인 TOV에
해당하는 14.9dB에서는 눈이 거의 닫혀 있는 것을 볼 수 있다. 이와 같
이 눈이 닫혀 있어서 Reed-Solomon 코드와 트렐리스 코드에 의하여 에
러 정정 부호화가 되어 있기 때문에 대부분의 에러를 교정할 수 있다.

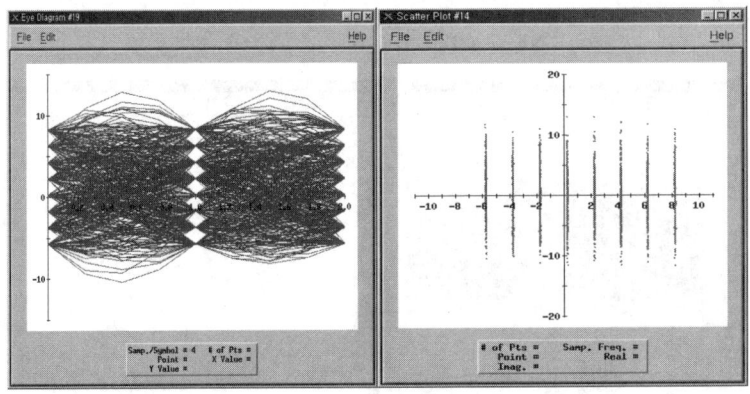

(a) 노이즈가 없을 때의 8VSB 눈 모양과 성상도

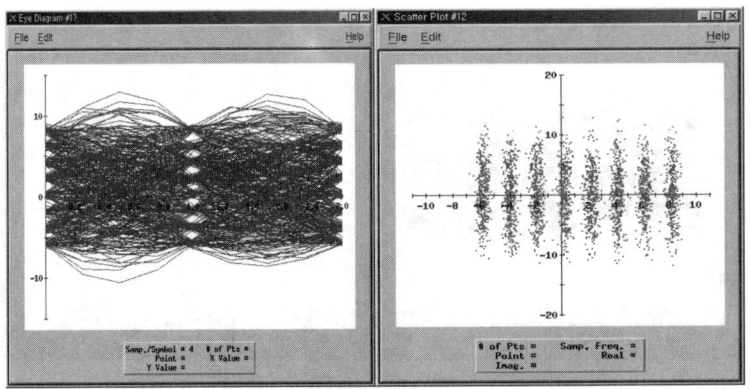

(b) CNR=25dB일 때의 8VSB 눈 모양과 성상도

162

디지털 방송 이해 및 실무

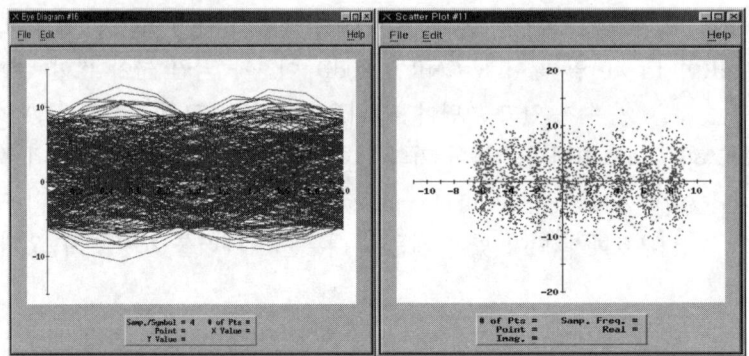

(c) CNR=20dB일 때의 8VSB 눈 모양과 성상도

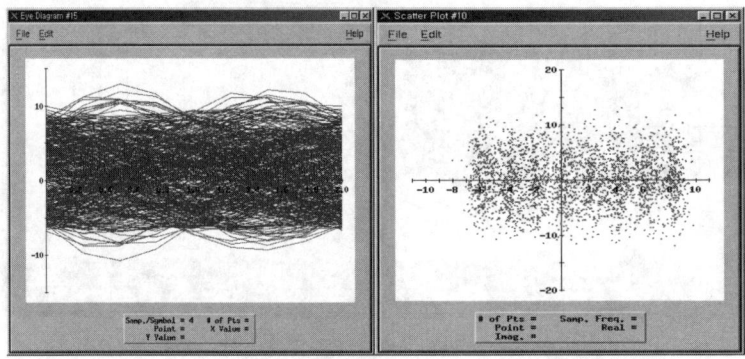

(d) CNR=18dB일 때의 8VSB 눈 모양과 성상도

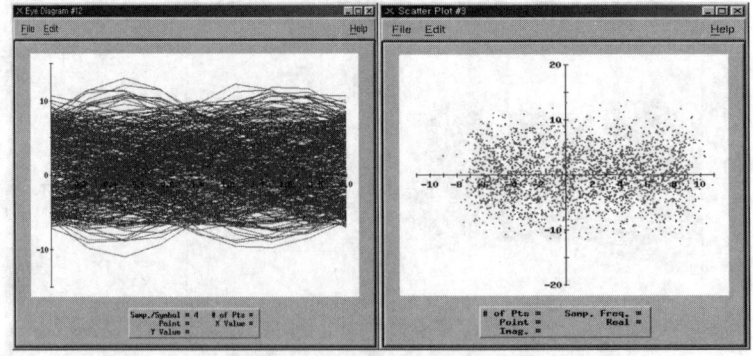

(e) CNR=14.9dB일 때의 8VSB 눈 모양과 성상도

<그림 5-24> CNR에 따른 8VSB의 눈 모양과 성상도

* (a)는 노이즈가 없을 경우이고 (b)~(e)는 각각 CNR이 25, 20, 18, 14.9dB일 경우이다.

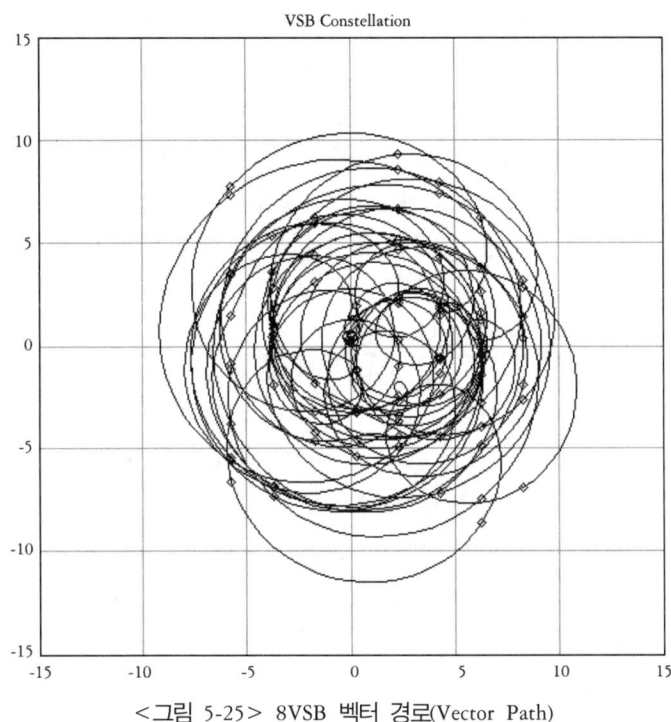

<그림 5-25> 8VSB 벡터 경로(Vector Path)

<그림 5-25>는 8VSB의 벡터 다이어그램을 보여주는 그림이다. I축 선상에는 8레벨의 신호 레벨이 뚜렷하게 나타나 있는데 Q축 선상에도 연속적으로 신호가 존재한다는 것을 알 수 있다. 8VSB의 정보는 I축에만 있기 때문에 샘플링하는 순간의 I축의 신호 레벨이 마름모로 표시되어 있는데 이 레벨이 8개이다.

3) 그룹 지연과 위상 잡음

신호가 필터 또는 통신 채널과 같은 퍼짐(dispersive) 장치를 통해 전송될 때마다 입력신호와 출력신호 사이에는 약간의 지연이 발생한다. 이상적인 저역 통과 필터 또는 이상적인 대역 통과 필터에서는 위상 응답이 여파기의 통과대역 안에서 주파수에 대해 선형적이다. 그 경우 필

디지털 방송 이해 및 실무

터에서는 t_0와 같은 일정한 지연이 일어난다. 실제 파라미터 t_0는 필터의 선형 위상응답의 기울기에 의해 결정된다. 그러면 필터의 위상 응답이 비선형일 경우 어떤 문제가 발생하는지 살펴보자.

우선 주파수 f_c에서 정상 정현 신호가 통신 채널 또는 그 주파수에서 $\beta(f_c)$라디안의 전체 위상 천이를 갖는 필터를 통해 전송된다고 가정하자. 입력신호와 수신신호를 나타내기 위하여 두 개의 페이저(phasor)를 사용함으로써 수신신호 페이저가 입력신호 페이저를 $\beta(f_c)$ 라디안만큼 지연시키는 것을 볼 수 있다. 이때 수신신호 페이저에 나타난 시간 지연은 $\beta(f_c))/2\pi f_c$와 같다. 이 시간을 채널의 위상 지연이라고 부른다.

그러나 위상 지연이 바로 실신호의 지연은 아니다. 정보는 정현파에 적절한 변조를 함으로써 전송될 수 있다. 그래서 느리게 변하는 신호가 정현 반송파에 의해 곱해지는 경우 결과적인 변조신호는 반송파 주파수 주위에 집중되는 협대역 주파수의 그룹을 포함한다. 이 변조신호가 통신 채널을 통해 전송될 때 입력신호의 포락선과 수신신호의 포락선 간에는 지연이 일어난다. 이 지연을 채널의 포락선 또는 그룹 지연이라 부르며 실신호의 지연을 나타낸다.

통신 채널의 전달 함수를 다음과 같이 $H(f)$라 하자.

$$H(f) = K\exp[j\,\beta(f)] \qquad\qquad (5\text{-}13)$$

여기서 진폭 K는 상수이고 위상 $\beta(f)$는 비선형 주파수 함수를 나타낸다. 입력신호 $x(t)$는 다음과 같은 협대역 신호이다.

$$x(t) = m(t)\cos(2\pi f_c t) \qquad\qquad (5\text{-}14)$$

여기서 $m(t)$는 주파수 대역이 $|f| \leq W$로 제한되는 저주파 신호이다. 그리고 $f_c \gg W$로 가정한다. $f = f_c$ 지점에서의 테일러 급수로 위상 $\beta(f)$를 전개하고 처음 두 개의 항만을 나타내면 $\beta(f)$를 다음과 같이 근사화할 수 있다.

$$\beta(f) \cong \beta(f_c) + (f - f_c) \frac{\partial \beta(f)}{\partial f}\Big|_{f=f_c}$$

$$\tau_p = -\frac{\beta(f_c)}{2\pi f_c} \qquad\qquad (5\text{-}15)$$

$$\tau_g = -\frac{1}{2\pi} \frac{\partial \beta(f)}{\partial f}\Big|_{f=f_c}$$

그러면 식 (5-15)를 다음과 같이 간단히 할 수 있다.

$$\beta(f) \cong -2\pi f_c \tau_p - 2\pi(f-f_c)\tau_g \qquad\qquad (5\text{-}16)$$

따라서 채널의 전달함수는 다음 형태를 갖는다.

$$H(f) \cong K \exp[-j2\pi f_c \tau_p - j2\pi(f-f_c)\tau_g] \qquad\qquad (5\text{-}17)$$

$H(f)$로 표현되는 채널 전달함수는 다음 식으로 근사화되는 등가의 저역 통과 필터로 대체할 수 있다.

$$\tilde{H}(f) \cong 2K \exp(-j2\pi f_c \tau_p - j2\pi f \tau_g) \qquad\qquad (5\text{-}18)$$

이와 유사하게 입력 협대역 신호 $x(t)$를 다음과 같은 저역 통과 복소 포락선 $\tilde{x}(t)$로 바꾸어 쓸 수 있다.

$$\tilde{x}(t) = m(t)$$

$\tilde{x}(t)$의 푸리에 변환은 다음과 같다.

$$\tilde{X}(f) = M(f)$$

디지털 방송 이해 및 실무

여기서 $M(f)$는 $m(t)$의 푸리에 변환이다. 그러므로 수신신호의 복소 포락선 푸리에 변환은 다음과 같다.

$$\tilde{Y}(f) = \frac{1}{2}\tilde{H}(f)\tilde{X}(f)$$
$$\cong K\exp(-j2\pi f_c\tau_p)\exp(-j2\pi f\tau_g)M(f)$$

(5-19)

곱셈인자 $K\exp(-j2\pi f_c\tau_p)$는 고정된 값 f_c와 τ_p에 의한 상수이다. 또한 푸리에 변환의 시간 전이 특성에 의해 $\exp(-j2\pi f_c\tau_p)M(f)$는 지연신호 $m(t-\tau_g)$의 푸리에 변환임을 알 수 있다. 따라서 수신신호의 복소 포락선은 다음과 같다.

$$\tilde{y}(t) \cong K\exp(-j2\pi f_c\tau_p)m(t-\tau_g)$$

(5-20)

마지막으로 수신신호는 다음과 같다.

$$y(t) = \text{Re}[\tilde{y}(t)\exp(j2\pi f_c t)]$$
$$= Km(t-\tau_g)\cos[2\pi f_c(t-\tau_p)]$$

(5-21)

위 식은 채널을 통한 전송의 결과로 두 가지의 지연효과가 일어남을 보여준다. 첫 번째로 정현 반송파 $\cos(2\pi f_c t)$는 τ_p초 동안 지연된다. 그러므로 τ_p는 위상 지연을 나타내는데 이를 반송파 지연이라고도 한다. 두 번째로 포락선 $m(t)$는 τ_g만큼 지연된다. 그러므로 τ_g는 포락선 또는 그룹 지연이라 한다. τ_g는 $f=f_c$에서 측정되는 위상 $\beta(f)$의 경사와 관련이 있다. 위상 응답 $\beta(f)$가 주파수에 선형적으로 변화하고 $\beta(f_c)$는 0일 때 위상 지연과 그룹 지연이 일정한 값을 가진다.

<그림 5-26>과 <그림 5-27>은 8VSB의 주파수 응답과 그룹 지연의 예를 보여준다. 위상 잡음은 파일럿 캐리어로 사용하는 발진기나 변복조시 사용하는 발진기가 이상적인 모노톤(Monotone) 발진기가 아닐 경우에 생기는 잡음이다. 이는 발진 주파수에서 10kHz 또는 20kHz 떨

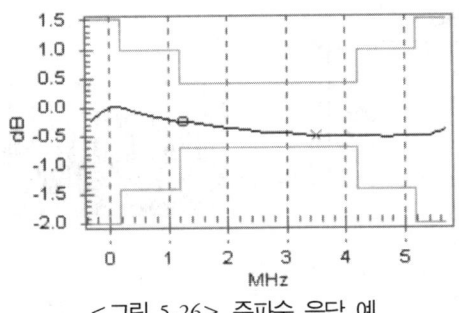

<그림 5-26> 주파수 응답 예

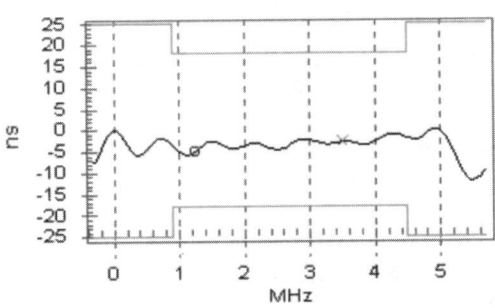

<그림 5-27> 그룹 지연 예

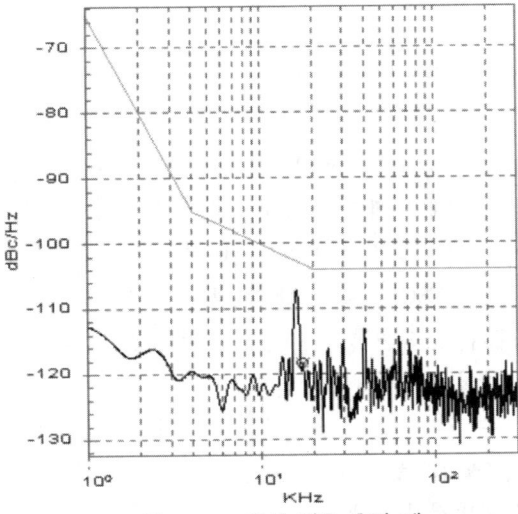

<그림 5-28> 위상 잡음 측정 예

디지털 방송 이해 및 실무

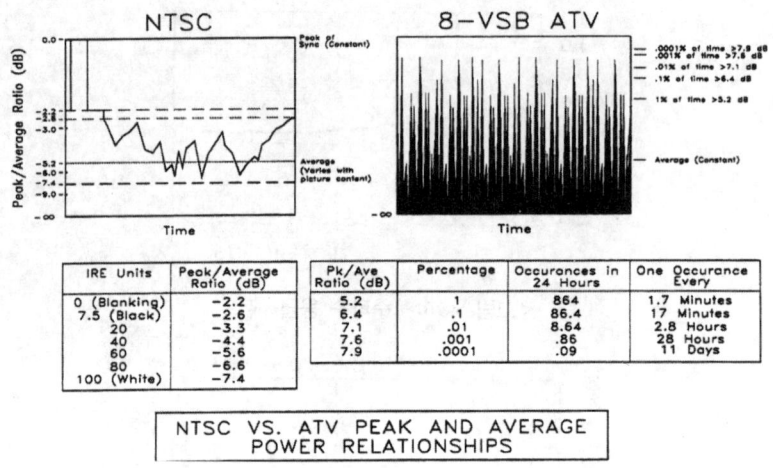

IRE Units	Peak/Average Ratio (dB)
0 (Blanking)	-2.2
7.5 (Black)	-2.6
20	-3.3
40	-4.4
60	-5.6
80	-6.6
100 (White)	-7.4

Pk/Ave Ratio (dB)	Percentage	Occurances in 24 Hours	One Occurance Every
5.2	1	864	1.7 Minutes
6.4	.1	86.4	17 Minutes
7.1	.01	8.64	2.8 Hours
7.6	.001	.86	28 Hours
7.9	.0001	.09	11 Days

NTSC VS. ATV PEAK AND AVERAGE POWER RELATIONSHIPS

<그림 5-29> NTSC와 DTV의 첨두 및 평균 전력 비율

어진 곳에서 위상 잡음이 얼마나 존재하는지를 측정하며 <그림 5-28>에는 위상 잡음 측정 예가 나타나 있다.

4) VSB 신호의 전력 분석

NTSC의 경우 첨두 전력은 동기 신호의 첨두 전력이고 평균 전력은 영상의 내용에 따라 달라진다. DTV의 경우는 99.9% 확률로 볼 때 첨두 전력이 평균 전력보다 6.3dB 크다. 첨두 전력은 RF 전력 증폭기에서 선형성을 보장해야 하는 영역을 규정해야 하기 때문에 중요하다.

<그림 5-29>에 NTSC와 8VSB DTV의 첨두 및 평균 전력 관계가 표시되어 있다. NTSC 신호의 RF 전력과 ERP(실효 복사 전력)는 동기 펄스(싱크 첨두치)의 첨두 포락선 전력에 바탕을 두고 있다. 이 전력은 영상 신호가 변화해도 일정하고 스펙트럼 분석기나 피크 검출기로 정확하게 측정할 수 있다. 동기 펄스의 시간 폭은 영상 신호에 비해 짧다. 여타의 신호(블랭킹과 컬러 버스트를 제외한)가 전력 면에서 낮고 영상의 내용에 따라 가변적이기 때문에 동기 신호는 평균 전력에 크게 영향을

주지는 않는다. 영상 신호는 각각 다른 평균 전력값을 가지므로 매 필드마다 첨두 대 평균 전력비가 다르게 된다.

NTSC 신호의 첨두 대 평균 전력비는 긴 시간 동안에 걸쳐 조사해야 알 수 있다. 이 전력의 시간 평균값을 APL(Average Picture Level)이라 부른다. 블랙과 화이트의 양이 같다고 가정하면 수학적인 평균 전력은 첨두치보다 5.2dB 작으며 이는 첨두치의 28%가 된다. 그러나 실험에 의하면 피크 대 평균 전력비는 4.3dB로 나온다. 블랙 영상의 경우 이 레벨은 2.6dB이며 싱크 전력 첨두치의 58.5% 정도로 늘어난다. 화이트 영상의 경우 그 레벨은 7.4dB이며 첨두치의 18.2%가 된다. 블랭킹에서 첨두 대 평균 전력비는 2.2dB이며 첨두치의 65.8%가 된다.

DTV 신호의 RF 전력과 ERP는 신호의 평균 전력으로 표시한다. DTV 신호는 시간적으로 랜덤하고 반복되는 신호가 없으므로 DTV의 평균 전력 레벨은 일정한 값을 갖는다. DTV 평균 전력은 부하저항이나 RF 열 결합(thermocouple)으로 정확하게 측정할 수 있다. DTV의 첨두 전력은 근본적으로 확률적으로 어느 때나 발생할 수 있다.

높은 전력을 갖는 여러 개의 심벌이 연속적으로 발생할 때 높은 첨두 전력이 발생한다. 그러나 변조하기 전에 심벌을 랜덤하게 만들기 때문에 이런 현상은 좀처럼 일어나지 않는다. 어떤 특정 값을 넘는 첨두치가 발생할 확률은 데이터 전송속도와 심벌 코딩을 근거로 수학적으로 계산할 수 있다. 이 계산 결과는 특정치를 초과하는 시간의 분포함수로 표시된다.

<그림 5-30>은 DTV 8VSB에 대한 첨두 대 평균 전력 확률분포함수를 나타내고 있다. 8VSB의 첨두 대 평균 선력비는 99.9%의 시간 동안 6.4dB 이하로 나타난다. 역으로 말하면 6.4dB 이상 되는 경우는 0.1%의 시간에 불과하다. 17분에 한 번 꼴로 평균치를 6.4dB 넘는 첨두치가 발생할 수 있다. 8VSB의 대략적인 최대 첨두 대 평균 전력비는 7.9dB가 된다. 이 값은 한 달에 한 번 정도 발생할 정도의 확률이며 송신기에서 이런 높은 레벨은 잘라낼(clipping) 수 있도록 허용할 수 있다. 평균 전력에 각각 이 비율(6.4 및 7.9dB)인 4.4와 6.2를 곱하면 첨두치를 얻을 수 있다.

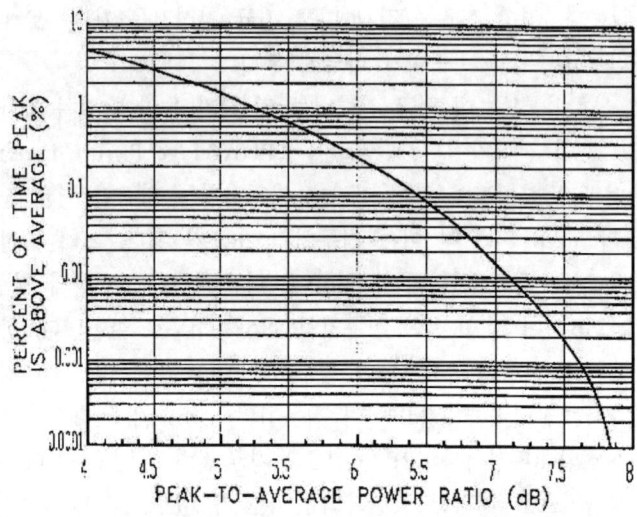

<그림 5-30> 8VSB 신호에 대한 첨두 대 평균 전력의 확률분포함수

NTSC ERP와 DTV ERP는 서로 다른 포맷이므로 직접 비교할 수 없
다. NTSC와 DTV의 ERP를 비교하기 위해 DTV의 첨두 대 평균 전력
비인 6.4dB(또는 4.4배)를 사용해서 NTSC의 첨두 ERP를 이 값으로 나
눈다. DTV의 ERP를 알면 그 값에 4.4를 곱해서 NTSC의 ERP를 얻을
수 있다. 이 값이 동일한 방송구역을 갖는 것을 의미하는 것은 아니고
단지 복사되는 전력이 같다는 것을 의미할 뿐이다.

부하에서 소모되는 NTSC와 DTV의 전력량은 NTSC의 특정한 동작
조건 하에서 비교할 수 있다. 첨두치에 관련하여 블랭킹, 블랙 또는 APL
을 규정해야 테스트 부하에서 측정되는 NTSC 전력을 DTV 측정치와
비교할 수 있다. 부하에서 측정되는 DTV와 NTSC 사이의 관계는 다음
과 같다.

$$DTV_{POWER}=NTSC_{PEAK}-2.2[dB]@NTSC \text{ Blanking Level} \quad (5\text{-}22)$$

$$DTV_{POWER}=NTSC_{PEAK}-5.2[dB]@NTSC \text{ Average Picture Level} \quad (5\text{-}23)$$

8VSB 시스템에서 임계 SER(1.9×10^{-4})를 보장할 경우, DTV 송신기는 NTSC보다 6.4dB(4.4배) 낮은 전력으로 같은 출력을 사용할 수 있다. 비교하기 위해서 이 값을 이용하지만 어떤 송신기의 경우에는 I/M (Inter-Modulation)이 거의 없는 선명한 DTV 신호를 만들어내기 위해서는 보다 큰 첨두 대 평균 전력비가 필요하다. NTSC와 DTV가 인접 채널을 같은 철탑에서 운용될 때 이것이 특히 필요하며 I/M을 훨씬 더 낮추어야 한다. 동작점과 각 송신기의 포화 back-off 기준점은 보통 송신기 제작사가 결정한다. 따라서 60kW NTSC 송신기는 13.6kW DTV 송신기와 같다.

NTSC RF 부품은 블랭킹 레벨(65.8%)에서 평균 출력을 갖고 정상동작 조건(65.8% @블랭킹/28% @APL=2.35 안정도) 하에서 자체 평균 출력 안정도를 갖는다. DTV 부품은 규정된 평균 전력 레벨에서 연속적으로 동작할 것이다. DTV 송신기도 장기간 사용하려면 비슷한 평균 전력 안정도 값을 갖도록 설계해야 한다. NTSC RF 부품은 첨두 대 평균 전력비가 블랭킹 레벨에서 2.2dB에 불과할 정도로 낮으므로 첨두 전력을 제한하지 않는다. DTV의 첨두 대 평균 전력비는 NTSC보다 크며 시스템 설계시 이를 반드시 고려해야 한다. 엄격하게 설계할 때는 8dB의 첨두치(평균의 6.2배)를 사용하고 실용적인 설계시에는 6.4dB(평균치의 4.4배)를 첨두치로 사용한다.

다채널 DTV 시스템에서는 첨두 전압과 전력 레벨이 그 제곱으로 더해지는 것을 고려해야 한다. 출력이 15kW인 세 개의 DTV 방송국을 하나로 결합시키면 엄격한 설계기준을 적용할 경우 첨두 전력이 837kW가 된다.

$$P_{multichannel} = \left(\sqrt{P_1 \times Z} + \sqrt{P_2 \times Z} + \sqrt{P_3 \times Z} \right)^2 / Z \qquad (7\text{-}24)$$

여기서 P=DTV 첨두 출력=6.2×DTV 평균 출력
Z=시스템 임피던스=50 [Ω]

제6장 8VSB와 COFDM 방식의 성능 비교

　이 장에서는 COFDM 방식과 8VSB 방식 디지털 변조 방식의 성능과 특징을 분석해본다. 일반적으로 여러 연구소에서 연구와 실험에 의하여 알려진 바에 의하면 ATSC의 8VSB는 주파수 효율이 높아서 다채널 환경과 6MHz 채널로 HDTV를 전송하는 데 유리한 측면이 있고 DVB-T COFDM 방식은 실내수신과 대규모 단일 주파수 방송망 구축 및 이동수신에 대하여 유리한 측면이 있다고 알려져 있다.

1. 시스템 성능 비교 요소

1) 다중 경로에 대한 분석

　<그림 6-1>은 다중 경로를 나타낸다. 다중 경로는 장애물이 없이 직접 수신기에 도달하는 전파 경로 이외에 지표면이나 건물 등에 의한 반사에 의해 생기는 또 다른 전파 경로를 말한다. 다중 경로가 문제가 되는 것은 전파 경로가 달라 수신점에 도달하는 시간이 서로 다르기 때문에 심벌간 간섭을 일으킬 수 있다. 대표적인 다중 경로 모델로는 Ricean 분포와 Rayleigh 분포를 들 수 있다. Ricean은 LOS(Line Of Sight)와

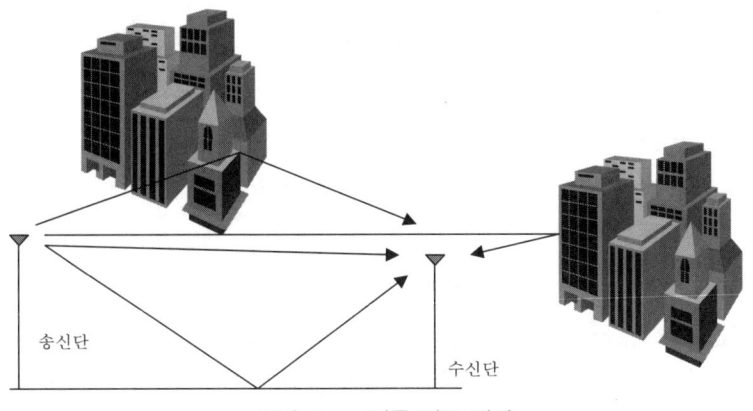

<그림 6-1> 다중 경로 환경

같은 직접파가 있는 것이고 Rayleigh는 간접파들로만 이루어진 것이다.

OFDM(Draft prETS 300 744: March 1996)에서 사용한 다중 경로 채널 모델은 다음과 같다. 이때 파라미터는 신호감쇄(ρ), 위상변화(θ), 지연시간(τ)이다. 먼저 Ricean 모델은 다음 식 (6-1)과 같다.

$$y(t) = \frac{\rho_0 \cdot x(t) + \sum_{i=1}^{N} \rho_i \cdot e^{-j2\pi\theta_i} \cdot x(t - \tau_i)}{\sqrt{\sum_{i=0}^{N} \rho_i^2}} \tag{6-1}$$

직접파와 간접파의 전력 비율을 나타내는 Ricean Factor K는 등화기의 주 탭의 에너지에 대한 나머지 모든 탭들의 에너지 비율을 나타내는 탭에너지와 비슷한 개념이고 식 (6-2)와 같다.

$$K = \frac{\rho_0^2}{\sum_{i=1}^{N} \rho_i^2} \tag{6-2}$$

식 (6-3)은 Rayleigh 모델을 나타낸다. 직접파의 성분이 없기 때문에 ρ_0값은 0임을 알 수 있다.

디지털 방송 이해 및 실무

$$y(t) = k \sum_{i=1}^{N} \rho_i^2 \cdot e^{-j \cdot 2\pi \cdot \theta_i} \cdot x(t - \tau_i), \qquad k = \frac{1}{\sqrt{\sum_{i=1}^{N} \rho_i^2}} \qquad (6\text{-}3)$$

2) 옥내 수신

옥내의 신호강도와 신호분포는 많은 성분에 의해 결정되는데 이러한 성분에는 건물구조(콘크리트, 나무, 벽돌), 건물외관 재질(알루미늄, 플라스틱, 나무), 단열재(금속코팅의 여부), 창문 재질(색유리, 다층접착 유리) 등이 있다.

옥내에서 수신기에 안테나를 연결하여 측정하는 경우 안테나의 이득과 지향성은 주로 수신 주파수와 안테나 위치에 따라 결정된다. UHF 실내안테나의 경우 측정이득이 -10에서 -4dB까지 변하게 된다. 5단 로그 안테나의 경우에는 이득이 -15에서 +3dB까지 변한다. 더욱이 옥내에서는 전선과 가전제품에서 나오는 높은 레벨의 임펄스 잡음의 영향을 받기도 한다.

3) 도플러 효과

<그림 6-2>에서 보는 것처럼 자동차가 일정한 속도 v로 d라는 일정 구간을 이동할 때 멀리 떨어진 S지점에서부터 신호를 받는다고 가정하자. S로부터 X와 Y점에 도달하는 경로 길이의 차이는 $\Delta l = d\cos\theta = v\Delta t\cos\theta$이다. 여기서 Δt는 자동차가 X점에서 Y점으로 이동하는 데 걸린 시간이며 θ는 두 지점에서 모두 동일하다고 가정한다. 그러므로 경로 길이 차이에 따른 위상의 변화는 다음 식과 같다.

$$\Delta\phi = \frac{2\pi\Delta l}{\lambda} = \frac{2\pi v\Delta t}{\lambda}\cos\theta \qquad (6\text{-}4)$$

여기서 위상 변화에 따른 주파수의 변화가 생기는데 이것을 도플러 효과라고 하고 다음 식과 같이 f_d로 표시한다.

$$f_d = \frac{1}{2\pi} \cdot \frac{\Delta\phi}{\Delta t} = \frac{v}{\lambda} \cdot \cos\theta \tag{6-5}$$

식 (6-5)에서 보면 도플러 속도와 주파수에 관한 함수이고 전파가 도래하는 방향을 향해 이동하면 수신된 주파수는 증가하고 반대 방향으로 진행하면 수신된 주파수는 감소한다. 도플러 효과가 중요한 이유는 직접파의 도플러 효과는 AFC(Auto Frequency Control)에 의해 보상이 되지만 다중 경로에 의한 간접파가 도플러 효과에 의해 주파수가 변화되어 수신단에 들어온다면 다중 경로의 시변 특성이 크게 나타나 수신기의 성능이 떨어지게 된다.

COFDM 시스템은 다중 경로 왜곡에 매우 강하여 0dB에 달하는 반사신호(echo)까지도 극복할 수 있다. 보호구간을 둠으로써 인접 심벌간 간섭(ISI)을 제거할 수 있으나, 대역 내(in-band) 페이딩은 여전히 존재한다. OFDM시스템이 0dB의 반사신호를 극복할 수 있기 위해서는 강력한 내부(inner) 오류정정부호와 우수한 채널 추정 시스템이 필수적이며, 신호 전력이 최소한 7dB 이상 커야 한다. 제거기법(eraser technique)을 사용하여 연판정 복호를 수행하면 성능을 향상시킬 수 있다. 4~6dB 보다 작은 레벨의 정적인(static) 반사신호에 대해, 결정 궤환 등화기

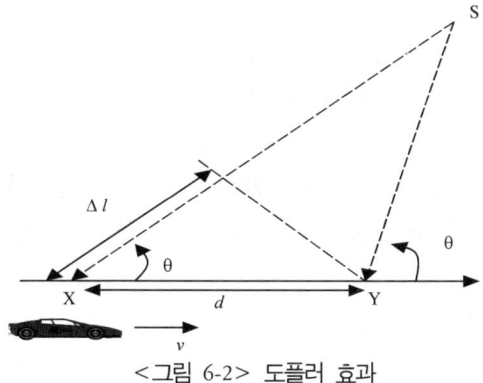

<그림 6-2> 도플러 효과

디지털 방송 이해 및 실무

(DFE)를 사용하는 8VSB 시스템은 잡음증폭(noise enhancement)이 작게 나타난다.

OFDM 시스템의 보호구간은 앞서거나 지연된 다중 경로 왜곡에 대처하는 데 모두 사용될 수 있다. 이것은 SFN 동작에 매우 중요하다. 8VSB 시스템은 앞선 긴 반사신호에 대처하는 데 어려움이 있다. 그러나 8VSB 시스템은 MFN 환경에 대하여 설계되었기 때문에 앞선 긴 반사신호가 거의 발생하지 않는다.

OFDM은 이동수신에 사용될 수 있지만, 신뢰있는 수신을 위해 OFDM 부반송파에 낮은 차수의 변조를 사용해야 하며, 낮은 부호율의 컨볼루션 부호를 사용해야 한다. 그러므로 고정수신에 비해 이동수신시에는 데이터 처리율이 매우 낮아지게 되어, 한 개의 HDTV 프로그램과 관련된 다채널 오디오 및 데이터서비스에 필요한 19Mbps 데이터 용량을 얻기가 거의 불가능하다. 높은 UHF 대역에서, 수신기가 129km/hr의 속도로 이동하고 있다고 가정할 때, OFDM 부반송파 간격은 도플러 효과 때문에 2kHz보다 커야만 한다. 이것은 이동수신을 위해서는 단지 OFDM 2k 모드만이 가능하다는 것을 의미한다.

4) 8VSB와 COFDM 표준의 차이점: 단일 캐리어와 다중 캐리어

먼저 변조 방식을 살펴보면 8VSB는 -7, -5, -3, -1, 1, 3, 5, 7의 8레벨에 캐리어 동기용으로 DC 1.25를 더해서 롤오프 인자(roll off factor; α)를 0.115로 하는 VSB 변조를 한다. COFDM의 경우는 하나의 프레임 내에 존재하는 모든 데이터 반송파들은 QPSK, 16QAM, 64QAM, 비균일 16QAM(non-uniform 16QAM) 또는 비균일 64QAM 중의 하나로 매핑되어지는데 모두 그레이 매핑(gray mapping)을 사용한다. 비균일 형태의 매핑은 두 가지 규격이 있는데 비균일 인자가 2인 경우, 신호 성상도에서 볼 때 신호 매핑 점이 비균일 16QAM은 [±2, ±4]이고 비균일 64 QAM은 [±2, ±4, ±6, ±8]이다. 그리고 비균일 인자가 4인 경우에는 각각 [±4, ±6], [±4, ±6, ±8, ±10]이다.

<표 6-1> 미국 볼티모어 비교 수신 테스트에서 두 시스템 작동 파라미터

System	DVB-T	ATSC
Bandwidth	6MHz	6MHz
Carrier	1705	Single
Modulation	64QAM	8VSB
Useful symbol duration	299 μsec	93ns
Guard interval	1/8	-
FEC	3/4	2/3
Useful Data Rate	18.67Mb/s	19.39Mb/s

8VSB와 COFDM의 가장 큰 차이점은 단일 캐리어 대 다중 캐리어로 부터 오는 차이이다. DVB-T 방식은 위에서 설명한 QPSK, 16QAM, 64QAM을 변조한 다음 이를 다시 다중 캐리어로 직교 변조하는데 2k 모드는 캐리어 수가 1,705개이고 8k 모드는 캐리어 수가 6,817개이다.

6MHz 대역에 맞는 COFDM 방식의 비교 파라미터가 미국 볼티모어 비교 수신 테스트에서 사용되었는데 <표 6-1>과 같다.

볼티모어의 파라미터를 기준으로 할 때 8VSB는 심볼 길이가 93ns이 고 COFDM은 299 μs이다. 이때 COFDM의 가드 인터벌은 37 μs가 된 다. 전송되는 신호는 심볼 단위로 다중 채널의 영향을 받게 되는데 단 일 캐리어 전송을 하는 8VSB는 멀티 캐리어 전송을 하는 COFDM보다 심볼의 길이가 훨씬 더 짧기 때문에 다중 경로의 영향을 더 많이 받는 다. 예를 들어 지연 확산이 25 μs일 때 8VSB의 경우는 269개의 심볼에 심볼간 간섭을 주게 되고 이를 보상하기 위해 269탭 이상의 등화기가 필요하다. 그러나 <표 6-1>의 COFDM의 경우는 심볼 길이가 299 μs 이고 심볼과 심볼 사이에 37 μs의 가드 구간이 있기 때문에 25 μs의 지 연 확산은 가드 구간에만 영향을 미치고 다음 심볼에는 영향을 미치지 못한다. 그래서 다중 경로에 의한 심볼간 간섭이 야기되지 않으며, 8k 모드는 심볼 길이가 약 4배 더 길기 때문에 다중 경로에 대해서 훨씬 더 강하다.

디지털 방송 이해 및 실무

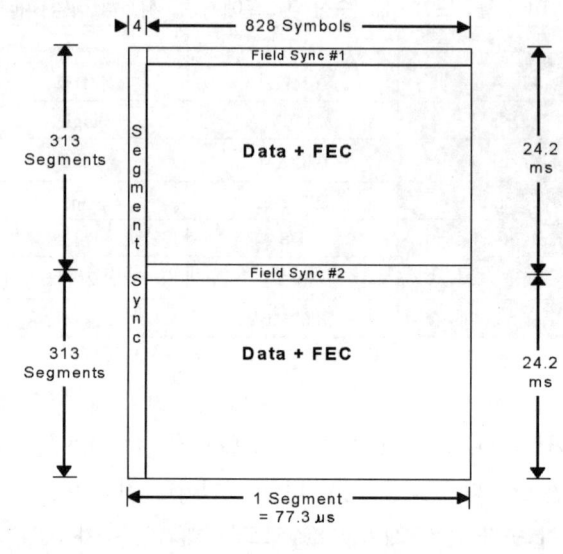

<그림 6-3> 8VSB 데이터 프레임

5) 8VSB와 COFDM 표준의 차이점: 전송 기준 신호와 채널 등화

지상 방송용 8VSB는 6MHz 채널에 19.39Mbps의 데이터를 전송할
수 있는데 <그림 6-3>은 8VSB의 데이터 전송 프레임의 구조를 보여
준다. 각 데이터 프레임은 2개의 데이터 필드로 이루어져 있고 각 필드
당 313데이터 세그먼트로 이루어져 있다. 데이터 필드의 첫 번째 데이
터 세그먼트는 데이터 필드 동기 신호이고 이 신호는 수신기에서 등화
기에 의해 사용되어지는 훈련용 데이터 시퀀스를 포함하고 있다. 나머
지 312데이터 세그먼트들은 각각 188바이트 트랜스포트 패킷에 FEC용
데이터가 추가로 20바이트씩 실려 있다. 데이터 세그먼트는 832개의
심볼들로 이루어져 있다. 첫 번째 4개의 심볼은 2진 형태로 전송되어지
고 세그먼트 동기화를 제공한다. 이 데이터 세그먼트 동기 신호는
MPEG-2-TS의 188바이트 중 첫 번째 바이트인 동기 바이트를 나타낸
다. 그래서 수신기에 알려져 있는 기준신호는 데이터 필드 싱크와 데이
터 세그먼트 싱크이고 이 신호는 2-레벨로 전송된다. 데이터 필드 싱크

의 마지막에 있는 12개의 8-레벨 신호를 제외하면 그 기준신호의 비율
이 0.8%가 된다.

QPSK 또는 QAM으로 변조된 신호는 실질적인 OFDM 전송을 위해
서 <그림 6-4>와 같은 프레임 구조로 재형성된다. 하나의 프레임은
68개의 OFDM 심볼로 구성되며 4개의 프레임이 하나의 수퍼 프레임을
구성한다. 그리고 하나의 OFDM 심볼은 2k 모드에서 1,705개의 부반
송파로 이루어져 있고, 8k 모드에서는 6,817개의 부반송파로 구성되어
있다. 전송 채널을 통해 전송되기 직전의 심볼 주기를 T_s라고 할 때, T_s
는 유효 심볼 구간 T_u와 보호구간 T_g로 구성된다. 보호구간은 유효 심
볼 구간의 뒷단을 해당 유효 심볼의 앞단으로 반복적 삽입을 통해 구현
하는데, 그 길이는 요구되는 데이터 전송률과 채널의 상태에 따라 유효
심볼 구간의 1/4, 1/8, 1/16, 또는 1/32 중에 하나로 선택되어질 수 있
다.

모든 OFDM 심볼은 실제 전송되어야 할 정보 데이터와 수신단이 알
고 있는 기준 신호(reference signal)로 구성되어 있다. 즉, 한 심볼 내에
존재하는 다수의 부반송파 중의 특정 위치에 특정한 값으로 송수신단이
약속한 규정으로 기준 신호를 보내는 것이다. DVB-T 시스템에서는 분
산형 파일롯, 연속형 파일롯, 그리고 전송구조와 관련된 파라미터를 알
려주는 TPS(Transmission Parameter Signalling) 신호의 세 가지 기준
신호를 프레임 구조에 삽입하여 전송하는데 이 신호의 부호는 PRBS
(Pseudo-Random Binary Sequence) 신호에 의해 결정된다. 특히 분산형
파일롯 신호와 연속형 파일롯 신호의 정보는 프레임 동기, 반송파 주파
수 옵셋 추정, 채널 추정 등에 유용한 정보를 제공하고 이 기준 신호들
은 평균 정보 데이터 전력의 2배로 증폭되어 전송된다. 분산형 파일롯
의 삽입 위치는 4개의 심볼 단위로 그 위치가 다르다. 하나의 심볼 내
에서는 12개의 부반송파 간격으로 등간격을 유지하여 삽입된다. 연속형
파일롯의 특징은 모든 심볼에 대해 항상 정해진 위치에만 삽입되어 있
다는 것이다. 2k 모드에서는 총 1,705개의 부반송파 중에 45개의 연속
형 파일롯이 삽입되며 8k 모드에서는 총 6,817개의 부반송파 중에 177

디지털 방송 이해 및 실무

개가 삽입되어 있다. 연속형 파일롯과 분산형 파일롯을 합하면 약 11% 가 되고, 채널 추정을 하는 데 유용하게 사용된다. COFDM에서 가드 구간이 다중 경로로 인한 심볼간 간섭을 없애주지만 주파수 선택적 페 이딩 현상에 의해 캐리어마다 신호의 크기와 위상이 달라지게 된다. 그 래서 파일롯 신호로 각 캐리어에 해당하는 채널을 추정해서 각 캐리어 에 해당하는 신호에 대해 역보상을 하여 안정된 신호를 수신할 수 있게 해준다. 또한 11%에 해당하는 파일롯 신호가 이동수신을 가능하게 하 는 중요한 역할을 한다. 이동환경에서는 채널 환경이 급하게 바뀌고 또 한 도플러도 많이 발생하게 된다. 그래서 11%의 파일롯을 사용하여 동 적 채널을 추정할 수 있도록 하고 이동환경에서도 수신을 가능하게 해 준다.

이러한 프레임 구조와 기준 신호(Reference Signal) 구성의 차이와 단 일 캐리어 대 다중 캐리어의 차이로 인한 두 표준방식의 장단점을 비교 하면 다음과 같다. 8VSB는 COFDM보다 송신전력이 작고 데이터 전송 률이 크다. COFDM은 가드 구간과 11%의 파일롯으로 인해 소비하는 데이터가 많아서 데이터 전송률이 떨어진다. 이를 보상하기 위해서 한 심볼당 보다 많은 비트를 보내는 64QAM을 사용해야 하고 그 때문에 전송전력이 많이 소비되고 C/N 임계치가 나쁘다. 임펄스 잡음에 대해 서는 8VSB가 더 강한 성능을 보이고 있는데 그 이유는 COFDM의 경 우 임펄스 잡음이 OFDM 복조시 모든 반송파로 확산시켜 많은 양의

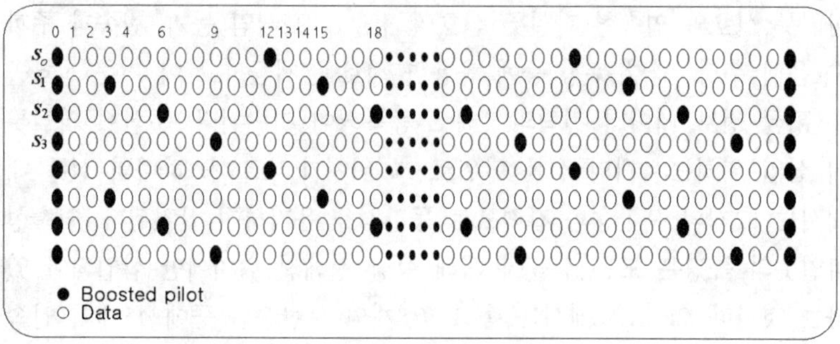

<그림 6-4> COFDM 데이터 프레임 구조

데이터 손실을 가져오기 때문이다. 8VSB가 다중 경로 및 동적 이동수신에 약점을 가지고 있는 이유는 기준 신호가 0.8%밖에 안되고 이 또한 한 군데에 몰려 있어 채널 추정을 할 수가 없다. 그래서 결정 지향형형태의 채널 등화기를 사용해야 하는데 이 경우 결정 에러 때문에 수렴속도가 느리게 되어 동적 환경을 따라가기가 쉽지 않다. 반면에 COFDM은 가드 구간을 사용함으로써 심볼간 간섭을 없애고 또한 11%의 파일롯을 이용하여 채널 추정을 할 수 있으므로 각각의 부반송파에 대해 한 개의 탭을 갖는 간단한 등화기 구조로 신호왜곡을 보상할 수 있다. 심볼 길이가 길고 가드 인터벌과 11% 파일롯을 사용하는 것이정적, 동적 다중 경로에 강하여 이동체 수신 또는 단일 주파수망 구성에 유리하게 하는 원인이다.

2. ATSC 8VSB와 DVB-T COFDM 전송 방식의 성능비교에 의거한 지상파 디지털 텔레비전 방송 방식의 적용을 위한 안내서

이 절에서는 국제전기통신연합에서 Document 11A/65-E 11로 1999년 5월에 발표한 ATSC 8VSB와 DVB-T COFDM에 대하여 비교하여 정리한 것을 소개하고자 한다.

1) 개요

1990년대 초부터 세계 각국의 연구개발에 힘입어 이제 지상파 디지털 TV 방송이 실시단계에 이르렀다. 1998년 11월 이후 미국 및 유럽에서는 지상파 디지털 TV 방송을 시작하였고 이와 함께 여러 나라가 지상파 디지털 텔레비전 방송 실시를 위한 계획을 발표하고 있다. 지상파 디지털 TV 방송의 변조 방식으로는 두 가지 매우 다른 방식이 있다. 미국의

디지털 방송 이해 및 실무

ATSC에서 채택한 전송 방식으로는 8VSB(Trellis Coded 8-level Vestigial Side-Band) 변조 방식이 있고, DVB-T(Digital Video Terrestrial Broadcasting)의 COFDM(Coded Orthogonal Frequency Division Multiplexing) 변조 방식이 있다. 이외에 COFDM에 근거한 BST(Bandwidth Segmented Transmission)-OFDM이 있으며 일본에서 채택한 방식이다.

많은 나라들은 시스템 선정에 있어서, 주파수 자원현황과 방송정책, 시청영역에 관한 요구사항, 방송망 구조, 수신 조건, 요구 서비스의 형태, 프로그램 교환, 소비자 및 생산자에 대한 비용 등의 특수 조건들에 대한 최적의 변조 방식에 따라 시스템을 선정하려고 하고 있다.

이 보고자료는 미국과 유럽 방식이 여러 가지 열화조건과 운용환경에서 나타내는 성능을 비교한다. 먼저 일반적인 비교를 제시하였고 최근의 실험실 실험결과와 이론적 분석결과를 제시하였다.

두 시스템 모두 사용되고 있는 시스템이고 이미 정상적인 DTV 서비스를 제공하고 있음을 먼저 밝혀둔다. 그러나 여기에서의 성능비교는 현재의 기술만을 반영한 것이다.

2) 일반적 비교

일반적으로 각 시스템은 고유의 장단점을 가지고 있다. 즉, ATSC의 8VSB는 주파수 효율이 높으며 잡음에 강하다. 따라서 다채널 환경과 6MHz 채널로 HDTV를 전송하는 데 유리하다.

DVB-T COFDM은 0dB에 이르는 다중 경로 왜곡을 보상할 수 있는 장점이 있고, 대규모 단일주파수 방송망 구축과 이동수신에 대하여 유리하다.

그러나 두 방식 중 어느 방식이든지 효율적인 대역폭 이용, 단일 주파수 방송망, 이동수신을 모두 다 가능하게 할 수는 없다.

<표 6-2> 방식간의 항목별 성능 비교

성능 항목	ATSC 8VSB	DVD-T COFDM (ITU mode M3)	비 고
최대 신호 대 평균 전력비	6.3dB	9.5dB	다음의 3)-(1)항 참조 99.99% 시간율
부가 백색 잡음 채널에서의 비트당 에너지 대 잡음비 이론치 RF 실험치	10.6dB 11.0dB	11.9dB 14.6dB	다음의 3)-(2)항 및 3)-(3)항 참조 측정 기준치의 차이 때문에 0.8 dB 보상치가 사용됨
다중 경로 왜곡 정적 다중 경로: 4dB 이하 4dB 이상 동적 다중 경로:	양호 불량 불량	불량 양호 우수	다음의 3)-(4)항 참조 다음의 3)-(4)항 참조 다음의 3)-(4)항 및 3)-(5)항 참조
이동수신	불가	2k-mode	다음의 3)-(5)항 참조
주파수 효율	양호	불량	다음의 3)-(6)항 참조
HDTV 방송 능력	있음	있음*	*DVB-T의 경우, 6MHz 대역으 로는 저속 데이터 전송률을 가지 므로 HDTV구현 어려움 다음의 3)-(7)항 참조
기존 아날로그 TV에 대한 간섭	낮음	중간	ATSC의 Eb/No가 낮음 다음의 3)-(8)항 참조
단일 주파수 방송망 구축 대규모 단일주파수 망 동일 채널 중계기 이용시	불가능 가능	가능 가능	다음의 3)-(9)항 참조 DVB-T 8k mode ATSC and DVB-T 2k mode
임펄스 잡음	양호	불량	다음의 3)-(10)항 참조
톤 간섭	불량	양호	다음의 3)-(11)항 참조
DTV에 대한 아날로그 동일 채널 TV의 간섭	동일	동일	다음의 3)-(12)항 참조 ATSC 시스템에 comb-filter 장착 을 가정
동일 채널 DTV의 간섭	양호	불량	다음의 3)-(13)항 참조
위상 잡음의 영향	양호	불량	다음의 3)-(14)항 참조
잡음 지수	동일	동일	다음의 3)-(15)항 참조
옥내 수신	적용사 항 없음	적용사항 없음	다음의 3)-(16)항 참조 추가 조사 요구됨
다른 대역폭에서의 시스템 비교	동일	동일	ATSC는 다른 comb-filter 요구됨 DVB-T 6MHz(8k mode)는 위상 잡음에 민감함 다음의 3)-(1)항 참조

184

디지털 방송 이해 및 실무

3) 시스템 성능 비교

(1) DTTB 신호 피크 전력 대 평균 전력비

COFDM 신호는 통계적으로 2차원 가우시안 프로세스로 모델링할 수 있다. 이 신호의 피크 전력 대 평균 전력비(PAR)는 필터링에 의해서 크게 영향받지 않는다. 한편, 8VSB 신호의 PAR은 스펙트럼 성형 필터의 롤오프(ATSC 8VSB 신호인 경우 11.5%임)에 따라 크게 의존한다. 연구결과에 의하면 DVB-T 신호의 PAR은 (전체시간의 99.99% 동안의 신호에 대해) ATSC의 PAR보다 약 2.5dB 더 크다.[1]~[3]

인접 채널 간섭의 주원인은 인접 채널 방사인데, 같은 수준의 인접 채널 방사를 기준으로 DVB-T 시스템은 전력이 2.5dB 혹은 1.8배 큰 송신기를 사용하여 추가로 2.5dB back off 시키거나 또는 더 성능이 좋은 채널 필터를 사용하여 사이드 로브를 더 많이 감쇄시켜야 한다. 그러나 높은 PAR은 시스템 성능에 전혀 영향을 주지 않는다. 단지 방송사들의 초기 투자비용을 조금 증가시킬 뿐이다.

(2) C/N Threshold

이론적으로 변조의 관점에서 볼 때, VSB, QAM 같은 단일 캐리어 변조 방식과 OFDM은 AWGN 채널에서 같은 C/N 스레쉬홀드를 가져야 한다. C/N 스레쉬홀드가 다르게 얻어진다면 그 이유는 채널 코딩, 채널 예측, 등화 방법, 구현상의 마진(위상 에러, 양자화 에러, 상호 간섭 성분) 등의 이유 때문이다.

1) A. Chini, Y. Wu, M. El-Tanany, and S. Mahmoud, "Hardware non-linearities in digital TV broadcasting using OFDM modulation," IEEE Trans., *Broadcasting*, Vol. 44, No. 1, March 1998.
2) Y. Wu, M. Guillet, B. Ledoux, and B. Caron, "Results of laboratory and field tests of a COFDM modem for ATV transmission over 6MHz Channels," *SMPTE Journal*, Vol. 107, Feb. 1998.
3) ATTC, "Digital HDTV Grand Alliance System Record of Test Results," Advanced Television Test Centre, Alexandria, Virginia, October 1995.

DVB-T 시스템과 ATSC 시스템 모두 전방향 에러 정정과 인터리빙을 연이어 사용한다. DVB-T의 외부 코드는 12 R-S 블록 인터리빙을 사용하는 R-S(204, 188, t=8)이다. R-S(255, 239) code에서 단축된 R-S(204, 188) 코드는 8바이트 송신 에러를 정정할 수 있고 DVB-S(위성)와 DVB-C(유선) 표준과 공유성과 연결의 용이성 측면에서 일관된다.

ATSC 시스템은 보다 강력한 R-S(207, 187, t=10) 코드를 사용하여 10바이트 에러를 정정할 수 있고, 임펄스와 동일 채널 NTSC 간섭을 약화하기 위해 훨씬 큰 52 R-S 블록 인터리버를 사용하였다. R-S 코드 구현의 차이 때문에 ATSC 시스템의 C/N 성능이 약 0.5dB 좋다. 한편 ATSC 시스템은 내부 코드로 R=2/3 트렐리스 코드 변조(TCM)를 사용하고, DVB-T 시스템은 준 최적 punctured convolutional 코드(공유성을 고려하여 DVB-S 표준과 같은)를 사용한다. ATSC 시스템이 1dB 정도까지 유리하다. 따라서, 전방향 에러 정정 기능 구현의 차이 때문에 ATSC 시스템의 C/N이 약 1.5dB 더 좋다. 이 1.5dB의 차이는 기술적으로 더 발전시키거나 시스템을 개선시켜도 줄이기 힘들 것이다.

Grand Alliance 프로토타입 수신기에는 결정 궤환 등화기(DFE)를 사용하였다. DFE는 에러를 궤환시키기 때문에 잡음이 증가되지 않을 뿐더러 매우 예리한 비트 에러율(BER) 스레쉬홀드를 갖는다. 한편, DVB-T 시스템은 빠른 채널 예측을 위해 밴드 내 파일럿을 이용하고, 아직 채널 등화를 위해 탭 수가 하나인 선형 등화기를 사용하기 때문에 2dB의 C/N이 저하된다.[4), 5)] 현 기술에 근거한 전체 C/N 성능은 ATSC가 AWGN 채널에서 3.5dB 우수하다.[3), 6), 7)]

4) J. E. Salter, "Noise in a DVB-T system," *BBC R&D Technical Note*, R&D 0873(98), Feb. 1998.

5) ITU-R SG 11, "Special Rapporteur Region 1, Protection ratios and reference receivers for DTTB frequency planning," ITU-R Doc. 11C/46-E, March 18, 1999.

6) Alberto Morello, et. al., "Performance assessment of a DVB-T television system," *Proceedings of the International Television Symposium 1997*, Montreux, Switzerland, June 1997.

7) N. Pickford, "Laboratory testing of DTTB modulation systems," Laboratory

디지털 방송 이해 및 실무

송신기 구현의 관점에서 볼 때, DVB-T 송신기는 동일한 커버리지와 같은 불요 인접 채널 간섭 제한을 얻기 위해 ATSC 송신기보다 6dB (3.5dB C/N 차이와 2.5dB PAR) 혹은 4배 더 전력이 높은 송신기를 사용해야 한다. 하지만 AWGN C/N 성능은 여러 가지의 송신 시스템 비교 기준 중 하나에 지나지 않는다. 이는 중요한 성능 지수이지만 실제 채널 상황을 잘 대변하지 못할 수 있다. 한편 AWGN 채널에서 잘 동작하도록 설계된 등화기나 자동이득제어(AGC)는 움직이는 에코나 신호 변화에 대해 느리게 반응할 수 있다. DVB-T의 추가의 2dB 구현 마진은 차후에 줄어들 수 있다.

유럽에서는 DTTB 스펙트럼 계획을 위해 라이시안 채널모델을 사용한다.[5], [8] 컴퓨터 시뮬레이션 결과, 가우시안 채널과 라이시안 채널(K=10dB)의 C/N 스레쉬홀드에는 변조 방식과 사용된 채널코딩에 따라 약 0.5~1dB 정도 차이가 있다. 계획 작업을 위해 권고된 실제 C/N 스레쉬홀드는 등화기와 수신기 잡음레벨에 기인한 2dB의 잡음 열화를 고려하였다. 하지만 가우시안 채널과 라이시안 채널의 0.5~1dB의 C/N 차이는 유지하였다.

ATSC의 주파수 계획은 다른 접근방식을 취하였다. 미국에서 FCC는 가우시안 채널 성능을 사용한다.[3] 캐나다에서는 유럽의 접근방식처럼 다경로 왜곡(K=7.6dB) 때문에 여유있게 1.3dB의 C/N 마진을 할당하였다. <표 6-3>은 컴퓨터 시뮬레이션[9], [10](100% 채널 상태 정보 가정)과 최근에 실험실에서 행한 백투백 실험 결과[3], [5], [7]에 근거한 두 개의 DTTB

Report 98/01, Australia Department of Communications and Arts, June 1998.

8) Joint ERC/EBU, "Planning and introduction of terrestrial digital television (DVB-T) in Europe," *Izmir*, Dec. 1997.

9) ATSC, "ATSC Digital Television Standard," ATSC Doc. A/53, September 16, 1995.

10) ETS 300 744, "Digital broadcasting systems for television, sound and data services; framing structure, channel coding and modulation for digital terrestrial television," ETS 300 744, 1997.

<표 6-3> C/N thresholds 시험 결과치

C/N(AWGN)	이론치	RF 시험치
ATSC	14.8dB	15.2dB
DVB-T	16.5dB	19.2dB

시스템의 C/N을 나타냈다. 보통, UHF밴드와 VHF밴드에서 행한 실험에는 약 0.2~0.5dB의 차이가 있다. 성능은 또한 수신기에서 사용된 RF 튜너에 많이 의존한다. 싱글 컨버전 튜너는 더블 컨버전 튜너보다 성능이 좋지만, 인접 채널 간섭 성능은 좋지 않다.

(3) C/N 성능의 공정한 비교

<표 6-3>에 제시한 스레쉬홀드는 시스템이 다른 데이터율을 갖고, 각각의 스레쉬홀드가 다르게 정의되어 있으므로 공정한 비교가 될 수 없다. 다른 대안으로는 E_b/N_o, 즉 비트당 에너지를 사용하는 것인데, 이는 시스템 성능을 평가하기 위해 시스템 데이터율을 고려한다.

$$E_b/N_o(dB) = C/N - 10\log(R_b/BW) \tag{6-6}$$

여기서 R_b는 코딩된 시스템 데이터 처리량이고 BW는 시스템 대역폭이다. 6MHz ATSC 시스템에서 데이터율은 $R_b = 19.4$Mbps이다.[9] R=2/3 punctured convolutional 코딩과 1/16의 가드 구간을 사용하는 DVB-T 6MHz 시스템에서는 $R_b = 17.4$Mbps이다.[10] 같은 코딩을 사용하지만 다른 가드 구간을 사용하는 DVB-T 시스템에서는, 시스템 C/N은 같아야 하나 다른 데이터 처리율 때문에 E_b/NR_o가 다르다.

DVB-T의 스레쉬홀드는 R-S 디코딩 이전의 비트 에러율 2E-4로 정의하였다. R-S 디코딩 이후에는, 1E-11의 BER, 혹은 거의 에러가 없는 (QEF) 수신에 해당되는데, 이는 몇 시간마다 한 번씩의 에러에 해당한다. 이 스레쉬홀드 정의는 데이터 송신에서 자주 이용된다.

ATSC의 스레쉬홀드는 영상화면의 TOV(Threshold Of Visibility)로부

디지털 방송 이해 및 실무

터 주관적으로 유도되었는데, 이때에 수신단에서 특정한 영상 에러 숨김 또는 회복 기능이 구현되어 있다는 가정을 하였다. 객관적인 측정으로는 R-S 디코딩 이후에 BER=3E-6, 혹은 세그먼트 에러율(SER)=2E-4로 정의되었다. 이 SER은 등화기 이후(트렐리스 디코딩 이전) 8VSB 심볼 에러율 0.2에 해당된다. 이는 또한 트렐리스 디코딩 이후 바이트 에러율 1.4E-2에 해당한다.[11] ATSC의 스레쉬홀드가 DVB-T의 스레쉬홀드보다 훨씬 낮게 정의되어 있음을 알 수 있다. 비교를 공정히 하기 위해 ATSC 스레쉬홀드에 조금 수정을 가해야 한다. 하지만 다른 수신기에서 측정한 값들은 수신기가 어떻게 구현되어 있느냐에 따라 다른 값을 갖는다. AWGN 채널에서 결정 궤환 등화기를 사용할 때 수정 인자는 약 0.8dB이어야 한다.[11]

위에 언급한 내용에 근거하여 <표 6-4>에 데이터율의 차이와 스레쉬홀드 정의의 차이, 계산한 E_b/NR_o 스레쉬홀드 값을 제시하였다. RF 백투백 실험 데이터에 의하면, ATSC 시스템은 현재 AWGN 채널상에서 3.6dB 더 성능이 좋다. 다시 한 번 언급하지만 두 시스템 모두 개선의 여지를 갖고 있으며 AWGN 채널이 DTTB 채널 모델의 최선의 선택이 아닐 수 있다.

<표 6-4> 시스템 E_b/N_o 스레쉬홀드

C/N (AWGN)	이론치	시험치
ATSC 6MHz R=2/3 R_b=19.4Mbps	10.6dB	11.0dB
DVB-T 6MHz R=2/3, GI=1/16 R_b=17.4 Mbps	11.9 dB	14.6dB
DVB-T 6MHz R=3/4, GI=1/16 R_b=19.6Mbps	12.9 dB	15.6dB (예상치)

---

11) M. Ghosh, "Blind decision feedback equalization for terrestrial television receivers," *Proceedings of the IEEE*, Vol. 86, No., 10, Oct. 1998, pp. 2070-2081.

(4) 다중 경로 왜곡

COFDM 시스템은 다중 경로 왜곡에 매우 강하여 0dB에 달하는 반사신호(echo)까지도 극복할 수 있다. 보호구간을 둠으로써 인접 심볼 간섭(ISI)을 제거할 수 있으나, in-band 페이딩은 여전히 존재한다. DVB-T시스템이 0dB의 반사신호를 극복할 수 있기 위해서는 강력한 내부(inner) 오류정정부호와 우수한 채널 추정 시스템이 필수적이며, 신호전력이 최소한 7dB 커야 한다.[2, 6] 제거기법(eraser technique)을 사용하여 연판정 복호를 수행하면 성능을 향상시킬 수 있다.[12] 4~6dB보다 작은 레벨의 정적인(static) 반사신호에 대해, 결정 궤환 등화기(DFE)를 사용하는 8VSB 시스템은 잡음증폭(noise enhancement)이 작게 나타난다.

DVB-T 시스템의 보호구간은 앞서거나 지연된 다중 경로 왜곡에 대처하는 데 모두 사용될 수 있다. 이것은 SFN 동작에 매우 중요하다. ATSC 시스템은 앞선 긴 반사신호에 대처할 수가 없다. 그러나 ATSC 시스템은 MFN 환경에 대하여 설계되었기 때문에 앞선 긴 반사신호가 거의 발생하지 않는다.

(5) 이동수신

COFDM은 이동수신에 사용될 수 있지만, 신뢰 있는 수신을 위해 OFDM 부반송파에 낮은 차수의 변조를 사용해야 하며, 낮은 부호율의 컨볼루션 부호를 사용해야 한다. 그러므로 고정수신에 비해 이동수신시에는 데이터 처리율이 매우 낮아지게 되어, 한 개의 HDTV 프로그램과 관련된 다채널 오디오 및 데이터서비스에 필요한 19Mbps 데이터 용량을 얻기가 거의 불가능하다. 높은 UHF 대역에서, 수신기가 129km /hr의 속도로 이동하고 있다고 가정할 때, OFDM 부반송파 간격은 도플러 효과 때문에 2kHz보다 커야만 한다. 이것은 이동수신을 위해서는 단지

---

12) J. H. Stott, "Explaining some of the magic of COFDM," *Proceedings of the International TV Symposium 1997*, Montreux, Switzerland, June 1997.

디지털 방송 이해 및 실무

DVB-T 2k 모드만이 가능하다는 것을 의미한다. 2k모드는 대규모의 SFN을 지원하기 위해 만들어진 것은 아니다. 만약 OFDM 부반송파에 QPSK가 사용되면, 데이터율은 8Mbps(BW=8MHz, R=2/3, GI= 1/32)까지 가능하다.[10] 16QAM을 사용하면 데이터율은 16Mbps(BW= 8MHz, R=2/3, GI=1/32)까지 가능하다. 고차의 변조를 사용하는 시스템은 페이딩과 도플러 효과에 민감하여, 큰 전송 전력을 필요로 한다.

이동 서비스를 제공하는 데 한 가지 잠재적 문제점은 스펙트럼 가용성이다. 이동수신을 하기 위해서는 고정 서비스와는 다른 변조와 채널 부호가 필요하기 때문에, 이동 서비스는 분리된 채널에서 제공되어야 할 것이다. 많은 국가들이 현존하는 모든 아날로그 TV 방송국에 한 개의 고정 서비스 DTV 채널을 할당하는 데 많은 어려움을 겪고 있으며, 이동 서비스를 위해 추가 스펙트럼을 찾는 일은 매우 힘들다. 이동 서비스는 주로 오디오, 데이터 그리고 자동차 운전자를 위한 낮은 해상도의 비디오 서비스를 전송하려고 하는 것이기 때문에, DAB와 이동전화 서비스와 직접적인 경쟁에 놓여 있을 뿐 아니라 정부의 승인도 필요하다.

(6) 주파수 효율성

변조 기법으로서 OFDM은 출력 스펙트럼-성형 필터가 없는 경우조차도 스펙트럼이 매우 빠른 초기 롤오프를 가질 수 있기 때문에, 단일 반송파 변조 시스템에 비해 스펙트럼이 조금 효율적이다. 사용 가능한 (3dB) 대역폭이 5.38MHz(즉, 5.38/6=90%)인 ATSC 시스템[9]에 비해 6MHz채널에서 사용 가능한(3dB) 대역폭은 5.65MHz(즉, 5.65/6=94%)로 높다.[10] 그러므로 OFDM 변조는 주파수 효율성에서 4%의 이익을 얻을 수 있다.

그러나 강한 다중 경로 왜곡을 줄이기 위한 보호구간과 빠른 채널 추정을 위해 삽입되는 in-band 파일럿 때문에 DVB-T 시스템의 데이터 용량은 크게 줄어든다. 예를 들어, DVB-T는 시스템 보호구간을 심볼 구간의 1/4, 1/8, 1/16, 1/32로 선택할 수 있게 하고 있다. 이것은 각각 20%, 11%, 6%, 3%의 데이터 용량의 감소와 동일하다. 1/12 in-band

파일럿을 삽입하면 데이터율이 8% 감소하게 된다. 전체적으로, 데이터 처리율의 손실은 각 보호구간에 대해 28%, 19%, 14%, 11%에 달하게 된다. OFDM 시스템의 4% 대역폭 효율성을 빼면, DVB-T 시스템에 대해 전체 데이터 용량의 감소는 ATSC 시스템에 대해 각각 24%, 15%, 10%, 7%이다. 이것은 두 시스템이 등가의 채널 부호 기법을 사용한다고 가정할 때, 6MHz 시스템에서 DVB-T시스템이 1.4, 1.9, 3.7, 4.7Mbps 데이터 용량 감소를 겪게 된다는 것을 의미한다. 결국 데이터율은 각각 14.8, 16.4, 17.4, 17.9Mbps가 된다.[10]

(7) HDTV 방송 능력

현재의 기술을 기준으로 했을 때, 스포츠와 빠른 동작 프로그래밍을 위해서는 최소한 18Mbps의 데이터율이 필요하다는 것은 디지털 비디오 압축에 관한 연구를 보면 알 수 있다.[10] 추가적인 데이터 용량은 다채널 오디오와 부가적인 데이터서비스에 따라 요구된다.

ATSC 8VSB 시스템(R=2/3 펑쳐드 컨볼루션 부호, 즉 ITU-mode M3[5], [8])과 등가의 채널 부호 기법을 사용하는 DVB-T 표준을 기준으로 하면, 6MHz DVB-T 시스템의 데이터 처리율은 보호구간의 선택에 따라 14.7Mbps와 17.90Mbps 사이이다. 그러므로, DVB-T 시스템은 약한 오류정정부호를 사용하지 않는다면, 한 개의 6MHz 채널에서 HDTV 서비스를 제공하기가 힘들다. 예를 들어, 컨볼루션 부호율을 3/4로 증가하고 GI를 1/16으로 선택하면 데이터율은 19.6Mbps가 되며 ATSC 시스템의 데이터율 19.4Mbps와 비교할 만하다. 그러나 이 경우에 최소한 1.5dB의 추가적인 신호 전력이 필요하게 된다.[10] 추정된 시스템 성능은 <표 6-4>에 나열되어 있다. 부호율 증가시키면 다중 경로 왜곡, 특히 실내 수신과 SFN 환경에 대한 성능이 나빠진다.

In-band 파일럿을 사용하지 않고 COFDM 신호를 복호화할 수 있는 다른 기술들이 있다. 이 기술들은 스펙트럼 효율을 크게 증가시킬 것이다. 불행하게도, 이러한 기술들은 DVB-T 표준이 끝마칠 때 완전하게 개발되지 못했다.

(8) 기존 아날로그 TV에 대한 간섭

DVB-T 시스템이 2.5배 더 많은 전력을 전송하기 위해서는 4dB C/N 차가 요구된다. 그러나 더 높은 전력소비는 DTV 구현에 주요 관심사가 아니다. 많은 국가에서 아날로그 TV와 디지털 TV가 긴 기간동안 공존할 수 있는 정책이 필요하며, DTV 구현에 사용할 수 있는 추가의 스펙트럼 자원이 없다. DTV는 단지 할당되지 않거나 사용하기 힘든 (taboo) 채널만을 사용할 수 있다. 제한적 요소 중 한 가지는 아날로그 TV에서 DTV로 넘어가는 기간 동안에 기존의 아날로그 TV로의 DTV 간섭이다. DVB-T 시스템의 더 높은 전송 전력 요구는 설계를 더 힘들게 하며 추가적인 간섭을 유발한다. 동일 채널 간격을 증가시키거나 DTV 전송 전력(즉, 방송 범위)을 줄이기 위해서는 별도의 측정을 하여야 한다.

(9) 단일 주파수 방송망(SFN)

8k 모드 DVB-T 시스템은 대규모(nation-wide or region-wide)의 SFN 용으로 설계되었다. SFN은 한 송신기 군(cluster)이 지정된 서비스 지역을 서비스하기 위해 사용된다. 8k모드 DVB-T 시스템은 매우 긴 보호 간격을 지원할 수 있는 작은 반송파 간격을 사용하며, 만약 강력한 컨볼루션 부호(R<3/4)를 사용한다면 0dB 다중 경로 왜곡을 견딜 수 있다. 그러나 이 0dB 다중 경로 왜곡에 대처하기 위해서는 최소한 7dB의 신호 전력이 더 필요하게 된다.[2], [6] 이 부가의 전력 요구는 앞에서 언급한 6dB 송신기 headroom에 추가된다. 부가의 송신 전력을 줄일 수 있는 다른 방법은 방향성 수신안테나를 사용하는 것이며, 이를 통해 0dB 다중 경로 왜곡을 제거할 수 있다. 이러한 방향성 수신안테나는 ATSC 8VSB 시스템의 수신도 향상시킬 것이다.

대규모 SFN 구현에 영향을 주는 다른 문제는 동일 채널과 인접 채널 간섭이다. 많은 국가에서, 아날로그 TV에서 DTV로 넘어가는 기간 동안 기존의 아날로그 TV 서비스에 심각한 간섭을 끼치지 않는 대규모 SFN 운용을 위한 DTV 채널을 할당하는 데 많은 어려움을 겪고 있다. 원하는 위치의 타워 기지와 관련된 소요경비(토지, 장비, 법, 공사, 운용 그리고 환경 연구 등)의 추가부담은 실용적이지도 않고 경제적으로 존립할 수도 없을 것이다.

반면에, SFN 접근은 핵심 방송지역 전체에 걸쳐 더 강한 전계강도를 제공할 수 있으며 서비스 가용성을 크게 향상시킨다. 수신기는 여러 개의 송신기로부터 신호를 수신하여(다이버시티 이득), 신뢰도 있는 서비스를 위해 그 중 한 송신기와 LOS를 가질 기회가 커진다.

송신 전력뿐만 아니라 송신기 밀도, 타워 높이와 위치를 최적화함으로써, SFN은 이웃하는 망으로부터 그리고 이웃하는 망으로의 만족할 만한 간섭을 유지하면서 더 좋은 방송 범위와 주파수 경제성을 얻을 수 있다.[13]

ATSC 시스템은 SFN 구현을 위해 특별하게 설계되지 않았다. 만약 방송되지 않는 신호의 검출(the pick-up of the off-air signal)과 그 신호의 재전송 사이의 충분한 격리가 확보되지 않으면, On-channel 중계기와 gap 여파기 운용의 제한이 발생할 수 있다.[14] 다른 선택은 완전히 디지털로 신호가 on-channel에서 복조, 복호, 재변조되는 것이다. 맨 처음 중계기에서의 전송 오류는 정정될 수 있으며 시스템에 pick-up과 재전송 안테나 사이의 높은 수준의 격리가 필요치 않게 된다.

DTV와 아날로그 TV 시스템의 중요한 차이는 DTV는 최소한 20dB의 동일 채널 간섭을 견딜 수 있고, 반면에 아날로그 TV의 동일 채널 TOV(가시청 임계치)는 약 50dB이라는 것이다. 즉, DTV는 아날로그 TV보다 30dB까지 robust하다. 이 때문에 중계기 설계와 계획에 더 많은 융통성을 가진다. ATSC 시스템 중계기 구현에 방향성 수신안테나를 사용하면 빠른 이동 또는 긴 지연 다중 경로 왜곡의 영향을 줄일 수 있을 뿐만 아니라 중계기 위치의 유용성도 증가하게 된다. 운용상의 요소(parameter)는 인구 분포, 지형 그리고 원하는 방송 범위 지역에 따라 달라진다.

---

13) A. Ligeti, and J. Zander, "Minimal cost coverage planning for single frequency networks," IEEE(trans.), *Broadcasting*, Vol. 45, No. 1, March 1999.
14) W. Husak, et. al., "Implementation and test of a digital on channel repeater," *Proceedings 1999 Broadcast Engineering Conference*, NAB '99, Las Vegas, April 17-22, 1999.

디지털 방송 이해 및 실무

ATSC 또는 DVB-T, SFN 또는 MFN는 어떤 상황에서도 100% 위치 가용성은 얻을 수 없다는 것을 알아야 한다.

(10) 임펄스 잡음

이론적으로 OFDM 변조 방식은 수신기에서 이루어지는 FFT 과정을 통해 짧은 주기의 임펄스 성분을 평준화(average out)시킬 수 있기 때문에 시간축상의 임펄스 간섭에 더 강하다. 그러나 앞서 설명한 바와 같이 채널코딩과 인터리버의 구현 역시 중요하다. ATSC 시스템은 DVB-T보다 임펄스 간섭에 더 강한데 그 이유는 DVB-T에서는 RS 코드(204, 188), 12세그먼트의 인터리버를 갖는 반면 ATSC 시스템은 이보다 긴 코드를 갖는 RS 코드와 인터리버를 갖기 때문인데 각각 RS(207, 187), 52세그먼트이다.[7] 내부 부호를 살펴보면 ATSC는 DVB-T이 갖는 7의 구속장보다 짧은 2의 구속장을 가지므로 짧은 주기의 버스트성의 오류가 외부 부호에서 정정하기 쉽다.

임펄스 잡음 간섭은 산업장비와 전자레인지, 형광등, 헤어드라이어, 전기청소기와 같이 집에서 쓰는 가전기구로 인해 VHF 밴드와 일부 낮은 대역의 UHF 밴드에서 종종 일어난다. 또한 고압전력선에서 발생되는 arcing과 corona도 임펄스 잡음을 발생시킨다.

이러한 임펄스 잡음을 제거할 수 있는 반송파 복원과 동기회로가 얼마나 완벽히 구성되는가도 시스템 성능을 알 수 있는 요소가 된다.

(11) 톤 간섭

COFDM 시스템을 주파수상에서 보면 데이터 전송을 위해 일정한 대역에 많은 부반송파를 발생시키는데 이는 단일 톤 혹은 좁은 대역의 간섭은 몇 개의 부반송파 성분만을 훼손시키므로 에러 복원 코드에 의해 대부분 쉽게 복원되는 반면, 단일 톤 간섭 성분은 8VSB 변조에서는 eye pattern의 눈이 감기도록 한다.

적응등화기가 톤 간섭의 영향을 줄일 수는 있으나 일반적으로 톤 간섭 측면에서 보면 DVB-T 시스템이 ATSC 시스템 보다 우수하다.[2,7]

그러나 톤 간섭은 단지 하나의 성능 비교에 불과하다. 실제로는 매우 정교한 주파수 할당(well engineered spectrum allocation)이 이러한 톤 간섭의 문제를 해결할 수 있기 때문에 DTTB 시스템에서는 톤 간섭이 주로 있는 환경은 고려하지 않는다. 동일 채널 아날로그 TV 간섭은 특별한 톤 간섭 같은 간섭이 있는 경우로 고려한다. 이는 다음에서 설명한다.

(12) DTV에 대한 아날로그 동일 채널 TV의 간섭

이미 설명한 바와 같이 DTV에 대한 동일 채널 아날로그 TV의 간섭은 DTTB 대역 내의 특정한 위치에 있는 COFDM 부반송파 성분을 훼손시키게 된다. 만약 eraser technique을 이용한 연판정 디코딩을 채용한 우수한 채널 추정 시스템을 적용하면 아날로그 TV 간섭에 좋은 특성을 갖도록 할 수 있다.

ATSC 시스템의 경우는 좀 다른데 아날로그 TV 신호의 비디오/오디오 그리고 색 정보를 담은 부반송파 성분을 제거시킬 수 있도록 설계된 콤 필터를 이용하여 시스템 성능을 향상시킨다.

두 시스템 모두 유사한 성능을 갖는데 앞에 나온 각주의 참고문헌[7]에서는 7MHz 아날로그 TV 신호가 6MHz의 ATSC 신호에 동일 채널 간섭으로 작용할 때 콤 필터가 제외되어 있음을 밝힐 필요가 있다. DTV 주파수 계획에 있어서는 동일 채널 아날로그 TV 간섭은 그리 민감한 성분이 아니다. 다만 현재의 아날로그 TV에 대한 DTV 간섭이 좀더 문제가 된다.

(13) 동일 채널 DTV의 간섭

동일 채널 내의 DTV 간섭신호는 부가 백색 잡음과 같다. 따라서 동일 채널 DTV 간섭 특성은 C/N 특성과 관련이 많은데 이는 채널코딩과 변조 방식에 의해 결정된다. <표 6-5>에서 알 수 있듯이 ATSC 시스템은 약 3~4dB의 이익을 갖는데 이는 전치 왜곡보상 시스템 때문이다. 이와 같이 우수한 동일 채널 DTV C/I 특성은 현존하는 아날로그 TV에 대한 간섭을 최소화할 수 있을 것이다. 또한 아날로그 TV 서비스가 사라지게 되면 좀더 우수한 주파수 효율을 갖도록 할 것이다.

<표 6-5> DTV 주파수 계획을 위한 보호비

시스템 파라미터 (보호비)	캐나다[15]	미국[5]	유럽[7], [8] ITU-mode M3
부가백색잡음채널에서의 신호대 잡음전력비	+19.5dB (16.5dB*)	+15.19dB	+19.3dB
동일 채널 DTV로부터 아날로그TV로	+33.8dB	+34.44dB	+34~37dB
동일 채널 아날로그 TV로부터 DTV로	+7.2dB	+1.81dB	+4dB
동일 채널 DTV로부터 DTV로	+19.5dB (16.5dB*)	+15.27dB	+19dB
하측 인접 DTV로부터 아날로그 TV로	-16dB	-17.43dB	-5~-11dB
상측 인접 DTV로부터 아날로그 TV로	-12dB	-11.95dB	-1~-10dB
하측 인접 아날로그 TV로부터 DTV로	-48dB	-47.33dB	-34~-37dB
상측 인접 DTV로부터 아날로그 TV로	-49dB	-48.71dB	-38~-36dB
하측 인접 DTV로부터 DTV로	-27dB	-28dB	N/A
상측 인접 DTV로부터 DTV로	-27dB	-26dB	N/A

*: 캐나다의 파라미터들 중 단순잡음과 동일 채널 DTV 간섭을 더한 C/(N+I) 16.5dB
임.

(14) 위상 잡음의 영향

이론적으로 OFDM 변조 방식은 튜너의 위상 잡음에 더욱 민감하다. 위상 잡음의 영향은 두 성분으로 모델링할 수 있다.[16], [17] 하나는, 공통 순환 성분(a common rotation component)이 있는데 이는 전체 OFDM 부반송파의 위상 순환을 야기시킨다. 둘째는, 산발 성분 혹은 반송파간 간섭 성분(inter-carrier interference component)이 있는데 이로 인해 잡

15) Y. Wu, et. al., "Canadian digital terrestrial television system technical parameters," IEEE Transactions on *Broadcasting*, to be published in 1999.
16) J. H. Stott, "The effect of phase noise in COFDM," *EBU Technical Review*, Summer 1998.
17) Y. Wu and M. El-Tanany, "OFDM system performance under phase noise distortion and frequency selective channels," *Proceedings of Intl Workshop of HDTV 1997*, Montreux Switzerland, June 10-11, 1997.

음이 있는 것과 같이 부반송파의 성상도의 초점이 흐려지게 된다.

첫 번째 성분은 in-band 파일롯을 기준 신호로 삼아 쉽게 극복할 수 있으나 두 번째 성분은 복원해내기가 어렵다. 이로 인해 DVB-T 시스템 잡음 한계가 조금씩 저하된다.

8VSB와 같은 단일 반송파 변조 방식에서의 위상 잡음은 성상도의 회전을 야기시키지만 대부분 위상 동기 루프를 이용하여 보상할 수 있다. DVB-T 시스템에서는 좀더 좋은 위상 잡음 특성을 갖는 튜너를 사용해야만 한다.[18] 단일 변환 방식의 튜너를 사용하느냐 양변환 방식의 튜너를 사용하느냐에 따라 성능의 차이가 날 수 있다. 단일 변환 방식의 튜너는 위상 잡음 성분이 작으나 인접 채널 간섭에 취약하다. 그리고 VHF 대역과 UHF 대역을 수신할 수 있는 튜너는 단일대역을 수신할 수 있는 튜너에 비해 성능이 열악하다.

(15) 잡음 지수

일반적으로 잡음 지수는 수신기 제작에 있어 주관심사이다. 수신기 초단에서의 낮은 잡음 지수는 수신기의 감도를 증가시키게 된다.

단일변환 튜너는 낮은 잡음 지수와 낮은 위상 잡음 성분을 갖게 되나 잡음 지수는 수신되는 채널에 따라 달라진다. 어떤 채널에서는 훨씬 더 낮은 잡음 지수를 갖기도 한다.

그러나 단일변환 튜너는 인접 채널 간섭을 많이 억압시키지 못하고 그 양도 채널에 따라 다르게 된다.

반면 양변환 튜너는 높은 잡음 지수와 높은 위상 잡음 성분을 갖게 된다. 그러나 인접 채널 간섭을 많이 억압시킬 수 있을 뿐만 아니라, 잡음 지수와 억압 양이 채널에 관계없이 일정하다.

튜너의 성능은 가격(재질, 부품, 주파수 대역)에 따라 차이가 난다. 현재의 기술수준으로 볼 때 단일변환 방식의 low cost consumer grade 튜너의 잡음 지수는 7dB 정도이고 양변환 방식의 튜너의 잡음 지수는 9dB

18) C. Muschallik, "Influence of RF oscillators on an OFDM signal," IEEE (trans.), *Consumer Electronics*, Vol. 41, No. 3, August 1995, pp.592-603.

디지털 방송 이해 및 실무

정도이다. 튜너의 잡음 지수는 동일 채널 간섭이 없는 환경에서 수신신호 coverage에만 영향을 미친다. 그러나 이러한 환경은 매우 드물기 때문에 coverage는 대부분 간섭의 영향을 받는다. 그러나 일부 국가에서는 수신기 잡음 지수를 규정하였다.

(16) 옥내 수신

DTTB 시스템의 옥내 수신에 대해서는 좀더 연구할 필요가 있다. 현재 시스템을 비교할 만한 충분한 자료가 아직 발표되지 않았다. 일반적으로 옥내에 들어온 신호는 옥내의 벽뿐만 아니라 외부 건물에 의해 많은 다중 신호 간섭의 영향을 받게 된다. 심지어는 사람의 움직임이나 애완동물들의 움직임으로 인해 신호의 반사가 달라지고 전계강도가 변하게 된다.

옥내의 신호강도와 신호분포는 많은 성분에 의해 결정되는데 이러한 성분에는 건물 구조(콘크리트, 나무, 벽돌), 건물 외관 재질(알루미늄, 플라스틱, 나무), 단열재(금속 코팅의 여부), 창문 재질(색유리, 다층접착 유리) 등이 있다.

옥내에서 수신기에 안테나를 연결하여 측정하는 경우 안테나의 이득과 지향성은 주로 수신주파수와 안테나 위치에 따라 결정된다.[8] 토끼 귀모양의 실내 안테나의 경우 측정 이득이 -10~-4dB까지 변하게 된다. 5단 로그 안테나의 경우에는 이득이 -15~+3dB까지 변한다.[8] 더욱이 옥내에서는 전선과 가전제품에서 나오는 높은 레벨의 임펄스 잡음의 영향을 받기도 한다.

(17) 다른 대역폭에서의 시스템 비교

DVB-T 시스템은 본래 7~8MHz의 전송 대역폭을 갖도록 설계되었다. 이러한 전송 대역폭은 시스템 클럭을 변화시켜 6, 7, 혹은 8MHz로 정해진다. 이에 따른 하드웨어 변동은 채널 필터, IF단 그리고 시스템 클럭에서 발생하게 된다. 반면 ATSC 시스템은 애초에 6MHz의 전송 대역폭을 갖도록 설계되었고 DVB-T 시스템과 마찬가지로 시스템 클럭을 변화시켜 전송 대역폭을 6 또는 7MHz로 변화시킬 수 있다.

ATSC 시스템은 동일 대역 내에서의 NTSC 신호 간섭을 제거하기 위해 콤 필터를 이용하여 할 수 있다. 이러한 콤 필터는 간섭을 일으키는 아날로그 TV 신호에 따라 다르게 설계되어야 하고 상황에 따라서, 즉 아날로그 TV 신호가 간섭의 주원인이 아닐 경우는 필요 없을 수도 있다. 예를 들어 어떤 나라에서는 동일 대역 내에서 아날로그 TV 신호간섭이 없는 대역에 DTV 채널을 설정할 수도 있다.

일반적으로 좁은 채널 폭에서는 낮은 데이터 및 심볼 전송률을 갖게 된다. 그러나 이러한 좁은 채널 폭은 DVB-T의 경우에는 넓은 여유 대역폭을 갖도록 해주고 ATSC의 경우 긴 에코 정정 능력을 보장하게 된다.

6MHz DVB-T의 약점은 좁은 부반송파간의 간격으로 인해 위상 잡음에 더 민감하다는 것이다.

4) DTV 구현 파라미터

동일한 지상파 디지털 TV 방송 방식을 채택한 나라일지라도 각 국가에 따라 사용가능한 주파수 자원현황이나 정책, 인구분포, 서비스 품질 등을 고려하여 주파수 배정절차상에서 서로 상이한 구현 계획이나 방사 스펙트럼 마스크, 또는 기술적 파라미터를 사용할 수 있다.

예를 들면 캐나다에서는 ATSC 방식을 채택하였으나 미국과 상이한 DTV 구현 파라미터와 방사 마스크[15]를 사용한다.

<표 6-5>에 캐나다,[15] 미국,[3] 그리고 유럽[5, 8]에서 DTV 계획에 사용되는 기술적 파라미터 또는 보호비가 정리되어 있다.

캐나다의 계획에서는 다중 경로 왜곡에 대비한 C/N 마진으로 여유있는 1.3dB를 배정하고 있다. 이는 Ricean 채널 성능 문턱값을 계획 파라미터[5]로 이용하는 EBU의 접근방식과 유사한 것이다. 잡음과 동일 채널 DTV 간섭은 가산적이기 때문에 $C/(N+I)=16.5dB$이 시스템 문턱값으로 적용되고 있다(<표 6-5>에서, $C/N=C/I_{co-chDTV}=19.5dB$, $C/(N+I)=C/N+C/I_{co-chDTV}=16.5dB$). 또한 <표 6-5>에서 동일 채널 NTSC 가

DTV에 미치는 간섭 문턱값은 7.2dB가 사용된다. 이렇게 함으로써 시스템이 동시에 19.5dB의 C/N 또는 동일 채널 DTV 간섭을 견딜 수 있게 된다. 인접 채널 DTV 간섭 파라미터들은 <표 6-5>에서 보는 바와 같이 대체적으로 미국과 같다.

DTV로부터 간섭에 주는 간섭 보호비는 주관 평가 방법(CCIR 등급 3, 가시청 문턱, 지속적 또는 간헐적 간섭)뿐만 아니라 아날로그 TV 방식(NTSC, PAL, SECAM)이나 채널 대역폭(6, 7, 8MHz) 등 많은 요소에 따라 달라질 수 있다.

5) 소결

DTV 구현은 아직도 초기상태에 있다. 초기 몇 세대 정도의 수신기들은 기대한 만큼 잘 동작하지 않을 수도 있다. 그러나 기술이 발전됨에 따라 두 시스템 모두 성능이 개선될 것이며, 훨씬 더 향상된 TV 서비스를 제공할 수 있게 될 것이다. DTV 변조 방식의 최종 선택은 주변국가 또는 지역과의 지리적, 경제적, 정치적 관계와 같은 비기술적(그러나 매우 중요한) 요소뿐만 아니라 특별한 요구사항이나 각 국가의 우선순위를 얼마나 잘 만족시킬 수 있는지에 의해 이루어진다.

각 국가들은 요구사항을 명백하게 설정하고 최선의 선택을 위하여 상이한 시스템의 성능에 관한 정보를 검토하여야 한다. 이 문서에서 제공하는 정보가 그와 같은 목표를 달성하는 데 도움이 되기를 기대한다.

3. 8VSB와 OFDM 방식의 DTV 필드테스트

1) 서론

국내의 지상파 DTV 추진계획에 따르면 2000년 9월 3일(방송의 날)에 디지털 TV 시험방송 서비스를 시작으로 2001년부터 본 방송을 실시할 계획이며 2002년까지 수도권 지역, 2003년까지 광역시, 2004년까지 도청 소재지 그리고 2005년까지 시, 군 지역 순으로 단계적 확대가 이루어질 것이다. DTV에서 중요한 것은 화질과 음질 그리고 다양한 데이터서비스인데 영상 압축과 오디오 압축 기법에 의하여 화질과 음질이 결정되지만, 보다 근본적인 것은 화면이 나오느냐 안 나오느냐의 문제이다. 디지털이 되면서 화면이 나오고 안 나오고의 한계가 명확해졌으며 이는 디지털 송·수신기의 성능에 의하여 결정된다. 이 디지털 지상파 방송 송수신 기술표준은 전세계적으로 미국의 ATSC(Advanced TV System Committee) 방식, 유럽의 DVB-T(Digital Video Broadcasting-Terrestrial) 방식 그리고 일본의 ISDB-T(Integrated Service Digital Broadcasting-Terrestrial) 방식으로 나뉘어져 있는데 각각의 국가에서 자국의 지형에 따라 어느 정도가 수신이 되는지를 측정한 필드테스트가 많이 진행되었다. 미국, 유럽, 일본을 제외한 몇몇의 나라에서는 자국의 표준을 결정하기 위한 자료를 수집하기 위하여 2~3개 방식의 비교 테스트를 수행하였다.

국내에서는 지상파 디지털 TV 실험방송 전담반에서 국내표준인 8VSB에 대하여 필드테스트 결과를 2000년 8월 31일 발표하였는데 수신 성공률이 NTSC 화질등급 3과 비교시 DTV 수신 성공률이 다소 높게 나오는데 도심지역에서는 다중 경로에 의한 영향이 커서 DTV가 NTSC에 비해 수신 성공률이 같거나 다소 떨어지는 것으로 발표되었다.[19] 앞으로 지상파 DTV 방송 초기에는 도심지역, 산악지형, 실내수신 등에서 생길 수 있는 난청 현상을 해결하기 위한 노력이 계속되어야 할 것인데 방송사 및 국가 연구기관에서는 중계기를 어디에 설치할 것이냐에 대하여 연구를 하여야 하고 수신기 제조업체에는 수신기의 성능 향상을 위하여 노력을 해야 할 것이다.

위와 같은 난청 현상 해결을 위한 노력에 도움이 되도록 이제까지 해외에서 수행되어왔던 필드테스트를 살펴보고자 한다. 8VSB의 해외 필

---

19) 지상파 디지털 TV 실험전담반 최종보고회 보고서, 2000년 8월 31일.

디지털 방송 이해 및 실무

드테스트를 살펴보면 8VSB에서 생길 수 있는 문제점을 파악하는 데 도움이 되고 COFDM과 8VSB와의 비교 테스트를 분석하면 8VSB의 상대적 약점을 파악하여 이를 개선할 수 있는 방법에 대하여 연구하고 노력할 수 있는 발판이 될 수 있다. 여기서는 먼저 미국에서의 ATSC 표준의 DTV 필드테스트를 요약 정리하여 현재의 기술 수준에서의 수신율을 알아보고자 한다. 그리고 8VSB와 COFDM의 비교 테스트를 분석하는데 미국 볼티모어에서의 실시한 옥내/옥외 사이트에서의 수신의 용이함에 대한 비교, 호주의 시드니에서 실시한 필드와 실험실 테스트를 통한 성능 비교, 싱가포르에서 필드테스트 비교를 통한 표준 선정, 브라질에서의 다중 경로의 간섭측정 비교 등을 통한 8VSB와 COFDM의 변조 방식에 대한 특성 및 장단점을 살펴보기로 한다.

각국의 필드테스트의 결과서들이 필드테스트를 수행한 기관이 어느 방식을 선호하느냐에 따라 자기가 선호하는 방식에 대해 유리하게 서술이 되어 있는 부분이 있다. 그래서 자기가 선호하는 방식에 유리하게 테스트 항목을 정하고 테스트 방법을 정하는 경우도 있고, 발표문도 자기가 선호하는 방식으로 결론을 끌어내게 된다. 독자들은 이 점을 유의해야 하는데 본문에서는 각 기관이 공식적으로 발표한 원문을 가감 없이 그대로 설명할 것이며 각 테스트의 마지막 부분에서 본 저자가 설명과 논평을 하고 마지막 결론 부분에서 마무리하는 형태로 구성하였다.

2) 미국 ATSC 표준의 DTV 필드테스트[20]

미국에서의 DTV 필드테스트는 표준화된 방법을 사용하여 일관성 있는 데이터 수집과 분석을 보장하게 하여 국가적인 데이터 베이스를 만들 수 있도록 하였고, 또 다른 장소 다른 상황에서의 결과 값과 간단명료하게 비교할 수 있도록 하였다. 이 테스트는 송신구역 및 시스템

20) Gary Sgrignoli, "Preliminary DTV Field Test Results And Their Effects on VSB Receiver Design," IEEE Transactions on *Consumer Electronics*, Vol. 45, No. 3, August, 1999.

성능평가와 소비자용 수신기 구현 평가를 위하여 수행되었고, 그 결과는 소비자용 수신기 디자이너에게 어느 정도의 성능을 가진 수신기를 제작하여야 하는지의 목표치를 제공한다.

(1) 개요

미국의 ATSC 표준의 필드테스트는 1999년 6월까지 <표 6-6>에서 보는 바와 같이 12개의 필드테스트가 이루어졌다. 미국의 9개 도시에서 총 2,682개의 옥외 사이트가 조사되었고, 5개의 도시에서 242개의 옥내 사이트가 조사되었다. 전체 테스트 중에서 2개를 제외하고는 UHF 대역에서 이루어졌다.

(2) 옥외 DTV 필드테스트 결과

<표 6-7>과 <표 6-8>은 10개의 DTV 필드테스트 데이터를 분석한 결과의 요약이다. 전체 테스트는 두 개의 그룹으로 나누었는데 <표 6-7>의 6개 테스트는 장애물이 가로막힌 사이트의 비율이 5~25% 정도로 작은 것에서부터 보통의 것을 정리했고 <표 6-8>의 4개 테스트는 장애물이 가로막힌 사이트의 비율이 38~68%로 큰 것들이다.

<표 6-6> 1999년 6월까지의 모든 DTV 필드테스트 요약

Broadcaster Call Letters	Channel #	City & State	# of Outdoor Sites	# of Indoor Sites
ACATS	53	Charlotte, N.C.	199	32
ACATS	6	Charlotte, N.C.	169	-
WHD-TV	30	Washington DC	333	67
WETA	34	Washington DC	279	67
WRAL	32	Raleigh, N.C.	163	36
WGN	20	Chicago, IL	112	10
KICU	52	San Jose, CA	80	-
KOMO	38	Seattle, WA	399	-
KING	48	Seattle, WA	404	-
WCBS	56	New York, NY	158	-
WFAA	9	Dallas, TX	265	30
WKRC	31	Cincinnati, OH	121	-

디지털 방송 이해 및 실무

<표 6-7> 그룹 1의 옥외 DTV 필드테스트 결과의 요약

Station Call Letters	ACATS	ACATS	WRAL	WGN	KICU	WCBS
City	Charlotte	Charlotte	Raleigh	Chicago	San Jose	New York
Test Date Completion	8/94	8/94	5/97	5/98	12/98	2/99
Channel Number	53	6	32	20	52	56
Frequency(MHz)	707	85	581	509	701	725
Wavelength(feet)	1.39	11.58	1.69	1.93	1.4	1.36
Transmitter HAAT(feet)	1351	1307	1750	1238	2079	1303
Transmitter ERP(kW, ave)	32	0.62	106	284	1.6	349
Test area radius(miles)	55	55	65	55	37	55
VSB Rx Equipment	GA-1	GA-1	GA-1	GA-1	GA-1	GA-1
Outdoor Test Sites number	199	169	163	112	80	158
Measured Sites> Min Field Strength(%)	95.5	100	93.9	99.1	96.3	91.1
Raw Service Availability(%)	91.5	82.2	89.6	92.9	95	80.4
System Performance Index(%)	95.8	82.2	95.4	93.7	98.7	88.2
Median F.S./Standard Deviation(dB μV/m)	66.3 /14.6	57.1 /11.1	67.6 /14.9	85.3 /13.1	75.6 /12.5	68.5 /16.3
Median Tap Energy/ Standard Deviation(dB)	-18.2 /3.8	-18.8 /2.8	-16.5 /3.1	-15.6 /3.1	-17.2 /2.4	-16.5 /3.7
Median Margin/Standard Deviation(dB)	26.8 /12.7	22.3 /11.6	26.0 /14.2	45.5 /12.5	33.1 /11.2	27.9 /15.5
Obstructed Test Sites(%)	21.1	21.1	11.0	5.4	21.3	25.3
Obstructed Sites Service Availability(%)	69.4	68.0	66.7	100.0	82.4	60.0
Obstructed Sites System Performance Index(%)	85.4	86.2	92.3	100.0	93.3	68.6

첫 번째 그룹에 있는 방송국의 모든 테스트는 송신기 안테나 HAAT
가 1,000피트가 넘는 도시에서 이루어졌다. 높은 HAAT 값을 가지고
있고 지형이 평탄한 편이어서 장애물에 가로막힌 사이트의 비율이 25%
보다 작게 나타났다. 비록 지상파 DTV가 가시거리 통신으로 제한되지
는 않지만, 가시거리나 가시거리와 비슷한 경우에는 충분한 DTV 전계
강도가 전달되고 다중 경로도 약한 경우가 많다. 그러므로 서비스 가능
성(service availability)이 80~95% 사이 값을 갖는다는 것은 놀랄 만한
것이 아니며, 시스템 성능 지수(system performance index)는 88%보다
크다. 그룹 1과 같은 도시들은 좋은 DTV 서비스 가능성과 DTV 성능
을 갖게 된다.

<표 6-8> 그룹 2의 옥외 DTV 필드테스트 결과의 요약

Station Call Letters	WHD	WETA	KOMO	KING
City	Wash. DC	Wash. DC	Seattle	Seattle
Test Dates	9/98	9/98	12/98	12/98
Number	30	34	38	48
Frequency(MHz)	569	593	617	677
Wavelength(feet)	1.73	1.66	1.59	1.45
Transmitter HAAT(feet)	567	554	731	780
Transmitter ERP(kW, ave)	442	112	350	960
Test area radius(miles)	50	45	65	65
VSB Rx Equipment	GA-1	GA-1	GA-1	GA-1
Outdoor Test Sites number	333	279	399	404
Measured Sites> Min Field Strength(%)	89.9	65.3	88.0	88.4
Raw Service Availability(%)	78.7	63.0	68.7	67.8
System Performance Index(%)	81.9	83.4	78.1	76.8
Median F.S./Standard Deviation (dB μV/m)	N/A	N/A	69.7 /18.8	71.5 /18.7
Median Tap Energy/Standard Deviation(dB)	-14.1 / 4.3	-12.4 / 4.0	-15.1 / 4.4	-14.0 / 4.0
Median Margin/Standard Deviation (dB)	18.4 /11.4	16.2 /10.9	38.0 /15.2	39.3 /14.1
Obstructed Test Sites(%)	63.9	48.7	40.4	38.4
Obstructed Sites Service Availability(%)	62.0	48.0	49.1	45.8
Obstructed Sites System Performance Index(%)	89.8	74.1	66.4	61.2

성공적인 DTV 수신 또는 NTSC 수신을 위해서는 송신 전력이 송신 안테나 HAAT 다음으로 중요한 파라미터이다. 그룹 1의 테스트의 탭 에너지의 중간값은 -15.6dB보다 작아서 상당히 낮은 편인데, 시카고는 도심지에 많은 빌딩이 있고 시카고의 콘크리트 계곡에 해당하는 도심 남쪽과 북쪽 근처의 테스트 사이트 숫자가 많기 때문에 가장 큰 탭 에너지를 가지고 있다. 마진의 중간값은 기본적으로 송신기 ERP와 HAAT 둘 다 관계가 있다. ACATS의 샤롯 테스트에서는 마진이 20대 초반 중간값을 가지는데 이것은 UHF 대역에서 32kW의 평균 ERP와 VHF 대역에서 620W의 평균 ERP를 사용하여 그 값이 낮았기 때문이다. 다른 DTV 테스트는 100kW보다 큰 ERP를 사용했기 때문에 더 많

디지털 방송 이해 및 실무

은 마진값을 갖게 되는 결과를 나타냈다. 예외적으로 KICU는 단지 1.6kW 평균 ERP를 사용하지만 송신소 위치가 산 위에 있기 때문에 매우 큰 값의 HAAT를 갖게 되어 마진의 중간값이 33dB 이상으로 나타나고 있다. 이 사실은 큰 값의 HAAT가 큰 값의 ERP보다 더 중요하다는 개념을 다시 증명하고 있다.

두 번째 그룹은 63~78%로 그룹 1보다 낮은 서비스 가능성을 보여주지만 결과는 만족스러운 수치를 나타낸다. 워싱턴 DC와 시애틀은 지형의 굴곡이 심하고 방송국의 송신 타워를 높게 설치하는 데 제한이 있다. 워싱턴 DC와 시애틀과 같이 작은 산이 많은 지형의 환경에서 800 피트보다 낮은 HAAT의 송신안테나를 이용하면 UHF 대역으로 신호를 전송하기가 매우 어렵다. 그 이유는 UHF 신호는 VHF 신호와 달리 작은 산들을 굽어 넘는 특성이 약하기 때문이다. 두 번째 그룹의 필드테스트에서는 지형에 의해서 가로막혀진 사이트의 비율이 38~64%로 큰 편이다. 따라서 그룹 1의 DTV 필드테스트보다 더 낮은 서비스 가능성을 나타낸다는 것을 설명해주고 있다. 그러나 75% 이상의 시스템 성능 지수값은 이러한 심한 환경에서도 강인한 수신 성능을 나타낸다는 것을 보여준다. 이렇게 심한 환경에서는 크고 긴 에코에 대한 더 많은 연구가 필요할 것이다. 이러한 장소에서의 긴 에코는 DTV 필드테스트에서 사용되는 Grand Alliance의 복조기의 22 μsec 등화기의 범위를 초과하게 된다. 등화기 하드웨어 범위를 넘어서는 길고 15% 이상의 큰 에코는 DTV 수신 실패를 야기하는데, 이 문제의 해결방법은 긴 에코를 보상하기 위해서 등화기 길이를 늘이는 것이다.

(3) 실내 테스트 결과

<표 6-9>는 지금까지 발표된 옥내 DTV 필드테스트에 대한 요약 데이터이다. 모든 옥내 DTV 필드테스트는 소비자가 멀리 떨어진 거리에서는 옥내 안테나를 사용하지 않는다는 가정 하에 본질적으로 송신기로부터 35마일 이하인 장소에서 수행하였다. 관심있게 살펴보아야 할 사항은 차도에서의 옥외 측정과 옥내 측정을 비교하는 항목인데 특히

중요한 것은 집으로 들어올 때 전계강도의 감쇄와 집안에서의 증가된 다중 경로로 인해 탭 에너지 값이 커진다는 것이다. 집안에서 관측된 전파 영향은 옥외에서 실험한 것과 같았으며 단지 크기 면에서 차이가 났다. 수신안테나 높이가 낮고 집의 벽이나 천장에 의한 감쇄 때문에 신호 전계강도는 감소할 것이고, 반면에 안테나의 이득이 낮고 지향성이 떨어지며 추가적인 인접 반사면이 있고 집안에서의 다중 경로로 인한 상당히 짧은 반사파로 인하여 탭 에너지가 증가할 것이라는 것을 예상할 수 있다. 방안에서 움직이는 사람과 가까운 거리에서 움직이는 큰 차량은 동적인 다중 경로를 야기시킨다.

<표 6-9>에서 주목할 만한 것은 워싱턴 DC에서는 낮은 송신 HAAT를 사용하고 또한 집안에서의 심각한 다중 경로 때문에 서비스 가능성이 41% 미만이었다는 것이다. 그리고 Raleigh에서의 탭 에너지의 중간값이 −9dB로 상당히 큰데 이는 옥외 채널이 −16.5dB 탭 에너지로 심하지

<표 6-9> 실내 DTV 테스트 결과

Station Call Letters	ACATS	WHD	WETA	WRAL	WGN
City	Charlotte	Wash. DC	Wash. DC	Raleigh	Chicago
Test Dates	8/94	9/98	9/98	5/97	5/98
Channel Number	53	30	34	32	20
Frequency(MHz)	707	569	593	581	509
Wavelength(feet)	1.39	1.73	1.66	1.69	1.93
Transmitter HAAT(feet)	1351	567	554	1750	1238
Transmitter ERP(kW, ave)	32	442	112	50	284
Test area radius(miles)	25.6	24.0	24.0	32.0	34.5
VSB Rx Equipment	GA-1	GA-1	GA-1	GA-1	GA-1
Indoor Test Sites number	32	67	67	36	10
Measured Sites>Min Field Strength(%)	90.6	82.9	56.2	91.7	100
Raw Service Availability(%)	75.0	40.6	31.1	80.6	100
System Performance Index(%)	82.8	49.0	55.5	87.9	100
Median Tap Energy/Standard Deviation(dB)	-12.9	-11.3	-10.4	-6.8	-11.7
Median Margin/Standard(dB)	18.8	16.2	15.0	15.3	22.8
Outdoor-to-Indoor Signal Attenuation(dB)	12.7	13.2	13.5	9.1	12.5

않다는 것을 감안하면 집안에서의 다중 경로가 상당히 심하다는 것을 보여준다.

(4) 미국 ATSC 테스트에 관한 논평

시스템 성능 지수란 전계강도가 한계치보다 큰 사이트 중에서 수신이 잘되는 사이트의 비율인데, 사이트 숫자로 가중치를 두지 않고 단순 산술 평균을 구하면, 옥외 사이트 그룹 1의 경우 92.3%이고 그룹 2의 경우 80.1%이다. 그리고 실내 테스트의 경우는 75%이다. 이 결과로 볼 때 방송사는 송신소나 중계기를 설치할 때 HAAT를 높게 하여 음영지역의 비율을 줄이도록 노력을 해야 하고 수신기 제조업체들은 다중 경로에 대한 수신기 성능을 높이도록 노력해야 할 것이다.

3) 미국 볼티모어에서의 8VSB와 COFDM 비교 수신 테스트[21]

싱클레어 방송 그룹(SBG)은 도시 환경 내에서 '수신의 용이함'과 관련하여 현재 ATSC 8VSB 표준 변조 방식의 강인성을 결정하기 위한 테스트를 실시했는데 이 테스트 프로그램의 목적은 NTSC 등급 A 이내의 인접 전계와 NTSC 등급 B 가장자리의 원거리 전계 수신장소에서 8VSB와 COFDM의 변조 기술을 사용하는 DTV에 대한 '수신의 용이함'을 결정하는 데 있다. ATSC 8VSB 단일 반송파 표준과 DVB-T COFDM 다중 반송파 표준은 같은 채널, 같은 평균 전력, 같은 6MHz 대역폭, 같은 전송 시스템을 통하여 교대로 방송되었다. ATSC의 테스트는 야기(Yagi) 안테나를 사용하였는데, 이 테스트에서는 CEMA에 의해 정의된 간단한 수신안테나인 bow tie dipole과 double bow tie reflector를 사용하면서 수신 능력을 검토하고자 하였다.

테스트는 40번 채널을 사용하였으며 ATSC 수신기는 파이어니어와 파나소닉사 것을, DVB-T 수신기는 6MHz용인 노키아와 NDS가 것을

---

21) Sinclair Broadcast Group, Comparative Reception Testing of 8VSB and COFDM in Baltimore, September, 27, 1999.

<표 6-10> 시스템 작동 파라미터

System	DVB-T	ATSC
Bandwidth	6MHz	6MHz
Carrier	1705	Single
Modulation	64QAM	8VSB
Guard interval	1/8	~
FEC	3/4	2/3
Useful Data Rate	18.67Mb/s	19.39Mb/s

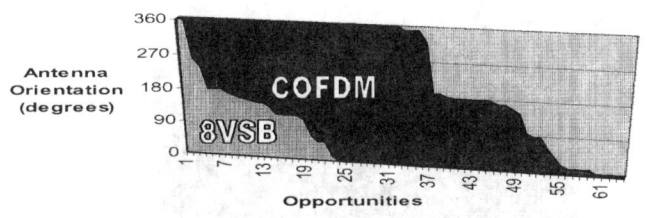

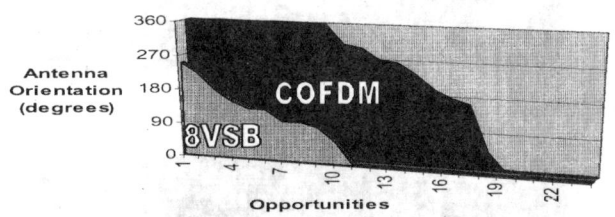

<그림 6-5> 안테나 방향에 따른 수신 용이함

사용하였다. <표 6-10>은 1999년 6월 21일부터 8월 4일까지의 테스트 동안 사용한 시스템의 동작 파라미터를 상세히 보여준다.

(1) 옥내 수신

두 개의 안테나를 사용하여 옥내 수신율을 조사하였다. 다이폴 안테나로 31개 옥내 수신 사이트를 테스트하였는데 8VSB는 31개 사이트 중 11개 사이트에서 수신되었고 COFDM은 31개 사이트 모두에서 수신에 성공하였다. 2-Bay 안테나의 경우 8VSB는 18개 사이트 중 7개 사이트에서 성공하였고 COFDM은 18개 사이트 모두에서 수신 성공하였다.

(2) 안테나 방향에 대한 수신의 용이함

<그림 6-5>는 수신안테나 방향에 따라 몇 개의 사이트가 수신이 되는지를 보여준다. 이 <그림 6-5>를 보면 전체적으로 다이폴과 2-Bay 안테나에 대하여 8VSB보다 COFDM이 360°의 전 방향에 대하여 수신

Example 8VSB "Nominal Reception"

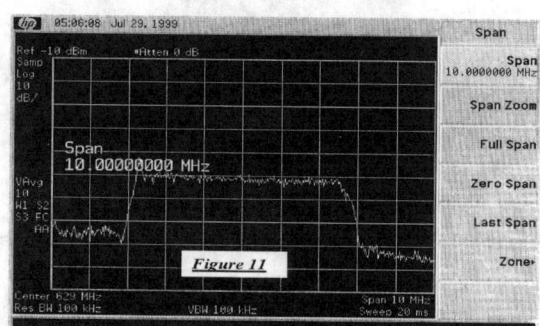

Example 8VSB "Threshold of Failure" (note <15 dB null)

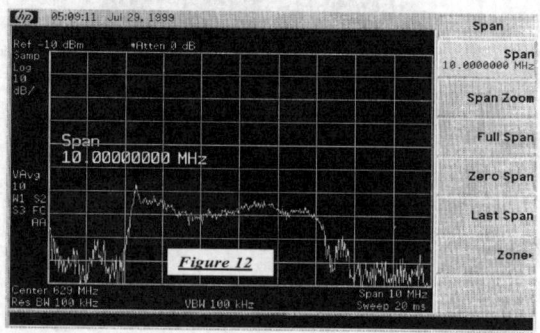

<그림 6-6> 수신 불가일 때의 8VSB 스펙트럼 예제

Example COFDM "Nominal Reception"

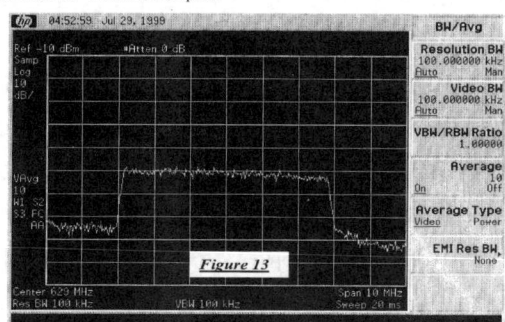

Example COFDM "Threshold of Failure" (nulls >25dB, at noise threshold)

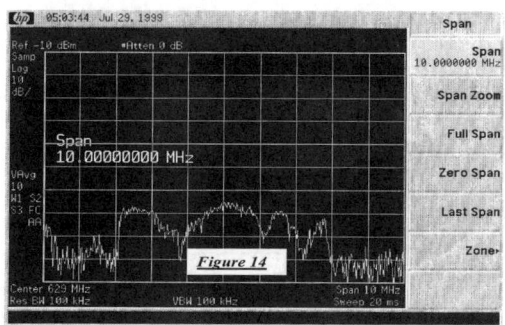

<그림 6-7> 수신 불가일 때의 COFDM 스펙트럼 예제

되는 사이트가 훨씬 많다는 것을 보여준다. 이것은 COFDM이 안테나 지향성에 덜 민감하고 그만큼 채널을 바꿀 때 안테나를 조절할 필요가 적어진다는 것을 보여준다. 즉 수신이 용이하다는 것을 보여준다.

(3) 스펙트럼 평탄성 정도와 수신 능력

전체 테스트 사이트의 4분의 3이 인접 필드에 위치해 있는데, 특히 송신안테나에서 반경 10마일 이내의 사이트는 다양한 종류의 다중 경로에 의해 영향을 받아 여러 가지 형태의 스펙트럼을 가지고 있다. 이것은 도심에서 또는 옥내에서 생길 수 있는 전형적인 스펙트럼 형태이다. <그림 6-6>에서 보는 바와 같이 15dB을 초과하는 스펙트럼 편차

를 가진 8VSB는 어떤 조건이든, 어느 장소이든 간에 수신이 불가능했
다. 한편 <그림 6-7>의 예에서는 주요 스펙트럼 편차가 약 25dB인
경우에 COFDM은 수신 실패 임계치를 나타냈다. 그리고 8VSB는 스펙
트럼 널의 위치와 주기에 매우 민감했다. 그러나 COFDM 경우는 상당
한 손상 상황에서도 테스트한 모든 장소에서 수신이 가능했다. 동적 다
중 경로의 경우 8VSB는 견뎌내는 능력이 부족했지만 COFDM은 대부
분의 변화하는 다중 경로의 상황을 추적해가는 능력을 보였다.

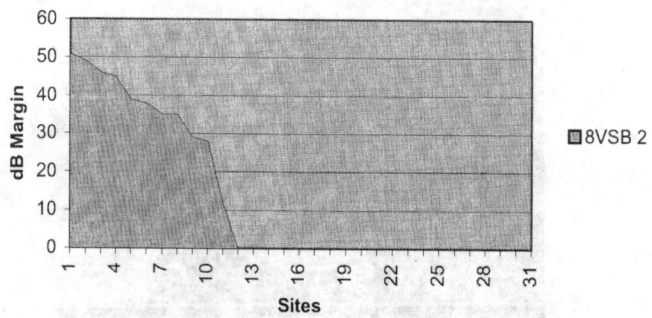

<그림 6-8> 파이오니어 8VSB 수신기에 대한 수신 마진 그래프

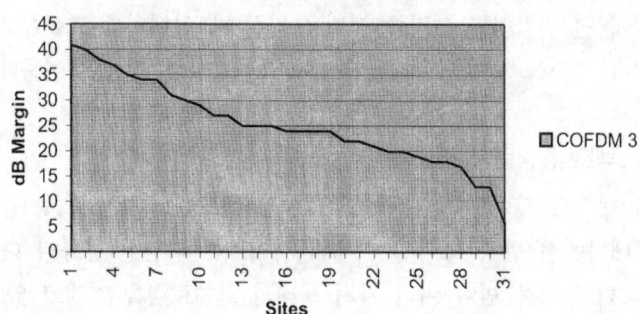

<그림 6-9> 노키아 COFDM 수신기에 대한 수신 마진 그래프

(4) 수신기 마진

<그림 6-8>과 <그림 6-9>는 DTV 신호를 성공적으로 수신하고 복호하는 능력을 보여주는 그림인데 이는 30마일 이내 인접 필드에서 옥내 옥외의 31개 사이트에 대해 각각의 수신기가 나타내는 수신 실패에 대한 마진이다. 8VSB의 경우 파나소닉 수신기를 사용했을 때 사이트 중 10사이트에서 수신이 되었는데 <그림 6-8>의 파이오니어사 수신기는 12사이트에서 수신이 되었다. COFDM은 더 많은 사이트에서 수신이 되는데 NDS사의 수신기는 21사이트에서 수신이 되었고 <그림 6-9>에서 보듯이 노키아사의 COFDM 수신기는 모든 사이트에서 수신되었다.

(5) 원거리 필드 데이터

원거리 필드테스트의 목적은 동일한 전력으로 송신했을 때 수신 성능의 차이를 관찰하고자 하기 위함이다. 두 시스템의 이론적인 성능에 있어서 TOV를 만족하는 C/N이 8VSB가 15dB이고 COFDM이 19dB로 4dB 차이가 있지만 실제 데이터 측정 결과 4dB만큼의 차이는 나타나지 않았다. 수신에 대한 잡음 요소를 바로 잡기 위해 수신 시스템의 앞단에 2.7dB 잡음 지수를 갖는 저잡음증폭기(LNA)를 사용하였고 이때 사이트 마진의 차이는 평균 2.0dB이었다. 같은 날의 8VSB와 COFDM 사이의 평균적인 매일 조정 임계치의 차이는 3.28dB로 측정되었다. 송신기에서 측정한 매일 조정 임계치와 필드에서 추정된 임계치와의 차이는 가우시안 채널에 더해지는 실제의 경로 손실의 효과 때문일 것이다.

(6) 테스트 결과 토론

싱클레어 방송 그룹이 이 테스트를 한 이유는 DTV가 시청자들에게 쉽게 서비스가 되기 위해 필요한 몇 가지 사항이 ATSC 테스트에서는 간과되었다고 생각했기 때문이다. 첫 번째는 8VSB가 대역폭 6MHz에서 HDTV를 전송할 수 있는 유일한 시스템이라는 것을 반박하기 위하

디지털 방송 이해 및 실무

여 6MHz 대역의 COFDM 전송 테스트를 하였다. 6MHz용 COFDM의 데이터 속도는 18.76Mb/s이었는데 이 속도가 8VSB의 데이터 속도보다는 3% 떨어지지만 HDTV 전송을 보장할 수 있는 18Mbps보다는 높다.

두 번째로 8VSB 시스템의 설계 초기에는 옥내 수신에 대한 필요성이 간과되었다고 생각하고 그에 대한 수신 테스트를 하였다. 시청자들이 조절할 필요 없는 간단한 안테나로 쉽게 수신하는 것이 중요하다고 생각하고, 작은 안테나를 사용하는 휴대용 수신기에 서비스를 제공하는 것은 처음에 예상했던 것보다 이제는 더욱 중요하게 되었다. 휴대성과 이동성은 ATSC 시스템의 설계기간에는 요구사항이 아니었는데, 이 요구사항은 오늘날에는 간과할 수 없으며 그래서 이런 테스트를 실시하였다.

세 번째로 싱클레어 테스트는 두 시스템 사이의 C/N 비율 차이의 중요성을 연구했다. 모든 테스트 수신기들을 똑같은 잡은 지수로 정규화함으로써 원거리 필드에서 두 시스템 사이의 실제 성능 차이를 측정했는데, 평균적으로 2.0dB의 C/N 차이가 있었다. 이것은 8VSB가 송신구역의 가장자리에서 서비스를 제공하는 능력이 더 있는 것처럼 보이지만 그 정도의 차이는 실제 환경에서는 중요하지 않다. 그 이유는 조사된 원거리 필드 사이트에서 8VSB는 수신되면서 COFDM은 수신이 안되는 장소가 없었다는 사실로부터 알 수 있다. 그래서 현 시대의 수신기에서의 8VSB가 2dB의 실제 C/N 이익이 있다는 것이 다중 경로 같은 손실에 의해 상쇄되어버려 가장자리에서 두 시스템의 성능이 비슷해진다는 것을 추측해낼 수 있다.

(7) 볼티모어 테스트에 대한 논평

제1장의 8VSB 테스트는 8VSB만의 테스트였는데 싱클레어 방송 그룹 주관의 볼티모어 필드테스트는 8VSB와 COFDM을 똑같은 평균 전력으로 똑같은 장소, 똑같은 시스템으로 송신하면서 비교 테스트했다는데 큰 의의가 있다. 첫째, 6MHz 대역을 사용하는 COFDM이 HDTV를 전송할 수 있느냐 없느냐의 문제는 18.76Mbps로의 전송 실험이 8VSB보다 좋게 나왔기 때문에 6MHz 대역의 COFDM으로 HDTV를

전송할 수 있는 것으로 결론이 났다. 두 번째로 원거리 필드에서 백색 잡음에 대한 8VSB의 성능이 COFDM보다 2dB이 좋은 것으로 테스트 되었는데 이는 8VSB가 TOV를 만족하는 C/N비가 작다는 이론을 다시 한번 증명했다. 단지 실질적인 차이가 2dB이냐 4dB이냐의 논란은 남아 있다. 나머지 항목들은 다중 경로에 대한 두 시스템의 강인성과 관련이 있다. 8VSB가 COFDM보다 정적 동적 다중 경로에 대해 영향을 많이 받는다는 사실은 이미 알려진 사실이다. 그래서 2000년에 ATSC RF Task Force 팀에서 그 개선방향을 논의하고 있고 수신 칩 제조회사들이 칩의 성능을 향상시키도록 노력하고 있다. 옥내 수신에서도 다중 경로 의 영향이 커져서 수신이 안되는 지역이 많이 나오는 것으로 미국의 DTV 필드테스트에서도 보고되고 있다. 다만 안테나는 꼭 간단한 다이 폴 안테나를 사용해야 하는지는 의견이 다를 수 있다. 즉, DTV 수상기 가격이 비싸니까 안테나를 조금 좋은 것으로 써도 된다는 의견도 참조 해볼 만하다.

다중 경로가 아날로그에서는 단순한 고스트로 나타나지만 디지털에 서는 수신이 안되는 현상으로 나타난다. 또한 수신기가 다중 경로를 보 정할 능력이 있어도 다중 경로가 커지면 커질수록 전계강도가 세야 수 신이 된다. 볼티모어에서의 테스트 결과를 볼 때 8VSB의 경우 안테나 는 방향성이 있고 수신 감도가 좋은 안테나를 사용하는 것이 바람직하 며 수신 성능이 COFDM과 비슷해지려면 등화기를 개선하여 다중 경로 에 대한 성능을 좋게 하는 연구개발이 필요하다.

4) 호주에서의 DTTB 성능 평가 필드테스트[22] 및 실험실 테스트[23]

FACTS(Federation of Australian Commercial Television Stations)가 G

---

22) FACTS, "FACTS Summary report for the Australian field trials of DVB-T and ATSC DTTB systems conducted in 1997," July, 25, 1998.
23) Neil Pickford, "Results Summary for Australian 7MHZ tsets of DVB-T and ATSC DTTB modulation systems," Communications Lab Report, June, 1998.

디지털 방송 이해 및 실무

호주의 첫 번째 DTTB(Digital Terrestrial Television Broadcasting) 필드 시험을 1997년 10월과 11월에 시드니에서 실시했으며 유럽 방식의 DVB-T 2K-COFDM과 미국 방식의 ATSC 8VSB 시스템이 시드니에서 PAL 방식의 아날로그 채널들 옆 VHF 밴드Ⅲ을 사용하여 테스트되었 다. 이 필드테스트의 데이터와 DCA(Department of Communications and the Arts) 통신 실험실 테스트(Communications Laboratory Tests)의 데이터를 검토하여 호주에서 DTTB 표준을 선택하였고 또한 DTTB 송 신구역을 예측하는 기준을 만들 수 있었다.

같은 해에 호주 7MHz 방송 환경에서 DVB-T COFDM과 ATSC 8VSB 변조 시스템의 성능 평가를 실험실 테스트를 통해 실시하였다. 이 테스트들은 VHF 8번 채널(191.5MHz) 근처에서 시제품과 시연 장 비를 가지고 수행되었다.

전체적인 테스트의 목적은 8VSB와 COFDM 두 변조 시스템 중 하나 를 선택하는 데 필요한 두 시스템의 수신 특성의 차이점을 제공하고, 시청자가 수신 가능하게 하는 데 필요한 정보를 시스템 설계자에게 제 공하고, 신뢰성 있는 데이터를 만드는 데 필요한 우선적인 주의점을 제 공하는 데 있다.

(1) 필드 시험 파라미터

시험에서 사용된 두 시스템의 파라미터는 <표 6-11>에 자세히 기술 하였다. 여기서 사용된 8VSB 시스템은 6MHz용이고 NTSC 환경에 맞

<표 6-11> DVB-T와 ATSC 시스템의 파라미터

DVB-T 시스템	ATSC 시스템
7MHz nominal bandwidth	6MHz nominal bandwidth
2K carrier mode	
64QAM modulation(8levels×8hases)	8VSB modulation(8levels)
FEC 2/3	FEC 2/3
RS(204, 188)	RS(207, 187)
Guard interval 1/8(32uSec)	Transport Stream Bitrate of 19.39Mbps
Transport Stream Bitrate of 19.35Mbps	Equaliser range of 23uSec
DMV V1.0 Equaliser software used	Co-channel compensation not on.
DMV V2.0 System software used	"Blue rack" decoder

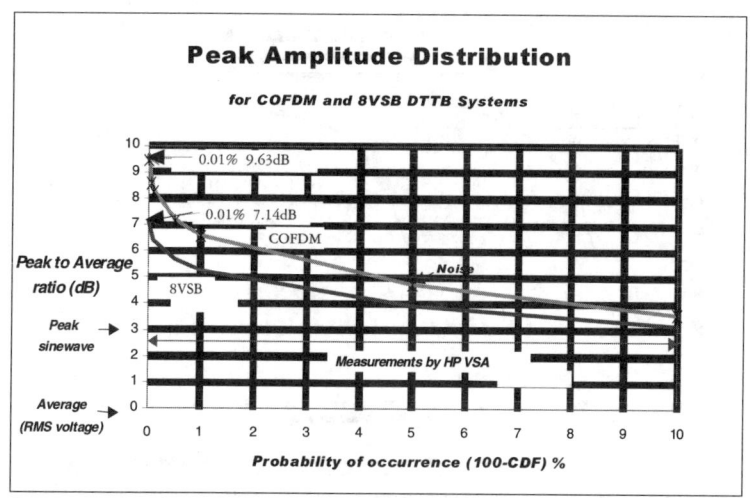

<그림 6-10> COFDM과 8VSB 시스템의 첨두 대 평균 전력 분포

게 최적화되어 있다. DTTB 채널은 174~181MHz의 6번 채널과 18
8~195MHz의 8번 채널을 사용하였으며 아날로그 PAL 채널은 182.25
MHz의 7번 채널과 196.25MHz의 9번 채널, 209.25MHz의 10번 채널
을 각각 사용하였다. 필드 시험은 1997년 10월 3일부터 11월 14일까
지 27일 동안 실시되었으며 총 108개의 사이트에서 125번의 테스트를
수행하였다. 또한 DTTB의 ERP는 45kW를 사용하였다.

(2) COFDM과 8VSB 변조 방식의 피크 대 평균 전력비

송신기에서의 피크 대 평균 전력비를 구하기 위해 CDF(Cumulative
Distribution Function)를 구한 것이 <그림 6-10>인데 이 분포도를 살
펴보면 COFDM이 8VSB에 비해 1dB부터 2.3dB까지 높은 피크 대 평
균 전력 비율을 가지고 있다는 것을 알 수 있다.

(3) 필드테스트에서의 임계값 C/N 경향과 분포

<그림 6-11>과 <그림 6-12>의 누적 분포는 정적 환경과 동적 환
경에 대해서 임계 C/N값이 어떻게 나타나는지를 보여준다. 'C/N 임계

디지털 방송 이해 및 실무

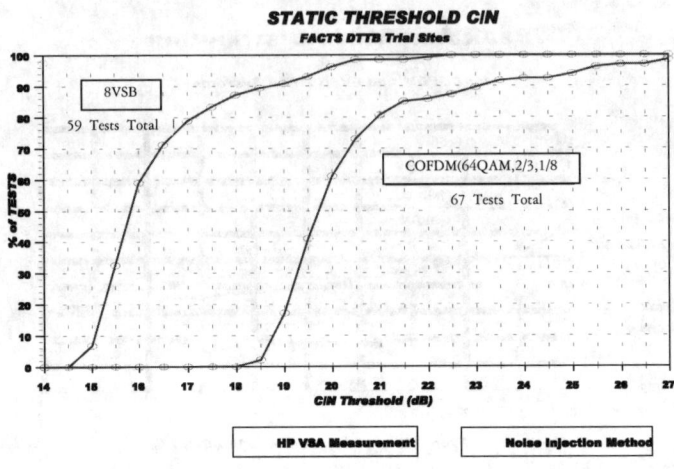

<그림 6-11> 잡음 주입 방법을 이용한 정적 임계 C/N값

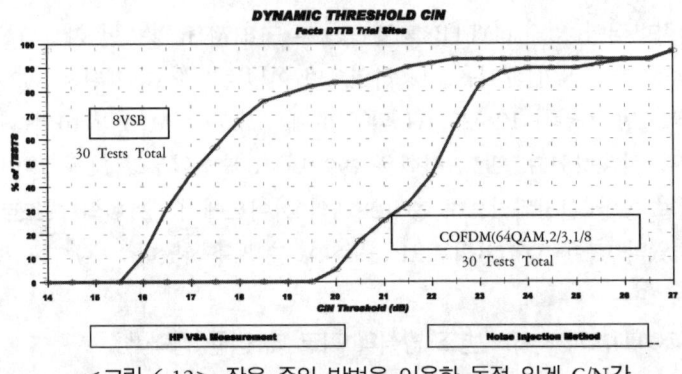

<그림 6-12> 잡음 주입 방법을 이용한 동적 임계 C/N값

값'에 대한 '테스트 숫자'의 분포도는 두 시스템의 C/N 임계값 성능에 영향을 미치는 복잡한 다중 경로의 영향을 보여준다. 동적 환경에 대해서 확실히 임계 C/N값이 정적 환경보다 더 높은 쪽으로 이동했음을 쉽게 알 수 있다.

(4) 필드테스트 요약

<표 6-12>는 호주 시드니 지역에서 행한 필드테스트 측정결과의 요

<표 6-12> 호주의 필드테스트 측정 결과

Parameter		COFDM	8VSB	Unit	
Static Multipath	Median Threshold C/N(Noise inject)	19.6	15.7	dB	C/N
	Median Threshold C/N(System Att.)	19.6	16	dB	C/N
	Minimum Threshold C/N(Noise inject)	18.7	15	dB	C/N
	Minimum Threshold C/N(System Att.)	18.2	14.7	dB	C/N
	Average Threshold C/N(Noise inject)	20.3	16.4	dB	C/N
	Average Threshold C/N(System Att.)	20.7	17.3	dB	C/N
	80% of tests(Noise inject) were less than	20.9	17.1	dB	C/N
	95% of tests(Noise inject) were less than	25.2	19.7	dB	C/N
	80% of tests(System Att.) were less than	24.5	18.5	dB	C/N
	95% of tests(System Att.) were less than	26.4	24.3	dB	C/N
	Spread of Threshold C/N(95% Noise Inject)	6.3	4.5	dB	
	Spread of Threshold C/N(95% System Att.)	8.2	9.6	dB	
Hi Gain Antenna	Minimum F/S @ 3.5dB NF	35.5	31.5	dBV/m	F/S
	Minimum F/S for DTTB receivers supplied	37	37	dBV/m	F/S
	Minimum F/S at 95% worst case	45.2	46.6	dBV/m	F/S
Dipole Antenna	Minimum F/S @ 3.5dB NF(5dB safety Margin)	43	39	dBV/m	F/S
	Minimum F/S for DTTB receivers supplied(5dB)	44.5	44.5	dBV/m	F/S
	Minimum F/S for DTTB receivers supplied(5dB)	52.5	54	dBV/m	F/S
DTTB to PAL Launch Ratio Variation of coverage area(>5Km from Tx)		+/-2	+/-2	dB	
PAL S/N @ DTTB C/N Threshold(for Hi Gain Antenna) @ -14 dB DTTB to PAL ratio	Worse	32.5	32.5	dBunwtd	S/N
	Average	28.4	23.7	dBunwtd	S/N
	Typical worse	32	30	dBunwtd	S/N
	Best	20	19	dBunwtd	S/N
Typical F/S of PAL with Hi Gain Antenna for 30dB S/N=55dB μV/m					
For Coverage equivalent to existing PAL Coverage requires:					
DTTB to PAL launch ratio : - Roof top Outdoor Antenna - Receiver NF=3.5 dB	C/N Threshold study	-19.5	-23.5	dB	
	C/N Threshold study 95 % worse case	-11.3	-13.9	dB	
	PAL comparisons NO margins	-12	-14	dB	
	(with RX NF as supplied) - (-C/N threshold study 95% worse case)	-10	-8.5	dB	
Typical F/S of PAL with Dipole Antenna for 30dB S/N=60dB μV/m					
DTTB to PAL launch ratio : - Dipole Outdoor Antenna - Receiver NF = 3.5 dB	C/N Threshold study (5 dB safety margin)	-17	-21	dB	
	C/N Threshold study (as above + 95 % worse case)	-9	-11	dB	
	(with RX NF as supplied) - (-C/N Threshold study & PAL comp.)	-7.5	-6	dB	

디지털 방송 이해 및 실무

약 표이다. COFDM과 8VSB의 각각의 사항에 대한 측정결과를 요약한 것이다. 이 표를 관찰하면 필드에서의 DTTB 성능에 대한 약간의 감각을 느낄 수 있다. DTTB 전력이 PAL의 1/25일 때, 즉 -14dB일 때, 다음과 같은 성능을 나타낸다.

- 아날로그 PAL 영상이 괜찮게 나올 때는 8VSB와 COFDM 둘 다 대부분의 사이트에서 작동하였다.
- 아날로그 PAL 영상에 눈에 띄는 백색 잡음(grain noise)과 몇 개의 에코(다중 경로)가 있을 때는 8VSB와 COFDM이 둘 다 수신에 실패하였다.
- 아날로그 PAL 영상에 항공기나 차량에 의한 눈에 띄는 불규칙한 진동(flutter)이 있었을 때, 8VSB는 수신에 실패하였다.
- 아날로그 PAL 영상에 눈에 띄는 충격 잡음과 눈에 띄는 백색 잡음(grain noise)이 있었을 때, COFDM은 수신에 실패하였다.

약간의 다중 경로가 있는 상황에서 백색 잡음 성능은 송신전력을 증가시키면 개선할 수 있을 것이다. COFDM 시스템의 충격 잡음에 대한 민감도는 낮은 전계강도일수록 커지는데 이것은 송신전력을 증가시키면 향상될 수 있을 것이다.

(5) 실험실 테스트 결과 요약[23]

실험실 테스트에 사용된 DVB-T와 ATSC 시스템의 파라미터는 <표 6-13>에 정리했다.

<표 6-14>를 살펴보면, ATSC와 똑같은 커버리지를 DVB-T에서 얻기 위해 4dB 이상의 파워가 더 필요함을 보여준다. 그런데 ATSC 시스템의 좋은 C/N 성능이 송신구역 가장자리에서는 가우시안 잡음에 대해 높은 잡음 지수를 가지고 있어 크게 상쇄된다. ATSC C/N은 14.8dB의 이론적인 C/N에 매우 가까우나 DVB-T에서는 이론적인 마진보다 여전히 2.6dB 높음을 보여준다.

제6장 8VSB와 COFDM 방식의 성능 비교

\<표 6-13\> DVB-T와 ATSC 시스템의 파라미터

Parameter	DVB-T	ATSC
Data Payload	19.35Mb/s	19.39Mb/s
Carriers	1705	1
Symbol Time	256 μs	93ns
Time Interleaving	1Symbol	4ms
Reed Solomon code rate	188/204	187/207
IF Bandwidth(3dB)	6.67MHz	5.38MHz
IF centre Frequency	35.3MHz	44.0MHz
Receiver AFC range	11.5kHz	359kHz
Latency including MPEG coding SDTV 8Mb/s	37Frames	Unknown

\<표 6-14\> AWGN에서의 수신기 성능

Parameter	DVB-T	ATSC
Carrier to Noise Threshold(in native system bandwidth)	19.1dB	15.1dB
Simulated Theoretical C/N for optimum system	16.5dB	14.9dB
Minimum Signal Level	25.2dB μV	27.2dB μV
Apparent receiver noise figure	4.6dB	11.2dB
Input Signal Level where Carrier to Noise Threshold degrades from system threshold by 1dB	34dB μV	35dB μV

\<표 6-15\> 다중 경로와 Flutter에 대한 성능

Parameter	DVB-T	ATSC
Single 7.2 us Coax pre ghost	0dB	-13.5dB
Single 7.2 us Coax post ghost	0dB	-2.2dB
Single 17.2 us Translator link pre ghost	-3dB	-16.2dB
Single 17.2 us Translator link post ghost	-8dB	-8.4dB
Echo correction range	$\pm$32 μs	+3 to -20 μs
Doppler single echo performance(-3dB echoes)	$\pm$140Hz	1Hz

\<표 6-16\> 충격 잡음 성능

파라미터	DVB-T	ATSC
Impulse Sensitivity(Differential to PAL grade 4)	9-14 dB	17-25 dB

디지털 방송 이해 및 실무

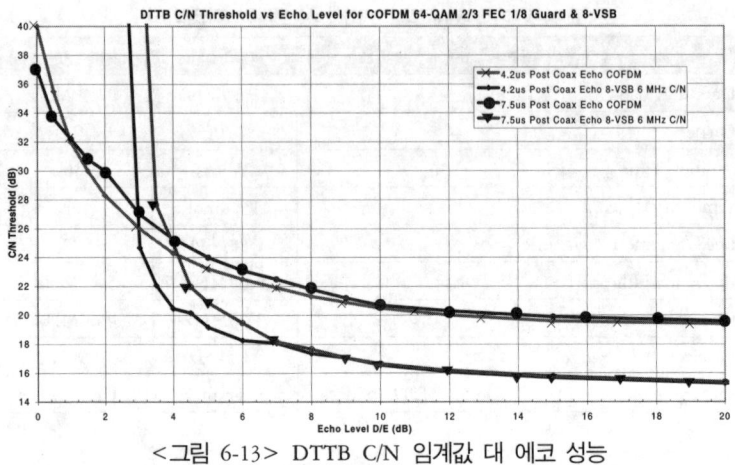

<그림 6-13> DTTB C/N 임계값 대 에코 성능

앞의 <표 6-15>를 살펴보면 전체적으로 DVB-T가 ATSC보다 다중
경로의 환경에서 더 좋은 성능을 보여줌을 알 수 있는데 +7.2 μs의 단
일 에코의 경우 8VSB는 -2.2dB까지 동작하나 COFDM을 0dB까지 동
작한다. <그림 6-13>을 보면 8VSB가 다중 경로 에코가 -7dB 이상일
때 더 급격하게 품질이 떨어지고 COFDM은 0dB까지 동작하지만 이
경우에는 매우 불안정하다. 도플러의 경우 8VSB의 경우 빠른 모드에서
는 5Hz까지 처리할 수 있지만 느린 모드에서는 1Hz밖에 따라가지 못
했다.

<표 6-16>의 충격 잡음 성능을 보면, ATSC는 DVB-T보다 8~11
dB 낮은 신호 레벨에서 고정된 레벨의 충격 간섭을 처리할 수 있다. 충
격 잡음이 충분히 클 때 8VSB는 단지 몇 개의 심볼만 영향을 받지만
DVB-T COFDM은 복조(FFT)시 광대역 스펙트럼 충격 잡음의 에너지
를 모든 반송파로 확산시켜서 많은 양의 데이터 손실을 가져온다.

(6) 호주 테스트에 대한 논평

호주의 필드 및 실험실 테스트는 8VSB가 전체적인 커버리지와 C/N
측면에서 유리하고 스펙트럼 효율과 충격 잡음 면에서 좋은 성능을 보여

주었지만, 수신기의 잡음 지수와 다중 경로와 도플러 측면에서는 COFDM
의 성능이 뛰어남을 보여주었다. 이 필드테스트에 사용된 8VSB 수신기
가 동적 다중 경로에 대해 성능이 약한 초창기 제품으로 에코와 도플러
에 대해서 굉장히 성능이 나쁜 것으로 보고되었다. 최근의 8VSB 수신
기는 호주의 테스트 데이터보다는 좋은 성능을 가지고 있다. PAL과
DTTB와의 간섭에 대한 대해서도 테스트되었는데 한국은 NTSC를 사
용하기 때문에 이 요약문에서는 생략하였다.

호주의 테스트에서 나타났듯이 우리나라에서 채택한 8VSB 변조 방
식의 성능 개선을 위해서는 8VSB 수신기의 잡음 지수를 낮추고 다중
경로 특히 도플러 성능에 대해서는 등화기를 개선해야 한다. 최대 도플
러 주파수를 조사하고 동적인 다중 경로가 있을 때는 등화기의 스텝 크
기를 키워서 수렴 속도를 빠르게 해야 할 것이다.

또한 <그림 6-13>의 에코 크기에 대한 C/N 임계치를 살펴보면 에
코가 커지면 C/N 임계치가 커지므로 그만큼 전계강도가 강해야 된다는
말이 된다. 일반적으로 이동시에는 많은 다중 경로가 발생할 수 있으므
로 이동수신이 가능하려면 그만큼 전계강도가 강해야 한다. <그림
6-13>에서 보면 0dB 근처의 에코가 있으면 약 15dB 정도로 큰 전계
강도가 필요하게 되고 이를 수용하려면 주 송신소 ERP를 키우든지 아
니면 곳곳에 중계기를 설치해야 한다. 이 점 때문에 COFDM도 이동수
신이 가능하도록 망을 구성하는 데 어려움이 있다. 망 구성 비용이 많
이 요구되기 때문이다.

5) 싱가포르의 DTV 표준 선정 보고서[24]

싱가포르에서는 미국의 ATSC, 유럽의 DVB-T, 일본의 ISDB 시스템
을 테스트하기 위해 SBA가 싱가포르 디지털 텔레비전 기술위원회
(Singapore Digital Television Technical Committee)로 불리는 기술위원

---

24) Singapore Digital Television Technical Committee, "Singapore Digital
Television Technical Committee Final Report," May, 1999.

디지털 방송 이해 및 실무

회를 임명하여 필드테스트를 수행하고 싱가포르의 표준을 추천하도록
하였다. 이때 표준 선정을 위한 참조 항목은 다음과 같다. 싱가포르의
고층건물이 많은 환경 하에서 DTV 신호는 강인하게 수신될 필요가 있
고, 움직이는 시청자에게 프로그램과 정보 서비스 전송이 가능하도록
움직이는 차량에서의 강인한 수신이 필요하고, 싱가포르 케이블 비전
(Cable- Vision) 케이블 네트워크와의 호환성이 요구되고, 싱가포르
ONE사의 광대역 멀티미디어 서비스와의 상호 운영성이 있는지, 실행
비용이 얼마나 드는지, 수신기의 가격과 쉽게 구입이 가능한지의 항목
이다. 필드테스트는 1998년 6월 8일부터 1998년 9월 4일 사이에 진행
되었다.

(1) 권고사항

선택 패턴은 만장일치로 싱가포르 지상파 방송 방식으로 DVB-T를
추천하였는데 SBA에게 제출한 열두 개의 권고사항은 다음과 같다.

- 권고사항 1 : "디지털 텔레비전 전송 표준으로 싱가포르는 DVB를
  채택한다"
- 권고사항 2 : "싱가포르 시청자는 DTV 지상파, 케이블과 위성 방
  송을 통합된 텔레비전 수상기나 셋탑박스를 사용하여
  수신한다"
- 권고사항 3 : "케이블과 지상파 텔레비전용으로 가능한 빨리 지배적
  전자 프로그램 가이드(Dominant EPG)를 채택한다"
- 권고사항 4 : "현재 음향 형식(스테레오와 프로로직 써라운드 사운드)
  이외에 5.1 다중 채널 사운드 포맷 형식의 구현을 강
  력히 추천한다"
- 권고사항 5 : "싱가포르는 DTV 채널의 프로그래밍 컨텐츠의 질을
  높이기 위해 부가 데이터서비스를 제공하는 것을 지원
  하고 권장한다"
- 권고사항 6 : "싱가포르는 방송사들이 싱가포르 ONE 네트워크와는

상호 보완성으로 컨텐츠와 그 관련 서비스의 강점을 살릴 수 있도록 광대역 인터넷과 같은 독립적인 데이터서비스를 위하여 DTV 스펙트럼을 사용할 것을 권장한다"

- 권고사항 7 : "방송사들은 공통 전송과 소비자 인터페이스 기술을 계획해서 개발하기 위해서 컴퓨터 및 통신 산업계와 매우 밀접하게 작업해야 한다"
- 권고사항 8 : "싱가포르는 국가적인 디지털 텔레비전 기간시설과 디지털 방송 서비스를 구현을 감독하기 위해서 조직을 설립한다"
- 권고사항 9 : "텔레비전 신호 수신을 할 수 있는 지상에서 동작하는 장치가 시중에 있다면 그 장치가 기술개발을 위한 토대가 될 것이다"
- 권고사항 10 : "싱가포르는 DTV 전송 시스템의 설치와 운영을 목적으로 빌딩 접근 권한을 줄 수 있는 법률을 도입한다"
- 권고사항 11 : "싱가포르는 디지털 텔레비전의 프로덕션, 송신, 수신 분야의 엔지니어와 창조적인 사람들을 훈련하고 성장시키는 것을 장려한다"
- 권고사항 12 : "싱가포르는 디지털 송신과 수신을 위하여 기술적 성능 표준을 세운다"

(2) DTV 표준 평가표[25]

세 가지 표준에 대한 평가표가 <표 6-17>에 있는데 표 안의 수치는 등급을 반영할 뿐, 절대적 점수를 나타내지는 않는다. 등급 1은 등급 2와 3과 비교할 때 싱가포르 환경에서 보다 좋은 성능을 나타냈다는 것을 의미한다.

---

25) Singapore Digital Television Technical Committee, "DTV Standard Ranking Table," May, 1999.

디지털 방송 이해 및 실무

<표 6-17> 싱가포르에서의 DTV 표준 평가표

목차	평가 기준	미국 ATSC	유럽 DVB	일본 ISDB
1	송신 신호 특징			
a	신호의 강인성(전기적 간섭에 대한 면역성, 유효 송신구역, 송신 신호의 효율성, 실내 안테나를 사용한 수신 가능성, 인접 채널 성능, 동일 채널 성능)	1	3	2
b	왜곡에 대한 탄력성(다중 경로 왜곡에 대한 신호의 탄력성, 이동체 수신, 휴대용 수신)	3	2	1
c	단일 주파수망 성능	3	1	1
2	DTV 장비의 가능성			
(i)	SDTV 장비 가능성(제작, 분배, 포스트 프로덕션, 전송, 수신, 테스트와 측정)	2	1	3
(ii)	8MHz 환경에서 HDTV 가능성(제작, 분배, 포스트 프로덕션, 전송, 수신, 테스트와 측정)	3	1	2
(iii)	6MHz 환경에서 HDTV 가능성(제작, 분배, 포스트 프로덕션, 전송, 수신, 테스트와 측정)	1	3	2
(iv)	5.1 다중채널 음향(제작, 분배, 포스트 프로덕션, 전송, 수신, 테스트와 측정)	1	1	3
3	실행 비용(소비자, 제작, 자본, 상호 운용 가능성)	2	1	3
4	응용성(이동체 수신과 휴대용 TV, HDTV, 5.1 다중 채널 음향, 캡션 방송과 자막, 유료시청 TV/주문형 비디오, 다중 언어 전송, 조건부 수신/아동시청 제한, 대화형 TV/전자 프로그램 가이드, 홈 서버, 인터넷/전자우편/Web 응용)	2	1	2
5	상호 운용 가능성(케이블 네트워크, 통신 네트워크, MATV 시스템, 현재 소비자 장비 사용, 위성 수신)	2	1	3
6	성장 가능성(표준에서의 향후 발전, 새로운 산업 발전)	3	1	2
7	스펙트럼 효율성(타부/인접 채널 사용, 다중 프로그램에 의한 채널의 공유, 저 보호 비율)	3	2	1
8	다단계 응용성(DTV 시스템에서 열린 구조, 소비자 셋탑박스)	2	1	3
9	보안(암호화, 열린 표준)	2	1	3

(3) 싱가포르 테스트 논평

싱가포르 테스트는 싱가포르 당국이 어떤 시스템을 선택해야 하는지에 대한 결정을 하기 위해 실시된 테스트라 할 수 있겠다. ATSC와 DVB가 서로 장단점이 있는데 싱가포르에서는 무엇보다도 고층건물이 많이 밀집된 지역에서의 성능, 이동체 응용 분야에서의 잠재성과 장비 가능성에 중점을 두고 방식 선정을 하여 DVB-T를 선정했다. 또한 멀티채널 음향 부분에서는 돌비 AC-3을 DVB-T를 통해 전송할 수 있도록

DVB에 요구하여 관철시켰다. 싱가포르가 그 지역에서 방송과 멀티미디어를 선도하는 중심국가가 되는 것을 표방하고 있어 싱가포르의 표준 선택이 주위의 여러 나라에 영향을 미칠 것으로 예상된다.

6) 브라질의 필드테스트[26]~[29]

브라질에서는 디지털 TV 연구반 ABERT/SET에서 필드테스트를 수행하여 2000년 2월 11일 브라질의 통신주관(ANATEL)에 보고서를 제출했다. 이 테스트의 목적은 ATSC, DVB-T와 ISDB-T 시스템의 성능을 비교하여 브라질 표준 선정 자료로 사용하고자 하는 것이다. 그래서 채널 34에 동조된 평균 전력 5kW 디지털 송신기를 테스트에 사용하였는데 평균 2.5kW의 전력으로 운용하였다. 또한 첨두 전력 1kW의 PAL-M 송신기를 디지털 송신기와 같은 채널에서 운용하였는데 이것은 각각의 테스트 지점에서 수신된 영상에 나타날 수 있는 문제점을 파악할 수 있는 기준을 제공하기 위함이다. <표 6-18>은 브라질에서 테스트된 채널 34에서의 시스템 작동 파라미터를 보여준다.

이 필드테스트에서 디지털이 PAL-M 시스템에 미치는 간섭, PAL-M이 디지털 시스템에 미치는 간섭, 디지털이 디지털 시스템에 미치는 간

<표 6-18> 채널 34에서의 비교 시스템 작동 파라미터

시스템	ATSC	DVB-T	Robust DVB-T	ISDB-T	Robust ISDB-T
변조 방식	8VSB	64 QAM	64 QAM	64 QAM	64 QAM
캐리어 수	1	2K	8K	4K	8K
코드율	2/3	3/4	2/3	1/16	1/32
인터리버	-	-	-	0.1s	0.1s
보호구간	0	1/16	1/32	1/16	1/32
결과적인 비트율	19.4Mbps	19.75Mbps	18.09Mbps	19.3Mbps	17.7Mbps

26) ABERT/SET, "General Description of Field Tests," July, 02, 2000.

27) ABERT/ SET, "General Considerations," May, 02, 2000.

28) ABERT/SET, "Result Analysis," May, 02, 2000.

29) ABERT/SET, "Conclusions, May," 02, 2000.

디지털 방송 이해 및 실무

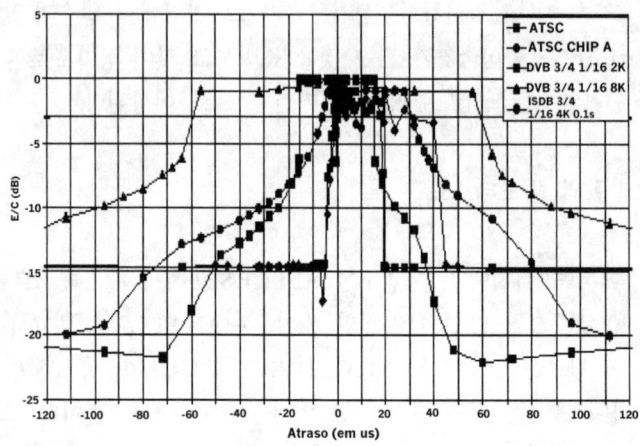

<그림 6-14> 에코 지연에 따른 TOV에 해당하는 에코 대 반송파 비율(dB)

섭 등을 측정하였으나 한국에서는 NTSC를 사용하기 때문에 PAL-M과 관련된 테스트에 대한 설명은 생략하기로 한다.

(1) 충격 잡음 측정

펄스 잡음은 자동차 점화장치, 산업시설, 고전압 전력 전송 라인 그리고 가전제품에 의해 발생된다. 잡음 펄스의 폭과 잡음 대 신호의 비율 관계를 측정한 충격 잡음에 대한 수신기의 면역성은 ISDB-T 시스템이 제일 우수하게 나타났으며, DVB-T 시스템에 있어서는 8K 반송파로 구성된 것이 2K로 구성된 것보다 더 나은 성능을 보였다. 그러나 DVB-T 시스템은 ATSC 시스템보다도 임펄스 잡음에 대해 나쁜 성능을 가지고 있었으며 필드테스트에서도 같은 결과를 볼 수 있었다.

(2) 측정 다중 경로 영향 측정

<그림 6-14>의 곡선들은 한 개의 정적 다중 경로가 있는 상황에서 디지털 지상파 텔레비전 시스템의 성능을 나타낸다. 전체적으로 COF-DM이 8VSB보다 에코 지연에 대해 우수한 성능을 나타내고 있다. 특히 8K 반송파로 설정된 COFDM이 가장 우수한 성능을 보이는데 이것

은 더 긴 고스트에 대해서 좋은 성능을 가지고 있기 때문이다. 또한 8VSB 변조는 강한 에코가 수용이 되는 영역과 에코가 많이 감쇄되어야 하는 영역으로의 천이가 급격히 이루어짐을 알 수 있다. 이것은 8VSB 변조의 특성이고 수신기 등화기의 탭 사이즈에 의해 결정되어진다.

<그림 6-15>는 잡음 존재 하에서 다중 경로 방향을 측정한 것이데 반사된 신호가 주 신호 대비 2 μs 시간 지연된 상황에서 시스템들 사이의 성능 비교를 보여준다.

<그림 6-15>를 살펴보면 DVB-T 시스템이 유일하게 에코와 주 신호가 같은 크기를 갖는 상황(C/E=0)에서 만족스러운 성능을 나타내고 있다. 또한 8VSB 변조는 신호 대비 2dB 이하로 감소한 에코가 있을 때에는 동작하지 않음을 보여준다. 또한 실외, 실내, 실외와 실내의 중간 정도, 그리고 단일 주파수망의 4가지에 해당하는 다양한 채널을 구성하여 다중 경로 실험을 하였는데 DVB-T가 제일 우수하게 나왔고 ATSC는 실외 채널 모델을 제외한 나머지 세 가지 채널 모델에서는 동작하지 않았다.

(3) C/N 측정

<표 6-19>의 반송파 신호 대 잡음 비의 결과는 다른 간섭이나 손상이 없을 때 각 시스템이 수용할 수 있는 최대 잡음 양을 정의한다.

위 조건에서 ATSC와 DVB-T와 ISDB-T의 구조의 비교는 ATSC가 4dB의 이득을 가지고 있다는 것을 보여준다. 실제 다중 간섭 환경에서

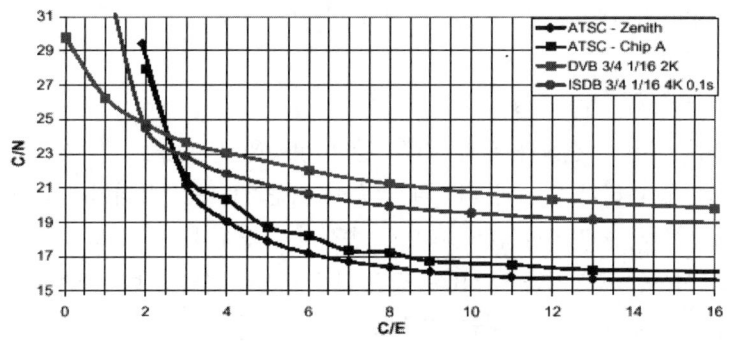

<그림 6-15> 에코의 크기에 따른 임계 C/N

디지털 방송 이해 및 실무

<표 6-19> 임계값에서의 반송파 신호 대 잡음 비

ATSC	CHIP A	DVB	ISDB
14.6dB	15.1dB	19.0dB	18.6dB

<표 6-20> 첨두 대 평균 전력비

ATSC	DVB	ISDB
6.66dB	8.28dB	8.54dB

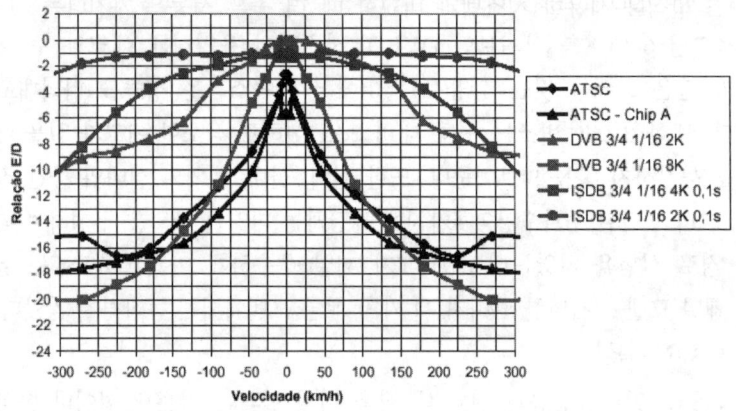

<그림 6-16> 속도에 따른 에코 대 신호 비율

는 이 차이가 그렇게 크지 않다. 어떤 손상이나 간섭이 없을 때 신뢰성
있게 수신할 수 있는 최소 신호 전력량은 ATSC가 -81.3dBm, DVB-T가
-80.8dBm, ISDB가 -76.6dBm이 나왔다. 차이가 그렇게 크지는 않지
만 ATSC가 제일 좋고 ISDB가 제일 나빴다.

(4) 송신기 성능 측정

송신기 첨두 전력과 평균 전력 간의 비율을 보여주는 결과는 <표
6-20>에 나타나 있는데 디지털 전송시 기준자료로 사용되어진다.

이 데이터는 같은 평균 전력으로 송신하는 경우에 COFDM 변조 방
식을 이용한 송신기는 8VSB 변조 방식을 이용한 송신기보다 약 2dB의
첨두 전력을 더 필요하다는 것을 보여준다.

(5) 도플러 측정

이 실험은 반사지점이 움직이는 경우를 다룬다. 즉 사람, 차, 기차, 비행기 안에서의 반사를 말한다. <그림 6-16>은 에코 신호가 주 신호로부터 4 μs만큼 지연되는 경우의 에코 대 신호의 비율을 보여준다.

앞의 <그림 6-16>을 살펴보면 전체적으로 ISDB-T 시스템이 가장 우수한 성능을 보이고 있으며 COFDM 변조 방식을 이용한 시스템이 8VSB 변조 방식을 사용한 시스템과 비교할 때 더 좋은 성능을 가진다는 것을 볼 수 있다. 이것은 COFDM 시스템이 8VSB 시스템보다 더 빠른 속도의 강한 에코를 처리할 수 있다는 것을 나타낸다. COFDM에서는 2K모드가 8K모드보다 채널의 변화에 대처하는 데 더 좋은 성능을 나타냈다.

(6) 필드테스트에 의한 송신구역 측정

<그림 6-17>은 송신기로부터의 거리에 따른 수신 가능한 사이트의 누적 확률을 보여주는데 127사이트에서 테스트되었다. 송신구역 효율성을 고려한 최고의 성능은 DVB-T 변조 방식을 사용할 때 얻을 수 있었다. 이 변조 방식만이 송신기 근처의 모든 사이트에서 상당히 좋은 수신 성능을 나타냈다.

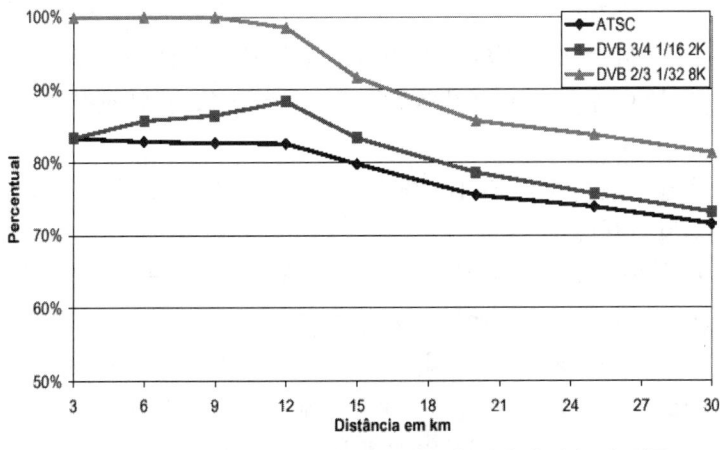

<그림 6-17> 송신기 거리에 따른 만족할 만한 수신 누적 확률

(7) 브라질 테스트 결론

브라질 테스트의 결론 사항은 다음과 같다.

- COFDM 변조 방식은 사람들이 붐비는 지역인 심한 다중 경로 환경에서 좋은 성능을 나타낸다.
- COFDM 변조 방식은 HD 전송을 가능하게 한다.
- COFDM 변조 방식의 경우 충격 잡음에 대한 면역성 면에서 8VSB 변조 방식을 능가할 수 있는 해결책이 있다.
- COFDM 변조 방식만이 10km 반경 안에서 100% 수신을 가능하게 하였다. 이 반경은 ERP의 함수인데, 더 큰 ERP를 사용하면 100% 수신이 가능한 더 큰 반경을 얻을 수 있을 것이다.
- 실험실 테스트 결과는 COFDM 변조 방식만이 단일 주파수 네트워크(single frequency networks)를 이용하여 어떤 시스템도 미치지 못하는 지역에서 수신을 가능하게 할 수 있다는 것을 제시한다.
- 8VSB 변조 방식의 신호 대 잡음 비에서의 4dB 이득이 더 넓은 송신구역을 제공한다는 것을 증명하지 못했다.
- DVB-T가 첨두 전력과 평균 전력 간의 관계에서 단점이 있다는 것이 브라질 상황과는 관계가 별로 없다. 그것은 모든 시청자가 아닌 방송사업자에게만 비용이 증가하게 하기 때문이다.
- COFDM 변조 방식의 인접 채널을 보호하는 것에서 지적된 단점은 수신기에서 더 좋은 제거 특성을 갖는 필터를 도입하면 해결할 수 있다.
- 동일 채널 간섭의 결과는 변조 방식을 결정하는 데 중요한 역할을 하지 못한다.
- 반사 지점이 움직일 때, COFDM 변조 방식은 이동수신을 가능하게 할 정도로 좋은 성능을 보여준다.
- 1999년 하반기 동안에 제작되고 테스트에 적용한 8VSB 수신기는 고도기술의 등화기법을 사용하였음에도 불구하고, 지금까지 실제 상황에서 실질적인 개선을 보여주지 못하였다.

• COFDM 변조 방식은 송신구역 문제를 해결하는 데 유연성을 가지고 있다.
• 수신을 최적화하는 목표는 현 아날로그 시스템의 송신구역을 대치하거나 개선하는 것이다.
• 수신이 안되는 지역을 최대로 없애주는 변조 방식의 사용이 꼭 필요하다.

결론적으로 COFDM 변조 방식이 8VSB 변조 방식보다 기술적인 우월성뿐만 아니라 브라질의 조건에는 더 적절하다고 평가하였고, 따라서 Anatel에 브라질의 디지털 TV 시스템으로 COFDM 변조 방식을 채택하도록 제안하였다.

(8) 브라질 테스트에 대한 논평

브라질 테스트는 다중 경로 측정, 도플러 측정을 통한 이동수신의 가능성, 송신구역 측정 등을 통하여 COFDM이 8VSB보다 우수하다고 판정하고 있다. 그러나 결론에서 보듯이 브라질 테스트 자체가 COFDM 변조 방식의 장점을 부각시키는 위주로 테스트되고 결론지어졌으며 8VSB를 혹독하게 비판하고 있다. 브라질이 테스트를 하는 데는 일본이 지원을 하였으며, 정부와 방송국에서는 ISDB를 선호하는 것으로 알려져 있다. 브라질 내에서도 방송사, 학계, 업계의 주장이 서로 다른 것으로 이야기되고 있는데, 그 중 정책결정에 영향을 미치는 이번 필드테스트의 주관자 ABERT/SET가 ISDB를 추천하고 있어 브라질의 표준 향방이 주목된다.

7) 소결

이제까지의 해외 지상파 DTV 필드테스트를 통하여 미국의 ATSC 8VSB 변조 방식과 유럽의 DVB-T COFDM 변조 방식의 특성과 장단점을 살펴보았다. 표준이란 그 표준을 만들 때 목표로 했던 장점과 이에 뒤따르는 취약점을 동시에 안고 있다. 미국 방식은 작은 송출전력, 고속전송, HDTV 방송, 충격 잡음, 피크 대 평균 전력비에 유리하고 유럽 방식은 전송로의 변화와 왜곡이 심한 다중 경로 환경에서의 DTV 방송에 유리하다. 그래서 각각의 표준을 정할 때 서비스 요구사항을 정확히 정하고 그에 따라 표준을 선택해야 하는데 서비스 요구사항이 달라지면 표준 선정이 $180°$ 달라질 수 있다. 앞서 살펴본 테스트 중 비교 테스트의 결과들은 주로 다중 경로가 심한 환경과 도플러 또는 이동수신 환경에서의 수신 중요성을 부각하여 COFDM 변조 방식의 우수성을 선호하려는 경향을 보이고 있다.

위의 일련의 필드테스트들이 국내 표준인 8VSB의 약점을 명확히 밝혀 주었다는 점에서 좋은 교훈을 얻었다고 볼 수 있다. 다시 말하면 8VSB 성능 개선의 나아갈 바를 제시해주고 있다. 이 교훈을 발판 삼아 정부, 방송사, 수신기 제조업체가 디지털 TV 시대의 난청지역을 해소하기 위하여 노력해야 할 것이다. 다중 캐리어 대비 단일 캐리어 전송 방식에서 오는 단점인 다중 경로 및 도플러가 많은 상황인 옥내 수신, 도심지역 수신, 휴대 수신, 산악지형 수신에서 수신 성능이 떨어지는 점을 연구하고 개발하여 그 성능을 높이도록 노력하여야 할 것이다. 기술은 시간이 지날수록 발전을 하는 것이므로 수년 후에는 두 방식의 기술발전의 정도에 따라 약점이라고 여겨졌던 일부의 성능이 보완이 되거나 더 좋아질 수도 있다.

제7장 디지털 방송의 동향

1. 디지털 방송의 동향

1) 디지털 방송의 개요

방송 기술 환경의 디지털화 경향은 이미 상당히 오래 전부터 꾸준히 전개되어 왔었다. 1970년대에 2인치 VTR의 안정된 영상 확보를 위해 TBC가 처음 채용된 이래 디지털 기술은 여러 가지 형태로 방송장비에 유용하게 사용되기 시작했다. 그러나 주어진 신호를 원하는 형태로 자유롭게 손질할 수 있는 장점을 보유한 반면, 아날로그의 연속성을 완벽하게 재현해내기 위해서는 방대한 양의 정보량을 저장·처리해야 하는 구조적 한계로 인해 방송급 품질을 갖춘 실용적인 단일장비로의 개발은 제한된 영역에서 현실적인 경제성의 허용범위를 벗어날 수 없었다. 그러나 컬러 TV 방송이 어느 정도 안정기에 접어들면서 보다 나은 방송 품질에 대한 요구가 일반시청자들로부터 자연스럽게 대두되고 디지털 신호 처리 과정에서의 오차 보정 및 신호 압축 기술이 제조 비용 측면에서 실용화 수준에 도달하게 됨에 따라 디지털 관련 장비들이 개발, 생산되기 시작하였다.

멀티미디어 서비스는 방송과 컴퓨터, 가전, 통신의 융합에 의해 이루어진다. 1990년대에 들어 컴퓨터부문은 멀티미디어 PC의 출현, 가전부문은 비디오 CD와 DVD의 개발, 통신부문은 인터넷의 등장으로 멀티미디어 환경이 마련됐다. 특히 통신부문의 경우 2000년대 초반 초고속

정보 통신망(BISDN)과 차세대 이동 통신(IMT-2000) 등이 갖추어지므
로 통합 멀티미디어 서비스의 기반이 갖춰질 것으로 전망되고 있다.

방송에 있어서 디지털화는 뛰어난 화질과 음질을 확보할 수 있고 4배
에 달하는 채널 효율의 증대를 가져온다. 또 제작, 송출, 수상기 등 새
로운 시장을 마련하는 한편 향후 멀티미디어 방송 서비스의 기반이 된
다는 점에서 지상파 방송의 디지털화는 기술의 자연스런 흐름이다. 특
히 방송에서의 디지털화는 시청자 측면과 전자산업적 측면 및 프로그램
제작 측면 등에서 장점이 있다. 우선 현행의 아날로그 방식으로는 제공
하기 곤란한 고품질의 방송 서비스를 시청자에게 제공할 수 있을 뿐만
아니라, 다채널화로 인해 다양한 프로그램의 시청을 가능하게 하고, 고
품질의 오디오 방송, 데이터 방송 등 새로운 부가서비스를 이용할 수
있도록 한다. 산업적 측면에서 디지털 방송용 수상기 및 송신기는 가전
시장에서의 새로운 수요 창출을 가져올 수 있고 프로그램 공급량의 증
가로 영상제작산업의 활성화가 전망된다. 방송사 측면에서는 전문 유료
방송, 양방향 서비스, 방송 소프트웨어의 다원적 이용이 가능해져 방송
산업이 복합 미디어산업으로 발전할 계기를 확보할 수 있도록 할 수 있
다. 한편 현행 아날로그 방식에 비해 주파수 이용의 효율성을 대폭 향
상시킴으로써 방송 채널 부족을 해소할 뿐만 아니라, 방송 수요를 초과
하는 주파수는 수요가 급증하고 있는 통신 등에 활용할 수 있는 장점도
있다.

미국에서 지난 1994년 위성을 통한 디지털 방송을 시작으로 1998년
지상파 디지털 시험 방송을 시작하였고 2006년까지 아날로그에서 디지
털 방송으로 방식이 완전히 전환된다. 또 유럽은 디지털 방송 규격(Digi-
tal Video Broadcasting; DVB)을 완성해놓고 있으며 일본도 70채널의
디지털 위성 방송의 시작과 함께 지상파의 디지털화를 추진하고 있으
며, 2003년부터 본 방송을 시작할 것으로 알려져 있다. 전반적으로
1998년 이후 세계 방송의 디지털화가 서서히 가시적으로 이루어지고
있다.

국내의 경우 1996년 초 지상파 방송 디지털화 계획을 발표되었고, 다

음해인 1997년 11월 방송 방식으로 미국 방식을 선정하였다. 1998년 8월에 규격을 확정하고 2000년 시험 방송을 거쳐, 2010년까지 아날로그와 디지털 동시 방송을 통하여, 2010년 기존의 아날로그 방송을 중단할 계획이다.

　방송 방식이 아날로그에서 디지털로 바뀌는 것은 많은 단순히 내용의 전달방법이 바뀌는 것이 아니라 방송 시스템 전체가 바뀌는 것을 의미한다. 디지털 방식은 새로운 프로그래밍의 도입, 더 많은 채널, 새로운 서비스, 전화와의 연결, 인터넷과의 연계로 텔레비전이 정보전달의 가장 중요한 수단으로 바뀌는 것을 의미한다.

　2) 디지털 방송의 해외의 동향

　디지털 방송은 1993년 12월 DirecTV와 USSB사가 발사한 위성을 이용하여 12GHz대의 24MHz 대역폭을 가지는 120W급 중계기 16개를 이용하여 미국 전역에서 디지털 위성 방송 서비스를 실시함으로써 시작되었다. 이들 초기의 위성 디지털 방송은 MPEG에 근간한 디지털 압축 방식을 이용하여 중계기 당 NTSC급 텔레비전 4채널 또는 영화 8채널의 방송으로 150채널의 프로그램 방송을 유료로 실시하고 있다. 이와 같이 위성 방송이 가장 먼저 디지털 방송을 실시할 수 있었던 까닭은 위성 방송의 경우 지상 방송의 경우보다 손쉽게 송신시설을 갖출 수 있는 장점 때문으로 디지털 방송이라는 새로운 방송의 접근이 지상 방송의 경우보다 용이하다는 것으로 이해할 수 있다.

　지상파 방송의 고품질화를 위한 HDTV는 1987년 연방통신위원회(FCC)에서 차세대 텔레비전(ATV; Advanced Television)을 실용화하기 위해 1992년 Grand Alliance 결성과 4가지의 디지털 방식을 규격화하기로 하고 1993년 2월에 4가지의 방식 중 10가지 필드 시험을 거쳐 ATV 방식을 결정하였다.

　FCC와 G.A.가 시험평가시 고려한 기준은 서비스 구역, 채널 할당률, 방송국 소요경비, 비방송계 소요경비, 수신자측의 경비, 영상과 음성의

디지털 방송 이해 및 실무

품질, 전송로상에서의 특성, 서비스 형태, 확장성과 멀티미디어와의 연계 및 정합성 등이었다. FCC의 지상파 디지털 방송관련 일지를 살펴보면 다음과 같다.

- 1987년 : FCC가 HDTV 시스템 개발 착수
- 1992년 : ATV 채널 할당 계획 발표
- 1993년 : HDTV로 제안된 최종 4개의 시스템이 'Grand Alliance'로 연합
- 1995년 : ATV 시스템에 SDTV를 추가하여 DTV 규격을 FCC에 제출
- 1996년 : FCC가 비디오 포맷을 제외한 ATSC의 DTV 규격을 확정
- 1997년 : FCC가 DTV 전환 계획 발표
- 1999년 5월 : 4대 방송사가 10대 도시에서 DTV 방송 시작
- 1999년 11월 : 30대 도시에서 DTV 방송 시작
- 2006년 : NTSC 방송 송출 중단

미국 FCC의 계획은 1999년 5월부터 4대 방송사가 10대 도시에서 서비스를 개시하고 1999년 11월부터는 30대 도시로 확대할 것을 계획하고 있으며 2006년 4월까지는 디지털과 아날로그 방송의 동시 방송을 수행하고, 이후로는 아날로그 방송을 중단하고 디지털 방송만을 송출할 계획이다.

유럽은 1994년부터 유럽공동체 전기통신 표준화기구(ETSI)에서 디지털 방송 규격의 DVB(Digital Video Broadcasting) 표준을 결정하여 위성 방송과 CATV 방송이 가능하게 되었고 1995년 지상파 방송을 위한 표준을 채택하였다.

DVB 규격은 CATV, 위성 방송, 지상 방송 및 SMATV의 공유성을 높이기 위하여 신호의 부호 및 압축을 위해 MPEG-2를 기본으로 하고 있으며, 조건부 수신(conditional access)을 위하여 공동의 스크램블링 알고리즘을 바탕으로 이루어지도록 규정하고 있다.

한편 일본에서는 1964년부터 고선명 텔레비전(HDTV)을 개발하여 대역 압축 방식으로 MUSE(Multiple Sub-nyquist Sampling Encoding)를 채택하고 1988년부터 BS-3 위성에 위한 방송을 실시하고 있으나 디지털 방송에 대한 전세계적인 기술적 흐름 속에 BS-4b 위성을 디지털 방식으로 방송할 것을 결정하였으며, 지상 방송에 대해서도 디지털로 전환할 것을 결정하였다.

한국은 1993년 7월 위성 방송을 위해 디지털 방식으로 결정하고 1995년 5월에 디지털 위성 방송 전송 방식 기술기준을 제정하였고, 12GHz 대의 27MHz 대역폭 120W 중계기 6개를 이용하여, MPEG-2 방식을 이용한 NTSC급의 텔레비전 방송을 전송할 수 있다. 국내의 지상파 디지털 방송 방식에 대한 일지는 다음과 같다.

- 1996년 : 한국 디지털 DBS 방송 개시 및 지상파 디지털화 계획 발표.
- 1997년 : 디지털 지상 방송 추진 협의회 구성
- 1998년 : 디지털 지상파 기술 규격 완료
- 1999년 : 지상파 송수신기 개발 완료
- 2000년 : 디지털 지상파 방송 실험
- 2001년 : 디지털 지상파 본방송 시작
- 2010년 : 아날로그 방송 중단

3) 디지털 방송 시스템의 구조

미국, 유럽 및 일본이 서로 다른 디지털 방송 규격으로 표준화함으로써 한국에서 이러한 디지털 방식을 채택하기에 여러 가지 복잡한 문제를 야기하고 있다. 세계 각지에서 디지털 TV 방송 서비스는 기존의 아날로그 TV 대역을 사용하여 디지털 방식으로 완전 전환시까지 아날로그와 디지털을 동시 방송하는 것을 전제로 개발이 시작되었다. 미국, 유럽 및 일본의 지상파 디지털 방송 방식을 보면 다음과 같다.

디지털 방송 이해 및 실무

(1) 미국의 지상파 디지털 방식

1996년 12월 24일, 미국의 연방통신위원회(Federal Communications Commission)는 ATSC(Advanced Television Systems Committee)의 디지털 TV 표준(Digital Television Standard)을 차세대 TV 방송의 표준으로 승인하였다. 이 결정에 따라 ATSC 표준에 규정된 비디오 및 오디오 압축, 패킷 데이터 전송 구조, 변조 및 전송 시스템에 대한 규격은 지상파 방송 사업자가 의무적으로 준수해야 하며, 다만 비디오 포맷에 대한 규격은 특별히 규정하지 않고 산업계가 자율적으로 결정하게 하였다.

① 비디오 압축 방식 : MPEG-2 Video(ISO/IEC IS 13818-2) 표준. 전 세계적으로 모든 디지털 방송이 이를 표준으로 채택하였다.
② 오디오 압축 방식 : Dolby사에 의해 제안된 Digital Audio Compression(AC-3) 표준.
③ 다중화 방식 : MPEG-2 Systems(ISO/IEC IS 13818-1) 표준. 비디오 압축 방식과 마찬가지로 유럽 방식에서도 사용되고 있다.
④ 변조 및 전송 방식 : 8VSB(Vestigial Side Band) 방식 사용. 이 방식은 디지털 TV 방송을 위해 제안된 것으로 6MHz의 대역을 사용하여 19.39Mbps의 데이터 전송률을 얻을 수 있어 대역 효율이 높으며 구조가 간단하다. 또한 기존의 NTSC 방송 채널과의 간섭을 최소화하도록 설계되었으며, 잡음이 많은 상황에서도 안정적으로 동작할 수 있도록 파일럿 신호, 세그먼트 동기 신호, 필드 동기 신호 등을 사용한다. 에러 방지를 위해 리드-솔로몬(Reed-Solomon) 부호와 트렐리스(Trellis) 부호를 사용한다.

(2) 유럽의 방송 방식(DVB-T)

유럽에서의 디지털 방송 규격 제정은 DVB(Digital Video Broadcasting) 프로젝트에 의해 추진되어왔는데 위성 방송용 규격은 DVB-S, 케이블 방송용 규격은 DVB-C, 지상 방송용 규격은 DVB-T 등이다. DVB 규격의 비디오, 오디오 및 다중화 부분은 기본적으로 MPEG-2

표준을 따른다.

① 비디오 압축 방식 : MPEG-2 Video(ISO/IEC IS 13818-2) 표준으로 미국 방식과 동일하다.

② 오디오 압축 방식 : MPEG-1 Audio(ISO/IEC11172-3)와 MPEG-2 Audio(ISO/IEC IS 13818-3) 표준.

③ 다중화 방식 : MPEG-2 Systems(ISO/IEC IS 13818-1) 표준. 비디오 압축 방식과 마찬가지로 미국 방식에서도 사용되고 있다.

④ 변조 및 전송 방식 : QPSK/QAM과 COFDM(Coded Orthogonal Frequency Division Multiplexing) 방식 사용. COFDM은 많은 수의 반송파를 이용하여 여러 개의 데이터를 동시에 전송하는 방식이며, 가장 큰 특징은 다중 경로 환경에 매우 강한 특성을 보이고 이동수신도 가능하다는 것이다. 6MHz 대역에서 데이터 전송률은 변조 방식 및 보호 구간의 길이에 따라 3.69~23.50Mbps로 달라진다. 다중 경로 환경에서 좋은 성능을 유지하기 위해서는 긴 보호구간을 사용해야 하는데 이는 시스템의 전송 용량을 감소시킨다. 에러 방지를 위해 리드-솔로몬(Reed-Solomon) 부호와 길쌈(convolution) 부호를 사용한다.

(3) 일본의 방송 방식

일본의 경우(BST-OFDM)는 유럽의 방식인 OFDM을 근간으로 하여 대역폭을 가변할 수 있는 BST-OFDM을 전송 방식으로 하고 있으며, 비디오 및 오디오 압축 방식은 MPEG-2 비디오 및 MPEG-2 오디오 AAC-3 방식이 사용되고 있다.

<표 7-1>에 미국, 유럽, 일본의 디지털 TV 방식을 비교해 나타냈다. 한국의 디지털 방송은 1993년 위성 방송을 디지털로 결정하면서 시작되었다. 우리나라의 디지털 위성 방송의 방식은 유럽의 DVB-S의 형태 따르도록 1995년 5월에 디지털 위성 방송 전송 방식 기술기준안을

디지털 방송 이해 및 실무

<표 7-1> 미국, 유럽, 일본의 디지털 TV 방식

	미국	유럽	일본
비디오 규격	ML@MP, HL@MP	ML@MP	ML@MP, HL@MP
오디오 규격	AC-3	MPEG-2	AAC-3
다중화 방식	MPEG-2 Transport	MPEG-2 Transport	MPEG-2 Transport
HDTV 동시 방송	SD/HD 동시 방송	SDTV실시, HDTV미정	SD/HD 동시 방송
전송 방식	8VSB	COFDM	BST-OFDM
채널 대역폭	6MHz	8MHz	6,7MHz

제정하였다. 이 안에 따르면 비디오는 MPEG-2의 MP@ML의 방식을 오디오는 MPEG-1을 전송은 MPEG-2 Transport Packet을 RS code와 Convolutional Code를 사용하여 에러 정정하며 QPSK 변조 방식을 사용하는 것이다.

4) 디지털 방송의 여러 가지 측면

디지털 지상파 방송의 특징을 여러 가지 측면에서 살펴볼 수가 있다.

(1) 다채널화

디지털화는 다채널의 방송 서비스를 가능하게 할 수 있다. 아날로그 프로그램 서비스는 하나의 전체 주파수 대역을 필요로 하는 반면, 디지털 방송의 경우 디지털 비디오/오디오 압축과정을 거쳐서 여러 프로그램 서비스가 한 개의 채널로 전송 가능하다. 예를 들어 현재의 채널이 약 20Mbps의 전송 능력을 갖고 있을 때 1개의 프로그램을 약 5Mbps로 전송할 경우 약 4개의 프로그램이 동시에 전송 가능하게 된다.

(2) 주파수의 효율적 사용

디지털 방송을 실시하는 경우 고정된 주파수 자원을 더욱 효율적으로 사용할 수 있게 된다. 아날로그 방송의 경우 채널간 간섭을 줄이기 위하여 사용하지 않는 채널까지도 디지털 방송에서는 사용할 수가 있게 되며 한 채널에 여러 프로그램을 동시에 전송할 수 있게 되므로 주파수 사용의 효율성이 높아진다.

(3) 다양한 부가 서비스

디지털 셋탑박스는 각종 양방향 서비스와 데이터서비스를 촉진하는 역할을 할 수 있다. 수상기는 메모리와 마이크로 프로세서의 수용으로 인하여 데이터를 받아 처리하며 저장한 뒤에 시청자가 원할 때 화면에 도시할 수 있다. 또한 시청자가 원하는 정보를 모뎀이나 DSL 등을 통하여 방송사의 데이터 서버와 통신하여 인터넷이나 홈쇼핑, 홈뱅킹 및 VOD와 같은 서비스를 제공할 수 있다.

기존의 아날로그 방송은 우선 화상정보를 다수의 시청자에게 전달하는 기능을 위주로 그 역할을 담당해왔다. 그러나 시대는 계층간, 세대간, 국가간의 다양한 서비스적 요구사항이 꾸준히 제기되었으며 기존의 단편적이며 일방적인 방송 서비스로는 이들의 기대를 수용하는 데 많은 한계를 보여왔다. 또한 기존의 TV 방송 서비스는 난시청 지역 등 일정 수준 이상의 화질을 보장할 수 없는 경우가 많아 시청자의 고화질화 욕구를 충족시키지 못하고 있다. 따라서 디지털 지상 방송은 이들 시대적 변화에 따른 요구를 다음의 두 가지 측면에서 해소시킬 수 있을 것으로 전망된다. 이는

첫째, 데이터 방송, 인터넷 서비스, 수신자 요구에 의한 제한 서비스와 같은 양방향성 멀티미디어 서비스이며

둘째는, 고화질 욕구를 만족시킬 수 있는 디지털 영상 서비스이다. 여기서 디지털 영상 서비스는 표준선명도 화상(standard definition picture)과 고 선명도 화상(high definition picture)을 서비스하는 것으로서 두 경우 모두 기존의 아날로그 서비스보다 월등한 화질 향상을 이룰 수 있다.

(4) 정책적 측면

디지털 방송의 경우 아날로그 방송을 이용할 경우보다 지상의 한정되어 있는 주파수 자원을 효율적으로 사용할 수 있다. 또한 동시에 디지털 수상기를 통한 부가 서비스와 통신과 컴퓨터 매체의 통합을 통한 정

디지털 방송 이해 및 실무

보화 사회로 성숙할 수 있는 효과적인 방법을 얻을 수 있다. 디지털 지상 방송은 TV 시장뿐 아니라 정보통신을 근간으로 그에 파생되는 여러 가지 다른 산업으로의 발전을 추구할 수 있으며 컴퓨터, 영화, 소프트 웨어의 파급효과가 크다.

(5) 고품질화

아날로그 방송의 경우 송신소와 공간적으로 시계가 열려 있거나 공간 적으로 거리가 가깝지 않은 경우 화면의 선명도가 떨어지며 고스트의 영향이 화면에 나타났다. 그러나 디지털 방송의 경우 공간적으로 멀어 도 수신이 불가능한 지역이 아니라면 에러 정정 방법으로 수신시 입력 된 잡음을 완벽히 제거하므로 스튜디오 내 화면의 화질을 어느 장소에 서나 볼 수 있다는 장점이 있다.

(6) 경제적 측면

디지털 지상 방송은 우선 디지털 위성 방송의 수신 시스템과는 달리 기존의 아날로그 수신기를 디지털로 대체시키는 개념에서 출발하고 있 다. 이로 인해 전세계적으로 향후 막대한 신규 디지털 수상기 시장이 창출될 전망이다. 예를 들어 지난 1997년 4월 3일 디지털 전환 계획을 발표한 미국에서만 2006년까지 총 2,100억 달러의 디지털 수상기 시장 이 형성될 것으로 예측된다.

한편 유럽 지역도 시기적으로는 미국보다 다소 늦을 것으로 전망되지 만 2006년까지 190억 달러의 신규 디지털 수상기 시장이 형성될 전망이 다. 이외에도 중국, 호주, 중남미, 캐나다, 일본 등 선진국 대부분과 일부 중진국에서 속속 지상파의 디지털 전환 계획을 발표하고 있어 2010년 까지는 대부분의 국가에서 디지털 지상 방송이 주요 방송 서비스로 자 리매김을 할 것이 분명하다.

(7) 기술적 필요성

디지털 지상 방송은 공중 전파 자원을 이용하는 방송의 국가 기본규격으로서 이의 기술적 파급효과는 매우 크다고 볼 수 있다. 즉, 지상 방송은 위성 및 케이블 방송과 상호 보완 또는 경쟁적으로 새로운 기술발전의 장을 마련할 것으로 전망된다. 이들 중에는 우선 디지털 방송에 적합한 새로운 VCR이나 DVD 관련 저장매체와 호환이 용이한 수상기 등이 출현할 것이다. 또한 디지털 방송은 고선명 TV 방송이 가능하므로 고해상도의 Display관련 기술에 매우 큰 파급효과가 기대된다. 그리고 디지털 수신기는 기본적으로 모든 데이터가 컴퓨터와 상호 결합이 용이한 디지털 형태로 처리되기 때문에 PC와 TV가 결합한 PCTV 등의 출현도 기대된다. 기존의 아날로그 TV 기술이 지난 50년 간 막대한 가전산업과 관련 기술을 주도하면서 인류문화 발전에 미친 영향을 생각할 때 앞서 설명한 이들 새로운 제품 또는 기술들은 모두 21세기에 전자관련 산업과 기술을 주도할 핵심적인 분야로서 이들 시장과 기술을 선점하기 위한 국가간의 치열한 경쟁이 예상된다.

5) 양방향 디지털 TV와 iPCTV

디지털 TV의 핵심은 화질보다는 양방향성(interactive)에 있다. 즉, 디지털 신호 처리로 인해 방송국에서 일방적으로 보내주는 방송 신호를 수신하는 것이 아니라 시청자가 원하는 정보 내지 서비스를 선택해 원하는 시간에 볼 수 있게 되는 것이다.

예를 들면 유명 프로야구 선수가 등판하는 야구경기를 시청할 경우 기존 아날로그 TV 환경에서는 해당 선수의 최근 성적이나 근황, 상대 타자의 타율이나 상대 전적 등을 해설자를 통해서 전해 듣는다. 그러나 디지털 TV 환경에서는 간단한 리모컨 조작을 통해 시청자가 직접 자신이 원하는 정보를 선택할 수 있다. TV로 영화를 보면서 관련 정보를 얻거나 증권 및 환율 정보를 얻는 데도 TV용 리모컨을 조작하여 정보를 검색할 수 있다.

인터넷 기능이 TV 화면에 구현됨은 물론이다. 인터넷 검색은 물론이고 인터넷 홈쇼핑·인터넷 뱅킹 등을 TV 프로그램을 시청함과 동시에

즐길 수 있게 될 것이다. 이같은 디지털 TV의 양방향성을 전세계 공통으로 구현하기 위해 디지털 지상파 전송 방식 및 데이터서비스의 표준 규격이 필요하다.

iPCTV(Interactive PC TV)는 그동안 방송사가 시청자들에게 일방적으로 전달하는 형태였던 방송 방식을 시청자와 방송사 간 커뮤니케이션이 가능한 양방향 방송으로 전환시키도록 하고 있다. 따라서 시청자는 iPCTV를 통해 인터넷 등 다양한 멀티미디어 서비스를 즐기는 것은 물론 축구경기나 쇼프로그램·드라마 등을 시청하면서 선수나 팀 또는 출연자 등에 대한 다양한 정보를 검색해볼 수 있고 경기흐름이나 쇼 프로그램에서 진행하는 시청자 투표 등에 직접 참여할 수도 있는 것이다. 또 방송프로그램과 무관한 교통상황이나 주식동향·날씨정보 등도 쉽게 찾아볼 수 있으며 TV를 통한 전자상거래인 'T커머스'도 활용할 수 있다.

iPCTV(Interactive PC TV)란 말 그대로 TV와 PC의 기능이 결합된 복합형 디지털 TV다. 제품 구성을 보면 HDTV의 기본 플랫폼인 MPEG-2 디코더를 기반으로 삼고 여기에 CPU와 임베디드(embedded) 형태의 운용체계(OS)를 탑재하며 프레젠테이션 엔진을 장착하는 등 PC 기능을 일부 접목시켰다. 또 PC와는 달리 사용자 인터페이스로 키보드보다는 리모컨을 주로 사용하고 TV 환경에 맞는 소프트웨어를 사용한다. PC와는 전혀 다른 새로운 형태의 가전제품인 것이다. 기능상으로는 지상파를 통해 일반 방송을 시청하는 것은 물론 지상파와 방송국에 설치된 서버에서 제공하는 데이터를 모뎀이나 케이블·ADSL 등 네트워크를 통해 동시에 수신, 지상파 방송과 연계한 양방향 데이터 방송을 수신할 수 있다.

양방향 디지털 방송과 iPCTV용 프로그램을 위한 방송 제작도 전통적인 방법에서 달라지게 된다. 전통적으로 아날로그 프로그램 제작은 제작자가 카메라로 현장을 촬영하며 생방송을 하고, 편집해 재방송할 수도 있고, 그것을 비디오 제품으로 판매하는 것이었다. 그러나 디지털 프로그램의 제작은 현장을 촬영할 때부터 소비자와 시청자가 참가하게 되므로 달라지게 된다. 예를 들면 자동차 경주 프로그램이라면 경기장

의 카메라 위치를 시청자가 원하는 위치에 여러 대 놓고, 임의의 카메
라를 선택한 후 그 시청자가 선택한 화면만 조합해 보낸다든지, 일정한
조합범주를 선택하게 한다든지 기존의 아날로그와는 전혀 다른 제작기
법을 적용해야 한다. 또 제작 후에는 이용목적에 따라 얼마든지 재가공
하든지 재사용이 가능하므로 프로그램관련 데이터도 적극적으로 관리
해야 한다.

2. 국내 디지털 지상파 방송 규격

본 절에서는 국내의 디지털 지상파 방송 규격을 살펴보도록 한다. 국
내의 디지털 지상파 방송의 규격은 정부에서는 지난 1997년 2월에 지
상파 방송의 디지털 방식 전환 기본 계획을 확정·발표하면서 시작되었
고 차세대 방송 컨소시엄과 정보통신부 산하 실험방송 전담반을 통해
규격에 대한 논의가 이루어졌으며, 현재 이러한 규격으로 디지털 방송
이 시행되고 있다.

1) 영상관련 규격

영상 부호화 및 복호화 방식은 MPEG-2 표준인 ISO/IEC13818-2의
MP@ML, MP@HL의 압축 규격과 GOP의 크기를 15 이하로 이용하
여 영상을 송수신한다. <표 7-2>에 영상관련 규격에 대한 내용을 표
로 정리하였다.

<표 7-2> 디지털 방송 영상관련 규격

항 목	내 용
영상 압축 표준	ISO/IEC 13818-2(MPEG-2 영상 표준)의 MP@ML과 MP@HL을 지원
GOP의 크기	최대 15프레임
수신시 화질	ITU-R 권고안 710의 절대평가 방법의 5단계 평가치로 4.5 이상
영상 신호 표현형태	화면비는 16 : 9 또는 4 : 3, <표 7-3>의 SDTV와 HDTV급의 영상 포맷

<표 7-3> 영상 신호 표현 형태

주사선 수[1]	화소 수[2]	화면비[3]	화면율(Hz)[4]
1080	1920	16 : 9	60I, 30P, 24P
720	1280	16 : 9	60P, 30P, 24P
480	704	16 : 9 / 4 : 3	60P, 60I, 30P, 24P
480	640	4 : 3	60P, 60I, 30P, 24P

1) 주사선 수: 화면 내의 유효 주사선 수
2) 화소 수: 하나의 유효 주사선에 포함된 화소 수
3) 화면비: 화면의 가로 대 세로의 비율
4) 화면율: 초당 도시되는 프레임 수(P는 순차주사, I는 비월주사를 뜻한다. 60Hz, 30Hz, 24Hz 각각에 대하여 59.94Hz, 29.97Hz, 23.98Hz도 허용한다.)

<표 7-3>는 디지털 지상파 방송에서 사용할 수 있는 영상의 입력 포맷을 나타내고 있다. 현재 18가지 포맷을 표로 정리하였으나 NTSC 와의 호환인 프레임률을 갖는 영상 포맷까지를 포함하여 모두 36가지 의 영상 포맷이 구성된다.

2) 자막 데이터 규격

자막 데이터는 MPEG-2 영상 기초 스트림의 사용자 데이터 영역을 통하여 전송되며, DTVCC(DTV closed caption) 전송 채널이라 칭한다. DTVCC 전송 채널의 최대 전송률은 9600bps로 제한되어 있다.

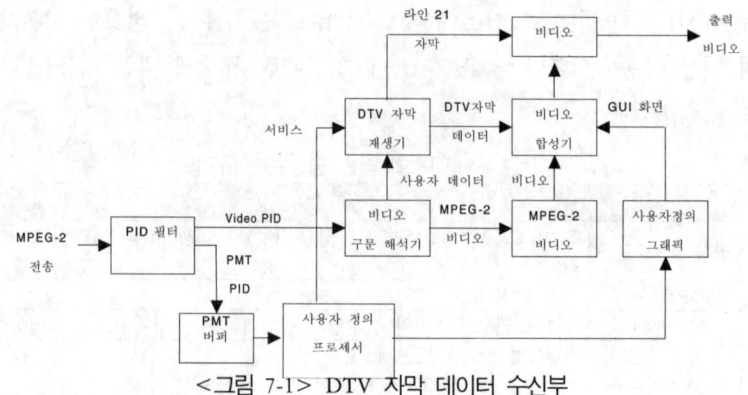

<그림 7-1> DTV 자막 데이터 수신부

자막 데이터는 수신기에서 오랫동안 메모리에 저장하지 않기 위하여
수신기에서 수신된 후 수신기에서 표시되기 전까지 0.5초를 넘지 않도
록 하고 있다. DTV 수신기에 있는 자막 데이터 수신부의 블록도는 <그
림 7-1>과 같이 구성할 수 있다.

한글의 경우 P16 확장부호를 사용하여 표현한다. 즉, 각각의 한글 문

<표 7-4> DTVCC 코드 테이블

b7-b4	C 0		G 0						C 1				G 1			
b3-b0	0	1	2	3	4	5	6	7	8	9	A	B	C	D	E	F
0	NUL	EXT1	SP	0	@	P	`	p	CW0	SPA	NBS	°	À	Ð	à	ð
1			!	1	A	Q	a	q	CW1	SPC	¡	±	Á	Ñ	á	ñ
2			"	2	B	R	b	r	CW2	SPL	¢	²	Â	Ò	â	ò
3	ETX		#	3	C	S	c	s	CW3		£	³	Ã	Ó	ã	ó
4			$	4	D	T	d	t	CW4		¤	´	Ä	Ô	ä	ô
5			%	5	E	U	e	u	CW5		¥	µ	Å	Õ	å	õ
6			&	6	F	V	f	v	CW6		¦	¶	Æ	Ö	æ	ö
7			'	7	G	W	g	w	CW7	SWA	§	·	Ç	×	ç	÷
8	BS	P16	(	8	H	X	h	x	CLW	DF0	¨		È	Ø	è	ø
9			)	9	I	Y	I	y	DSW	DF1	©	¹	É	Ù	é	ù
A			*	:	J	Z	j	z	HDW	DF2	ª	º	Ê	Ú	ê	ú
B			+	;	K	[	k	{	TGW	DF3	«	»	Ë	Û	ë	û
C	FF		,	<	L	\	l	|	DLW	DF4	¬	¼	Ì	Ü	ì	ü
D	CR		-	=	M	]	m	}	DLY	DF5		½	Í	Ý	í	ý
E	HCR		.	>	N	^	n	~	DLC	DF6	®	¾	Î	Þ	î	þ
F			/	?	O	_	o	♪	RST	DF7	¯	¿	Ï	ß	ï	ÿ
0			TSP	□								CC				
1			NBTSP	'												
2				,												
3				"												
4				"												
5			...	□												
6							1/8									
7							3/8									
8							5/8									
9			TM				7/8									
A			Š	š			□									
B							□									
C			Œ	œ			□									
D				SM			□									
E							□									
F				Ŷ			□									
	C 2		G 2						C 3				G 3			

디지털 방송 이해 및 실무

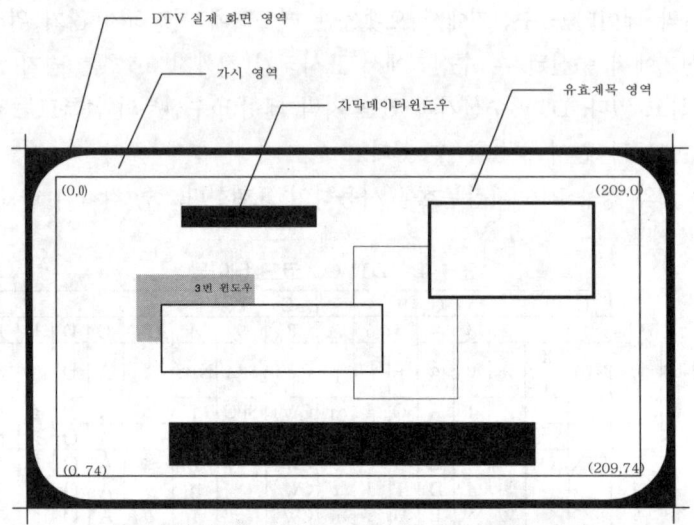

<그림 7-2> 디지털 방송을 위한 자막 데이터의 위치

자는 P16(0x18)+2byte의 3byte로 표현된다. 영문의 경우 1byte로 표현될 때에는 반자로 표시되고, P16 확장부호를 사용하여 표현할 때에는 전자로 표시된다. 한글 코드는 조합형, 완성형, 유니코드를 지원하여야 하며, caption_descriptor를 사용하여 이를 지정하도록 하고 있다.

자막용 텍스트 영문일 경우 <표 7-4>에 코드 테이블을 나타냈다. 화면의 좌표는 <그림 7-2>와 같은 좌표계를 가지며 수직 방향으로 75행이며, 수평 방향으로는 16 : 9일 경우 210열이며 4 : 3일 경우는 160열의 격자구조를 가진다. 윈도우의 크기는 반 자 기준으로 최대 폰트의 수평 40자, 수직 10라인의 크기 이내이어야 한다.

3) 음성관련 규격

음향 부호화 시스템은 디지털 음향 압축 표준(ATSC의 Dolby digital, AC-3)을 사용하여 최대 5.1채널의 음향 채널을 처리한다. 음향 출력 표본화 주파수는 48KHz로 하여 표본당 비트 수를 16비트 이상, 24비트

<표 7-5> 디지털 지상파 방송 오디오관련 규격

항 목	내 용
오디오 압축 방식	Dolby AC-3
수신시 음질	ITU-R 권고안 562의 절대평가 방법의 5단계 평가치로 4.5 이상 또는 7단계 비교 평가치로 2.5 이상
음향 주파수 대역	3Hz~20kHz 음향신호의 대역은 이하로 한다.
저대역 효과 채널	3Hz~120Hz
음향 채널 구성	좌, 우, 중앙, 좌 서라운드, 우 서라운드, 저주파 효과 채널로 구성된 최대 5.1채널 구성 음향 다중, 난청인용, 시각 장애인용 및 부가 서비스 채널을 제공할 수 있음
표본화 주파수	48KHz
표본당 비트 수	16~24비트
목표 비트율	최대 512kbps

<표 7-6> AC-3 음향의 서비스 유형

서비스	내 용
주 음향 서비스	완전 서비스: 모든 음향 프로그램 요소 사용(대화, 음악, 효과를 위하여 1채널에서 5.1채널까지 사용 가능)
	음악 및 효과 서비스: 대화를 제외한 모든 음향 프로그램 요소 사용. 부음향 서비스의 대화 채널이 동시에 사용됨(1채널에서 5.1채널까지 사용 가능)
부 음향 서비스	시각장애: 시각장애인을 위한 화면의 설명 지원(5.1채널까지 사용 가능)
	청각장애: 청각장애인을 위해 대화의 명료도를 개선한 음향 지원(5.1채널까지 사용 가능)
	대화: 대화가 빠져 있는 주 음향 서비스에 삽입되어야 하는 대화
	주석: 주 음향 서비스의 내용을 대신하는 주석으로 선택 가능함(5.1채널까지 사용 가능)
	긴급: 긴급 상황을 알리기 위한 채널로서 우선 순위를 줌(단일 채널 사용)
	해설: 중앙 스피커에 혼합되어 재생되는 해설 등을 위한 채널(단일 채널 사용)

이하로 하도록 되어 있는데 <표 7-5>에 이러한 오디오에 대한 내용을 표로 정리하였다.

Dobly AC-3에서는 주 음향의 5.1채널의 서비스와 여기에 부가적 정보를 전송하는 부 음향 서비스 채널을 제공하고 있다. 이에 대한 내용을 <표 7-6>에 나타냈다.

디지털 방송 이해 및 실무

4) 다중화관련 규격

다중화의 역할은 각 프로그램 채널을 구성하는 비디오/오디오 스트림과 여러 프로그램 채널을 하나의 스트림에 전송하기 위해 직렬로 배열하는 과정이다. 해당하는 다중화를 위한 트랜스포트 스트림 규격은 ISO/IEC 13818-1의 표준으로 구성된다. 원활한 수신자의 방송 수신과 일반사용자가 불편을 느끼지 않도록 이전 채널에서 새로운 채널의 프로그램이 출력되기까지의 채널 전환 지연시간을 1초 이내로 짧도록 하고 있으며, 프로그램 제작시에 동기화되어 발생된 영상과 음향 신호가 송신장비, 전송로 등을 거쳐 수신단에서 복호화될 때에 생기는 두 신호 사이의 상대적인 지연시간인 영상과 음향의 지연은 −20msec, +40msec 이내로 하고 있다. 영상과 음향 간의 최대 지연시간은 영상을 기준으로 음향이 앞서는 경우 음의 값, 음향이 뒤에 들리는 경우 양의 값을 갖는다.

한 채널 안에 제공되는 디지털 TV 영상 이외의 음향, 그리고 데이터 서비스의 개수와 종류에 따라 디지털 TV 영상 비트율을 가변할 수 있도록 하고 가변할 수 있는 범위는 목표 비트율 이내로 하고 있다. 다중화 전송과 관련한 사항을 <표 7-7>에 나타냈다.

프로그램은 트랜스포트 패킷 헤더의 PID(Paket Identifier)값을 할당함에 있어서 일련의 규칙을 따른다. 한 트랜스포트 스트림에서 텔레비전 프로그램들은 각각 1에서 255 사이의 값을 갖는 하나의 프로그램 번호를 할당받는다. 프로그램 번호에 따른 PID값의 할당은 ATSC의

<표 7-7> 디지털 지상파 방송의 다중화 규격

항 목	내 용
다중화 규격	ISO/IEC 13818-1
프로그램 가이드 규격	ATSC A65
서비스 최대 지연시간	1초 이내
채널 호핑 시간	1초 이내
영상/음향 간의 최대 지연	−20msec, +40msec 이내
목표 비트율	19.4Mbps

A53에서 사용하고 있는 방법과 같이 다음과 같이 사용하고 있다.

기준 PID=(프로그램 번호) ≪ 4

한 프로그램 내에서 기준 PID와 각 서비스에 대한 PID의 관계는 다음 <표 7-8>과 같다.

표에서 정의된 서비스가 아닌 다른 서비스의 PID를 찾기 위해서는 PMT 테이블을 복호하여야 한다. <표 7-8>의 프로그램의 규칙을 따를 경우 PID 필드의 비트 12는 0이어야 하며, <표 7-8>의 프로그램의 규칙을 따르지 않는 경우에는 비트 12는 1이어야 한다.

PES 헤더 부분에 들어가는 몇 가지 필드는 다음 <표 7-9>과 같이 제한되어 있다.

각 비디오 PES 패킷은 video access unit으로 시작하도록 하고, PES 패킷 부하의 첫 번째 바이트는 video access unit의 첫 번째 바이트이어야 한다. 각 PES 헤더에는 PTS가 포함되어야 하며, 경우에 따라 DTS

<표 7-8> 트랜스포트 패킷의 PID 할당

서비스	PID
PMT PID	기준 PID + 0x0000
영상 PID	기준 PID + 0x0001
PCR PID	기준 PID + 0x0001
음향 PID	기준 PID + 0x0004
데이터 PID	기준 PID + 0x000A

<표 7-9> PES 헤더 필드의 제한 내용

필드명	내용
PES_scrambling_control	00
ESCR_flag	0
ES_rate_flag	0
PES_CRC_flag	0
PES_private_data_flag	0
pack_header_field_flag	0
program_packet_sequence_flag	0
P-STD_buffer_flag	0

가 포함될 수 있다. 또한 한 PES 패킷은 하나의 부호화된 영상 프레임
만을 전송하여야 한다. 비디오 PES 패킷 헤더의 다음 두 필드를 다음과
같이 고정시켜 사용한다.

| PES_packet_length | 0x0000 |
| data_alignment_indicator | 1 |

프로그램 지정정보(PSI)는 PAT, CAT, 그리고 PMT를 포함하고 있다.
이것은 MPEG-2 규격인 ISO/IEC 13818-1에 그 사용을 정의하고 있고
이 책의 앞 장에서 이를 설명하였다. 그러나 ATSC에서 정하고 있는
PSIP(Program and System Information Table)가 전송되는 경우 MPEG-2
의 PSI 정보를 수신기가 수신할 필요는 없고 ATSC의 PSIP 정보만 수
신하여도 된다. PSIP의 내용에는 채널을 선택하기 위한 PSI의 모든 정
보가 실려 있을 뿐만 아니라 프로그램 안내에 대한 부가적인 정보까지
모두 포함되어 수신기에 충분한 정보를 줄 수 있다. ATSC에서 권고하
듯이 MPEG-2 비트 스트림인 디지털 방송 스트림이 MPEG-2 호환을
유지하기 위하여 PSI 정보를 송출하도록 하고 있다.

5) 채널 부호화 및 RF 전송 시스템

디지털 지상파 RF 및 전송 시스템의 구조는 앞의 제5장에서 설명한
8VSB 변조 방식을 사용하여 구성한다. <그림 7-3>에 이러한 전송 시
스템의 블록도를 나타냈다.

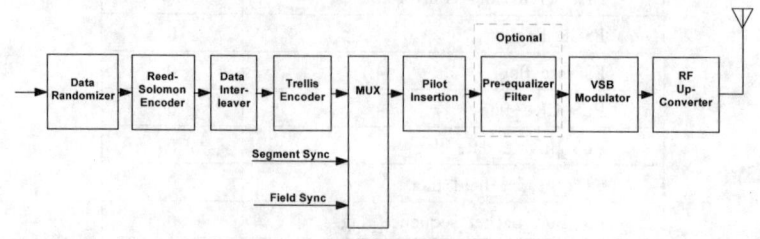

<그림 7-3> 채널 부호화 및 RF 전송 시스템

6) RF 및 전송

VHF와 UHF 대역의 NTSC와 같은 6MHz 대역폭을 사용하고 있고 전송 채널간의 간섭을 최소화하기 위해 규정된 채널 대역폭(6MHz)과 상호 간섭비를 정의하고 있다. 인접 NTSC 채널 할당을 보호하기 위한 지상파 디지털 텔레비전 대역의 스펙트럼 사양을 살펴보면 다음과 같다.

(1) 인접 채널이 NTSC인 경우

지상파 디지털 텔레비전 평균 전력 대 NTSC 피크-싱크 전력의 비율이 (DTV/NTSC)dB라면, 인접 NTSC 채널에서 대역의 지상파 디지털 텔레비전 전력이 평균 지상파 디지털 텔레비전 전력 레벨보다 최소한 $\left(56 + \left(\frac{DTV}{NTSC} \right)_{dB} \right)$ dB만큼 작도록 하고 있다. 단, 이때의 측정조건은 500 kHz 대역폭을 갖는 가중치 합으로 한다.

오디오의 경우 지상파 디지털 텔레비전 대역의 신호 크기는 NTSC 채널의 상측 500kHz대에서 측정된 전력이 지상파 디지털 텔레비전 평균 전력보다 $48 + \left(\frac{DTV}{NTSC} \right)_{dB}$ dB만큼 작아야 한다.

또한 비인접 채널에서 지상파 디지털 텔레비전 대역의 신호의 크기는 지상파 디지털 텔레비전 평균 전력의 60dB 이하이다.

(2) 인접 채널이 지상파 디지털 텔레비전인 경우

서비스 영역의 가장자리에서 수신 품질이 0.1dB 이상 떨어지지 않기 위해서는 원하지 않는 대역의 수신 전력이 원하는 대역의 수신 전력의 6배 이내이어야 한다. 서비스 영역의 가장자리에서 수신 품질이 0.25dB 이상 떨어지지 않기 위해서는 원하지 않는 대역의 수신 전력이 원하는 대역의 수신 전력의 16배 이내이어야 한다. 세 개의 지상파 디지털 텔레비전 채널이 연속일 경우, 중앙의 채널을 N, 좌우의 채널을 N−1, N+1이라고 놓으면 N−1과 N+1채널의 밴드 밖 전력(side-lobe power)이 N채널의 요구 전력보다 −40dB 이하가 되어야 한다.

오디오의 경우는 NTSC 채널의 위쪽 500kHz 대에서 측정된 전력이 지상파 디지털 텔레비전 평균 전력보다 $48+\left(\dfrac{DTV}{NTSC}\right)$ dB만큼 적어야 한다. 이때 오디오 대 비디오의 반송파의 전력비는 -13dB로 가정한다.

인접하지 않은 6MHz 채널에서의 비가중치 전력은 지상파 디지털 텔레비전 평균 전력보다 60dB 이상 낮아야 한다.

대역 내 신호의 특성은 error vector magnitude(EVM)로 나타내며 지상파 디지털 텔레비전에서는 규정된 전력보다 상대적으로 -27dB 이상 크면 안된다.

(3) 심볼률 허용오차

심볼률 f_{sym}은 다음과 같다.

$$f_{sym} = 4.5\frac{684}{286}MHz \pm 30Hz \approx 10,762,237.8Hz \tag{7-1}$$

f_{sym}은 트랜스포트 스트림률 f_{tp}와 동기시키며 f_{tp}는 다음의 식과 같다.

$$f_{sym} = \frac{1}{2}\cdot\frac{208}{188}\cdot\frac{313}{312}\cdot f_{tp} \tag{7-2}$$

$$f_{tp} \approx 19,392,658.5 \pm 54Hz \tag{7-3}$$

3. 국내 위성 디지털 방송의 규격

국내 위상 디지털 방송 규격은 11.7GHz~12.2GHz의 주파수 대역으로 방송되는 디지털 위성 방송 시스템을 제작·설치하고자 하는 자에게 필요한 기술적 정보와 단일의 위성 방송 수신 서비스를 제공할 목적으로 작성되었고 디지털 위성 방송 시스템의 수신기 및 송신기에 관련된 인터페이스 규격을 정의하고 있다.

위성 방송 시스템이 제공하는 주요 기능 및 시스템의 최대 용량은 다음과 같다.

- 최대 60 서비스 채널
- 오디오/비디오의 전송률, 오디오/비디오의 품질 및 데이터 전송률의 가변 구성
- 온-라인 프로그램 안내
- 성인용 프로그램 시청 제어
- 음성 다중 및 자막 서비스

송신기는 TV 프로그램과 데이터 프로그램을 합하여 하루에 600프로그램 정보까지 처리할 수 있도록 하고 있고, 그 중 최대 24채널은 데이터서비스를 위하여 사용할 수 있다. 송신기는 최대 36개의 프로그램 서비스 스트림을 위한 프로그램 안내 정보를 목표로 하고 있고, 송신기는 최대 24개의 데이터서비스 스트림을 위한 프로그램 안내 정보를 처리하게 한다. 각 TV 프로그램과 데이터 프로그램은 단일 채널에 할당되도록 하고 있고, TV 프로그램 서비스와 데이터서비스는 한 채널을 공유할 수 없게 하고 있다.

1) 위성 방송 시스템의 구조

위성 방송 시스템은 <그림 7-4>와 같이 송신기, RSMS와 수신기로 구성하고 있다. 송신기는 외부에서 발생되어 제공된 프로그램 자료를 수신 및 처리하여 이를 방송 위성을 통하여 전송한다.

디지털 위성 방송 규격에서 정의하는 위성 방송 전송 시스템 기능간 인터페이스는 <그림 7-4>에 표시된 A점의 송신기 입력단 신호, B점의 송수신기 위성 링크, C점의 수신기와 외부(TV 수상기) 인터페이스, D점의 RMS(자원 관리 시스템)와 송신기 간에 위치한다. 제한 수신 기능을 포함하는 경우, E/F/G/H 점의 인터페이스 규격은 별도의 제한 수신 표준을 따르도록 하고 있다.

비디오 및 오디오 입력 포맷은 아날로그 또는 디지털이며, 수신자들을 위한 데이터서비스는 비동기식 단방향(RS-232C)의 경우 19.2kbps까

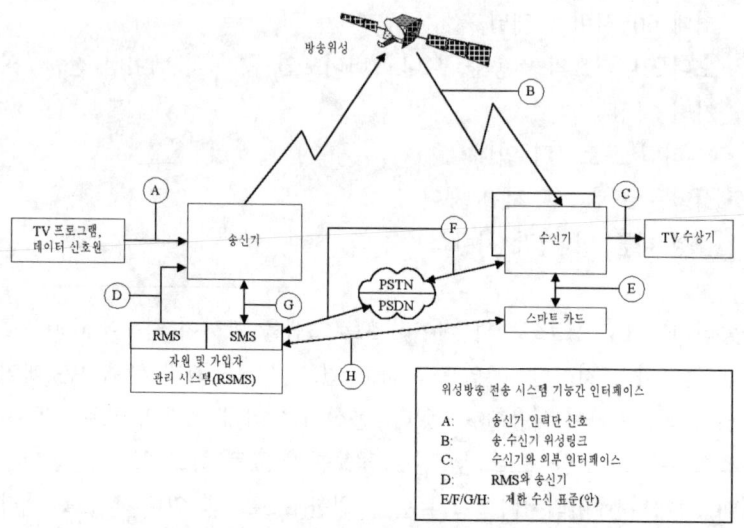

<그림 7-4> 위성 방송 시스템 구조 및 위성 방송 전송 인터페이스 점의 위치

지, 동기식 단방향(RS-449)의 경우 2.4kbps 이상의 전송률을 지원한다.

송신기는 TV 프로그램 서비스와 데이터서비스를 RSMS 데이터와 함께 처리 및 다중화하여 방송위성을 거쳐 모든 수신기로 방송한다. 제4장의 송수신기 위성 링크 인터페이스는 계층화된 모델을 이용하여 방송 신호의 구조를 규정한다. 위성 방송 인터페이스의 프로토콜 계층 구조는 <그림 7-5>에 요약되어 있으며, 이 계층구조는 ISO의 OSI 모델에 유사하나 정확히 일치하지는 않는다.

2) 위성 방송 비디오 규격

위성 방송 비디오 서비스는 MPEG-2를 채택하고 있으며, ISO/IEC 13818-2(MPEG-2 비디오 표준)의 MP@ML에 따라 부호화한다. 영상은 초당 29.97프레임률에서 720×480화소의 해상도를 갖고, 4:3 또는 16:9의 화면 종횡비를 갖는 비디오를 이용한다. 화면 종횡비가 16:9인 비디오에 대하여는 위성 방송 시스템은 부호화기에서 4:3의 화면을 갖는 수상기를 위해 수신기까지 'pan/scan' 정보를 전송할 수 있다. 위

<표 7-10> 위성 디지털 방송 영상관련 규격

항 목	내 용
영상 포맷	720×480(29.97Frames/sec), 4 : 2 : 0
영상 종횡비	4 : 3과 16 : 9
영상 압축 표준	ISO/IEC 13818-2(MPEG-2 영상 표준)의 MP@ML
GOP의 크기	최대 15프레임
수신시 화질	ITU-R 권고안 710의 절대평가 방법의 5단계 평가치로 4.5 이상

응용계층	프로그램 서비스			데이터 서비스 (서비스 제공자 정의)	RSMS 데이터
	비디오	보조데이터 (자막)	오디오		
표현계층	Main Profile @ Main Level MPEG 2 비디오 ES	EIA-608	MPEG 1 계층 II Audio ES	(서비스 제공자 정의)	
	비디오 PES		오디오 PES		
액세스 제어계층*	DVB 스크램블링				
전송계층	MPEG-2 트랜스포트 스트림				
데이터 링크 계층	복합 순방향 오류 정정(FEC)				
물리계층 전기적	QPSK 변조 및 RF 전송				
물리계층 기계적	수신기 안테나				

<그림 7-5> 위성 방송 인터페이스 프로토콜 계층 구조

성 방송의 비디오 규격에 대한 내용을 <표 7-10>에 나타냈다.

3) 자막 데이터

자막 데이터는 프로그램 서비스 구성의 한 요소로 보조 데이터상에 전송되며 형식과 코드는 EIA-608을 따른다. MPEG-2 비디오 스트림의 사용자 데이터에 실려오는 자막 데이터는 수신측에서 이를 추출하여 다시 NTSC 신호 형태로 재구성하든지, 서비스 제공자가 의도하는 형태로 비디오 신호에 텍스트 형태로 중첩하여 가입자 TV 수상기에 전송할

<표 9-11> 필드에 따른 자막 서비스

필드 1	필드 2
CC1(기본 동기 자막 서비스)	CC3(부가 동기 자막 서비스)
CC2(특별 비동기 자막 서비스)	CC4(특별 비동기 자막 서비스)

수 있다.

자막 데이터는 기본 동기 자막 서비스와 특별 비동기 자막 서비스가 있다. 기본 동기 자막 서비스는 비디오의 특정 프레임이나 음성과 동기가 이루어져야 하지만 특별 비동기 자막 서비스는 그러하지 않다. 이 서비스의 상호간의 우선순위는 동일하며 중복하여 전송하지 않으며, 자막 서비스와 관련하여 전송하게 될 데이터는 <표 9-11>과 같다.

필드 2의 자막 서비스는 필드 1에서 제공되는 캡션상의 언어와 구별되는 또 다른 언어의 문자전송시 사용된다. 자막 데이터는 비디오 시퀀스의 영상 헤더에 연속하는 사용자 데이터 필드상에 전송된다. 다른 헤더 수준에서는 사용자 데이터가 정의되어 있지 않다.

자막 데이터는 영문의 경우, 7bits ASCII 코드로 전송되며, 한글의 경우, 2bytes 완성형 코드(KSC-5601)로 전송되고, parity bit는 사용할 수 없다. 한글 폰트는 영문 폰트의 2배 크기(주로 영문은 반각, 한글은 전각임)이므로 한 화면에 표시할 수 있는 한글 텍스트 문자를 32(H)×15(V)의 1/2인 16(H)×15(V)이지만 제어 문자 중 화면상의 수평지표(horizontal position)를 나타내는 항목은 영문을 기준으로 하여 32(H)×15(V)의 값을 갖는다.

비디오신호 부호화 중에 비디오 부호기는 비디오 파라미터와 사용자 데이터를 비디오 비트 스트림의 'picture 헤더'에 삽입한다('사용자 데이터'는 ISO/IEC 13818-2(MPEG-2 비디오 표준)에 정의되어 있다]. 이에 대한 구문을 <표 7-12>에 나타냈다.

uimsbf : 최상위 비트 우선의 unsigned integer 표시
user_data_length : user_data_length 필드에 연속해서 나타나는 사용자 데이터의 바이트의 수

<표 7-12> 위성 방송 자막 데이터의 구문

구문	비트 수	정상값
user data()		
user data start code	32	0×000001B2
while(nextbits()!=0×000001){		
user data entry()		
}		
user data entry()		
user data length	8	uimsbf
user data type	8	uimsbf != 0
switch(user data type){		
case 9:	/* field 1 */	
field byte1	8	uimsbf
field byte2	8	uimsbf
break		
case 10:	/* field 2 */	
field byte1	8	uimsbf
field byte2	8	uimsbf
break		
case else:	/* reserved */	
break		
}		

<표 7-13> user_data_type 코드

user_data_type 코드	설명	user_data_length(bytes)
0에서 8	사용이 유보됨	
9	field1_data	3
10	field2_data	3
11에서 255	사용이 유보됨	

user_data_type : 위성 방송 시스템상에서 사용하는 user_data_type 에 현재 정의된 값

field1_byte1, field1_byte2 : 하나의 영상에 field1_byte1 혹은 field1 _byte2가 한 개 혹은 그 이상 발생하면, 현재 영상(필드당 한 개의 field1_byte와 한 개의 field1_byte2)에 이어지는 홀수 필드상에 차례로 삽입된다. 만약 표시되는 필드상에 유일한 field1_byte1 혹은 field1 _byte2가 허용되지 않는다면(즉, 아무것도 전송되지 않거나 이전에 표

디지털 방송 이해 및 실무

시된 필드상에 먼저 사용된 현재 영상을 전송하는 경우), NTSC 신호로 재구성될 때 아무 정보도 삽입되지 않는다. field1_byte1과 field1_byte2에 0(0x00)이 동시에 나타날 수 없다.

전송되는 표시 불가능한 문자의 집합은 모두 NTSC 신호의 각 필드 상에 캡션 정보를 표시하기 위한 제어 코드들이다. 이들의 표현 방법과 제어 방법은 모두 EIA-608에 규정된 제어 방식과 표현 방법을 따른다. EIA-608에는 112개의 기본적인 문자와 한국어 사용자를 위한 확장 그룹으로 KSC 5601-1987을 규정하고 있다. 전송되는 모든 표시 가능한 문자는 2바이트 단위로 전송한다.

4) 프로그램 서비스 오디오

오디오 서비스의 국내 규격은 최대 2개의 MPEG-1 Layer II 오디오를 사용하며, 추후 MPEG-2 Layer II 오디오가 기술적으로 가능할 경우 MPEG-2 오디오로 전환하도록 하였다. <표 7-14>에 오디오에 관한 규격을 표로 나타냈다.

<표 7-14> 디지털 위성방송 오디오 관련 규격

항 목	내 용
오디오 압축 방식	MPEG-1 Layer II 사용 추후 MPEG-2 Layer II 사용
수신시 음질	ITU-R 권고안 562의 절대평가방법의 5단계 평가치로 4.5 이상 또는 7단계 비교평가치로 2.5 이상
음향 주파수 대역	15Hz~20kHz
저대역 효과 채널	3Hz~120Hz
음향 채널 구성	MPEG-1 오디오 : 모노, 스테레오채널에 음성 다중 채 널을 추가로 구성 MPEG-2 오디오 : 5.1채널 구성
표본화 주파수	48KHz
표본당 비트 수	최대 24비트
목표 비트율	MPEG-1 오디오 : 최대 384 kbps MPEG-2 오디오 : 최대 1066kbps

<표 7-15> ISO-639 언어 코드

언어	코드	언어	코드
한국어	ko	스페인어	es
영어	en	러시아어	ru
일본어	ja	아랍어	ar
중국어	zh	인도네시아어	in
불어	fr	베트남어	vi
독일어	de		

음성다중은 한국어 포함 11개 국어(한국어, 영어, 일본어, 중국어, 불어, 독일어, 스페인어, 러시아어, 아랍어, 베트남어)를 지원하여야 하며, ISO-639 언어 코드는 다음의 <표 7-15>와 같다.

5) 트랜스포트 스트림

트랜스포트 스트림의 구문은 ISO/IEC 13818-1(MPEG-2 시스템 표준)을 사용하고 있다.

SI 데이터를 포함하는 RSMS 데이터 스트림은 테이블 구조를 사용한다. SI 테이블은 테이블 섹션들로 구성되어 있다. 테이블 길이가 4096인 EIT를 제외한 나머지 테이블들의 최대 섹션 길이는 1,024바이트이다. 테이블 섹션은 TS 패킷의 페이로드의 어떤 위치에서도 시작할 수 있다. 하나 이상의 섹션들은 같은 TS 패킷 안에서 시작할 수 있고, 하나의 섹션이 TS 패킷 안에서 시작하면, 'unit start indicator flag'는 1로 설정되고 포인터는 그 패킷의 첫 페이로드 바이트로서 삽입되어진다. 포인터는 그 패킷에서 시작하기 위해 첫 테이블 섹션의 첫 바이트의 위치를 나타낸다.

PSI와 부가 SI 테이블을 갖고 있는 RSMS 데이터 스트림을 포함하는 트랜스포트 스트림 패킷과 'adaptation field'를 포함하는 트랜스포트 스트림 패킷의 제한 수신(conditional access) 항목에 대하여는 스크램블되지 않도록 하고 있다.

트랜스포트 스트림은 일련의 연속적인 188바이트 패킷으로 되어 있다. 7/8 길쌈 복합(concatenated) 부호기인 경우 트랜스포트 스트림의 비트율은 34.352Mbps이다.

6) RSMS 데이터 스트림

가입자 관리(RSMS; Resource and Subscriber Management System) 데이터는 위성 링크의 RSMS 데이터 스트림을 통하여 방송된다. RSMS 데이터는 서비스 정보(SI)와 가입자 서비스 등록과 관계된 RSMS 메시지로 구성된다.

- 프로그램 지정 정보(PSI) : 이 정보는 수신기가 트랜스포트 스트림을 역다중화하는 데 이용한다. PSI는 ISO/IEC 13818-1(MPEG-2 시스템 표준)을 따르며, 아래의 내용을 포함한다.

  - Program Association Table(PAT)
  - Conditional Access Table(CAT)
  - Program Map Table(PMT)

- 부가 SI 데이터 : 선택된 반송파의 자동 동조를 돕고 프로그램 안내를 위한 정보. 이 부가 SI 데이터는 디지털 비디오 방송 시스템의 서비스 정보에 대한 ETSI/DVB 규격에 기초한다. 이 정보는 아래의 내용을 포함한다.

  - Network Information Table(NIT)
  - Service Description Table(SDT)
  - Event Information Table(EIT)
  - Time and Date Table(TDT)

<표 7-16> RSMS 데이터 스트림을 위한 PID 배정

PID	PID 위치	RSMS 데이터 스트림
0x0000		PAT : Program Association Table
0x0001		CAT : Conditional Access Table
	PAT(programs≧2)	PMT : Program Map Table
	CAT(CA descriptor)	EMM : Entitlement Management Message
	PMT(CA descriptor)	ECM : Entitlement Control Message
	PAT(program 1)	Reserved for RCM* : Receiver Command Message
	PAT(program 0)	PMM : Program Guide Message including the NIT, SDT and TDT
	NIT(EIT descriptor)	PMM(EIT) : Program Guide Messages for Event Information Tables

• RSMS 메시지는 제한 수신 기능을 사용하는 경우에 한하여 전송되며, 아래의 내용을 포함한다.

-Entitlement Control Messages(ECM)

-Entitlement Management Messages(EMM)

-Receiver Command Messages(RCM)

RSMS 데이터는 RSMS 데이터 스트림으로 구성되어야 하는데, <표 7-16>은 관련 PID나 각각의 RSMS 데이터 스트림에 대한 PID 위치를 나타낸 것이다.

7) 프로그램 안내 메시지(Program Guide Messages)

프로그램 안내 메시지(PGM)들은 프로그램 안내를 위한 NIT, SDT, TDT, EI의 부가 SI 데이터로 구성된다. 수신기는 이 SI 데이터를 이용하여 가입자가 프로그램을 선택할 수 있도록 프로그램 안내 화면을 만들고 보여주며, 이 SI 데이터를 이용하여 수신하려고 하는 프로그램 채널에 대한 위성 방송 반송파의 자동 동조에 사용된다. 프로그램 안내 정보를 제공하기 위한 SI 데이터는 512kbytes 이하로 한다.

디지털 방송 이해 및 실무

RSMS 시스템은 최대 6개까지의 트랜스포트 스트림으로 구성되는 위
성 방송 네트워크를 지원한다. 서비스 정보(SI) 테이블 섹션은 각각의
트랜스포트 스트림에 동일하게 전송되고. 모든 RSMS 데이터는 영문의
경우, 7bits ASCII 코드로 전송되며, 한글의 경우, 2bytes 완성형 코드
(KSC-5601)로 전송된다. RSMS 데이터의 전송에 필요한 트랜스포트 스
트림의 대역폭은 <표 7-17>과 같다.

RSMS 데이터 스트림을 구성할 경우 다음 사항을 고려하여야 한다.

- 시청자의 프로그램 안내 정보 요구에 대한 응답은 3초 이내가 되도
  록 전송 주기를 설정
- 프로그램 안내 정보를 위해 요구되는 수신기의 메모리는 512KByte 이하
- 트랜스포트 스트림당 RSMS 데이터의 전송속도는 1200pkts/s 이하
- RSMS 데이터의 초당 패킷수는 수신기의 처리용량 이내로 유지
- EIT의 version은 동일하게 유지

<표 7-17> RSMS 데이터의 전송 주기 및 전송 패킷

RSMS 데이터	최대 전송 주기 (초)	최대 패킷 전송률 (패킷수/초)
SI :		
PAT	10	20
CAT	10	10
PMT	10	70
PMM(NIT)	10	
PMM(SDT)	10	30
PMM(TDT)	60	
PMM(EIT-1)	15	70
PMM(EIT-2)	20	70
PMM(EIT-3)	60	70
PMM(EIT-4)	60	70
PMM(EIT-x)	60	70
TOTAL :	-	480

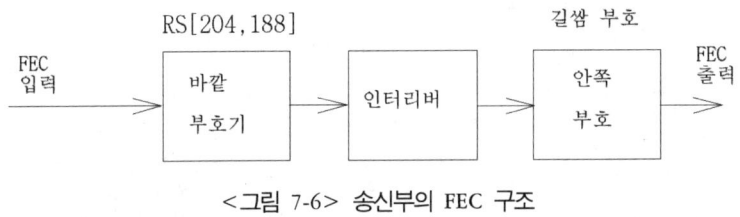

<그림 7-6> 송신부의 FEC 구조

8) 위성 링크 인터페이스

안테나의 co-polar와 cross-polar 방사 패턴은 지역 3의 방송 위성 서비스를 위한 CCIR Rec.652에 규정된 개별 수신용 안테나의 기준 패턴을 초과하지 않도록 하고 있다. 순방향 오류 정정(FEC) 설계는 유럽 방송 연합(EBU) 문서인 DVB SB5(94)와 디지털 비디오 방송 기준규격 EBU 300 421을 따른다. 순방향 오류 정정은 <그림 7-6>과 같이 3개의 기능 블록으로 구성되어 있다. 바깥 부호는 리드 솔로몬(Reed Solomon) 블록 부호를 사용하며, 안쪽 부호는 길쌈 부호를 사용한다.

FEC의 위치는 <그림 7-6>과 같고, 바깥 부호는 원래의 RS[255, 239] 부호를 단축한 리드 솔로몬 부호를 사용한다. 각 188 바이트 트랜스포트 데이터 스트림 패킷은 에러 보호 패킷으로 부호화되고, 이때 부호 발생 다항식은 다음과 같다.

$$g(x) = (X + a^0)(X + a^1)(X + a^2) \cdots (X + a^{15}) \qquad (7\text{-}4)$$

필드 발생 다항식은 다음과 같다.

$$p(x) = x^8 + x^4 + x^3 + x^2 + 1 \qquad (7\text{-}5)$$

단축된 리드 솔로몬 부호는 RS[255, 239] 부호기의 입력에서 정보 바이트 이전에 모두 제로 상태인 51바이트를 추가하고, RS[255, 239] 부호기의 출력 쪽에서 이들 바이트를 버림으로써 구현된다. 리드 솔로몬으로 부호화된 바이트는 최상위 비트(MSB)부터 전송된다.

디지털 방송 이해 및 실무

(a) MPEG-2 Transport 패킷

or SYNC1̄ SYNCn	187 바이트	RS[204,188] 16바이트 리던던시

(b) RS[204,188] 에러 보호 패킷

SYNC1̄ = not randomized bit inverted sync byte
SYNCn = not randomized sync byte, n = 2,3,...,8

<그림 7-7> 바깥 부호기의 입력 및 출력 프레임 구조

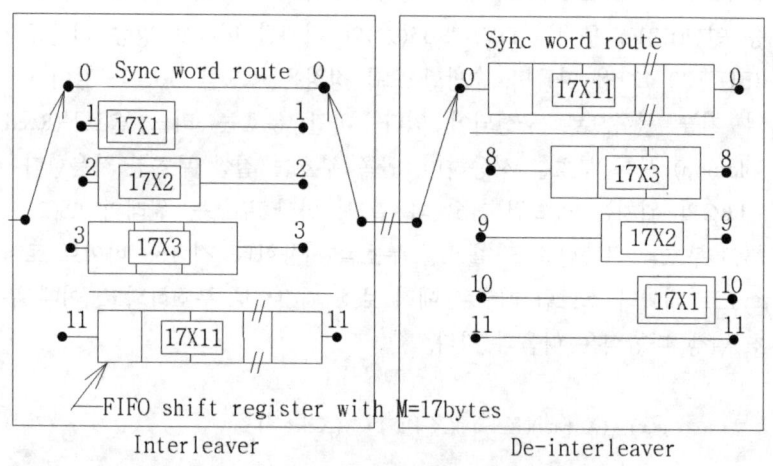

Interleaver   De-interleaver

<그림 7-8> 인터리버와 디-인터리버의 개념도

길쌈 인터리버는 <그림 7-8>에서와 같이 RS 에러 보호 패킷에 적
용된다.

인터리버의 깊이는 I=12이고, I는 J번째 브랜치당 J×M 깊이를 가진
FIFO 시프트 레지스트 브랜치의 숫자이며, 또한 j는 0에서 I-1까지이고
M=N/I=17이다(여기서 N은 에러 정정을 위한 프레임 길이이며, I는 인터리
빙 깊이 그리고 j는 브랜치 지수임).

<표 7-18> 펑쳐드 부호 정의

Original Code			Code Rates 7/8	
K	G1 (X)	G2 (Y)	P	dfree
7	171	133	X: 1000101 Y: 1111010 I=X1Y2Y4Y6 Q=Y1Y3X5X7	3

동기 바이트	203 바이트	동기 바이트	203 바이트

인터리버 깊이 I=12

<그림 7-9> 인터리버된 프레임 구조

MPEG-2 트랜스포트 스트림 동기 바이트와 반전된 동기 바이트는 다음의 <그림 7-9>에 나타난 것과 같이 204바이트 인터리버 프레임을 생성하기 위하여 항상 브랜치 0을 통한다. 204 인터리버 프레임은 동기 바이트 또는 반전된 동기 바이트와 203바이트의 RS 부호화된 패킷으로 구성된다.

안쪽 부호는 <표 7-18>에 보여준 것과 같이 구속장 K=7을 가진 1/2 길쌈 부호를 기본으로 한 펑쳐드 길쌈 부호이고, 부호율은 7/8를 사용하고 있다.

<그림 7-10>에 보여준 안쪽 부호기의 I, Q 출력을 합한 데이터 전송률은 42.6Mbps이어야 한다. -3dB 대역폭이 27MHz인 경우 최대 심볼률은 21.3Msym/s이다.

수신기는 동기 바이트와 반전된 동기 바이트를 복호화함으로써 180° 위상의 모호성을 해결할 수 있다. 변조는 에너지 확산 스크램블링부, 베이스 밴드 여파부 그리고 QPSK 변조부 3부분으로 구성되고, 각각의 위치는 <그림 7-11>과 같다.

MPEG-2 트랜스포트 스트림은 에너지 확산을 위하여 스크램블되어야 하는데, 에너지 확산 스크램블러는 <그림 7-11>과 같이 전송로 상에 위치한다. 랜덤 이진열(PRBS) 발생기를 위한 스크램블러 다항식은

디지털 방송 이해 및 실무

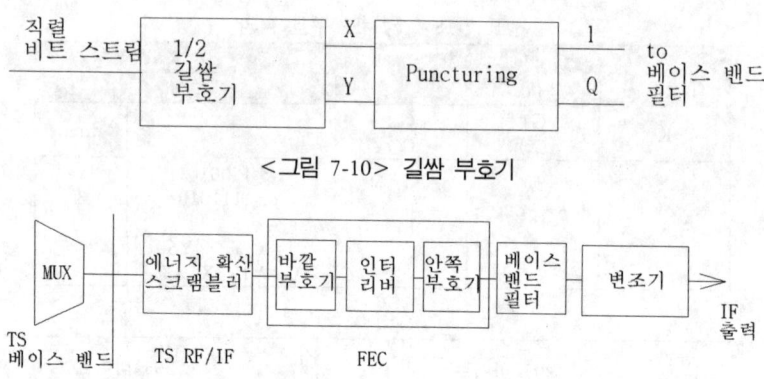

<그림 7-10> 길쌈 부호기

<그림 7-11> 송신 선로에서의 변조부의 위치

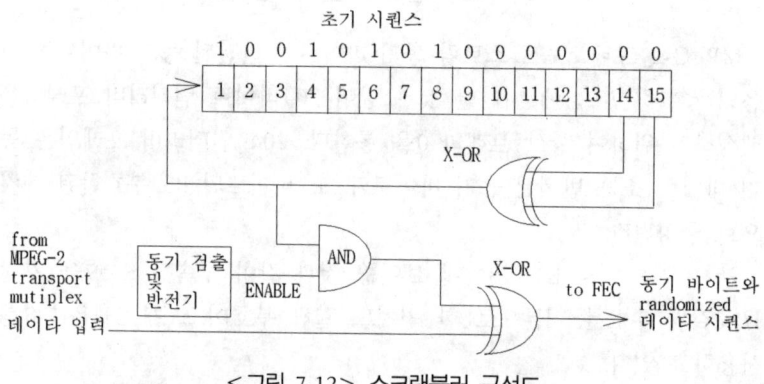

<그림 7-12> 스크램블러 구성도

<그림 7-12>와 같이 $1+X^{14}+X^{15}$가 되고, 초기화 시퀀스는 15비트열 인 '100101010000000'이다. 초기화 시퀀스는 매 8트랜스포트 패킷의 시작마다 PRBS 발생기에 로드된다.

8패킷의 그룹에서 첫 번째 트랜스포트 패킷의 동기 바이트는 47H에 서 B8H로 비트가 반전되며, PRBS 발생기 출력의 첫 번째 비트는 반전 된 동기 바이트 다음의 첫 번째 바이트의 첫째 비트(MSB)에 적용된다. 반전된 동기 바이트 이후의 연속적인 7 트랜스포트 패킷의 동기 바이트 가 스크램블링되지 않기 위하여 동기 바이트가 전송되는 동안 PRBS 발 생기는 동작되지 않는다. PRBS 발생은 동기 바이트 동안 PRBS 발생

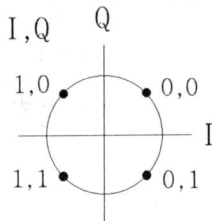

<그림 7-13> QPSK의 집점

<표 7-19> 중심 주파수

채널 번호	할당된 중심 주파수(MHz)
2	11,746.66
4	11,785.02
6	11,823.38
8	11,861.74
10	11,900.10
12	11,938.46

기의 출력이 사용되지 않아도 계속되며, PRBS의 시퀀스는 1,503바이트 이다.

수신기는 0.35의 롤오프(roll-off), 스퀘어 루트 레이지드 코사인(square root raised cosine) 전력 특성 정합 필터를 갖게 하였다. 송신 지구국의 변조기는 x/sin(x) 필터 구경 보상 및 그룹 지연 보상 필터를 사용한다.

9) 변조

변조기는 절대 매핑(차등 부호화가 아님)을 사용한 Gray-coded QPSK 변조를 사용하고, 연속 모드에서 동작한다. QPSK 집점(constellation)은 <그림 7-13>과 같다.

수신기는 ITU 무선 규칙 부록 30(ORB-88)의 지역 3에 위치한 방송 위성이 위성 서비스 11.7~12.0GHz 대역의 주파수 신호를 전송할 경우 반송파를 수신하도록 하고 있다. <표 7-19>에 표기된 것과 같이

ITU에 의해 할당된 중심 주파수를 가지는 위성 방송 채널 2, 4, 6, 8, 10 그리고 12 반송파를 수신기가 수신한다.

RF 신호는 좌선회 원형 편파를 갖는 반송파를 송수신하고 있다.

4. 디지털 방송의 과제

비디오 압축 표준은 지상, 위성 및 케이블을 통한 모든 디지털 방송의 방식은 전세계가 MPEG-2로 통일이 된 상태이나, 전송 규격은 미국의 경우 1994년에 8VSB 방식을 채택하였고, 유럽에서는 1996년에 OFDM 방식의 DVB-T 표준집이 발표됐다. 국내는 위성 방송의 규격으로서 유럽의 DVB-S의 방식과 전송 규격으로 QPSK을 채택하였고, 지상파의 경우 미국 ATSC의 규격과 8VSB 방식이 표준으로 선정됐다.

그러나 디지털 기술이 급속도로 발달하면서 8VSB 방식은 그간 3~6년 사이에 많은 변화를 맞게 되었다. 두 가지의 중요한 쟁점 사항이 있는데 하나는 난시청 문제이고 다른 하나는 이동수신 문제이다.

도심지역, 실내 수신, 휴대 수신, 산악지역에서 OFDM 방식은 수신이 좋은 반면 8VSB 방식은 수신율이 떨어지는 일부 실험결과에 의한 문제제기로 성능향상을 계속 추진하고 있다. 그리고 미국의 8VSB 방식을 채택할 것으로 확실시되던 브라질, 대만, 아르헨티나 같은 나라가 비교 테스트 후 유럽의 OFDM으로 기울고 있는 상태이다.

이러한 난시청 현상을 해결하는 방법으로 수신기의 성능을 좋게 하는 방법과 중계기를 많이 설치하는 방법을 생각할 수 있다.

2000년대에 들어서면서 이동수신의 필요성이 1990년대에 비해 많이 높아졌다. 사람들이 여가가 생기면서 스포츠와 레크리에이션이 중요한 생활이 되었다. 워너브라더스가 그들 프로의 상당 부분을 차지하는 시청자인 어린이들이 자동차를 타고 놀러가면서도 자신들의 프로를 볼 수 있어야 한다고 주장하고 있으며, 스포츠 관계자는 야구장이나 축구장에서 관람하면서 동시에 휴대용 TV를 볼 수 있어야 한다고 주장한다. 또한 IMT-2000 같은 이동통신과 인터넷의 발전으로 이동수신은 점점 더 중요해지고 있다.

어느 방송사는 이동수신을 중요하게 여기고 있는데, 이동수신이 미디어간의 경쟁에서 살아남기 위한 중요한 경쟁 요소라고 생각하기 때문이다. 다채널을 무기로 디지털 방송을 먼저 시작한 위성이나 케이블과 경쟁을 해야 하는 지상파 방송업자들에게는 다른 미디어가 제공하지 못하는 이동수신이 지상파가 가질 수 있는 좋은 경쟁력 요소라고 생각하기 때문이다.

이러한 이동수신의 요청을 기술적으로 수용하는 방법은 세 가지를 고려할 수 있다.

첫째, 수신기의 성능을 획기적으로 개선하여 8VSB의 이동수신이 가능하게 하는 것이다. 이렇게만 된다면 8VSB 사용자에게 가장 좋은 해결책이 될 것이다.

둘째는, 지금의 표준을 일부 수정하여 이동수신이 가능하게 하는 것이다. 현재 미국의 ATSC에서 전송속도를 반으로 줄이고 2레벨로 전송하여 이동수신이 가능하게 하는 표준을 2001년도에 논의 중이다. 그러나 이 경우 HD 영상 송신은 불가능하다.

셋째는, 8VSB를 포기하고 COFDM 방식으로 전환하는 것이다.

그밖의 방법으로는 지상파 DTV는 고정 안테나용의 고화질 영상 서비스에 주력하고, 이동 서비스는 디지털 오디오 방송(DAB) 채널을 이용해 동시 방송하는 방법이다. 이동 환경에서 사용하는 DTV의 화면은 HDTV 같이 고화질일 필요는 없고 약 4~7Mbps의 SDTV급이거나 1.5Mbps의 MPEG-1급이면 될 것이다.

국내의 지상파 DTV 전송 기술에서 난시청과 이동수신의 두 가지 문제가 현재의 과제로 남아 있는데 이를 해결하기 위한 노력 및 기술 개발이 계속해서 이루어질 것이다.

※지은이

임채열

연세대학교 전자공학과 학사 졸업
한국과학기술원 전기 및 전자공학과 석·박사 졸업
LG반도체 CMOS 설계연구원
LG전자 책임연구원
문화방송 기술정책국 차장
한국과학기술원 전자전산과 연구교수
현 GIC 상무이사

김대진

서울대학교 전자공학과 학사 졸업
한국과학기술원 전기 및 전자공학과 석·박사 졸업
LG전자 책임연구원
현 전남대학교 정보통신공학부 부교수

방송문화진흥총서 37

디지털 방송 이해 및 실무

ⓒ 방송문화진흥회, 2001

지은이 임채열·김대진
펴낸이 김종수
펴낸곳 도서출판 한울

초판 1쇄 발행 2001년 9월 25일
초판 2쇄 발행 2002년 5월 25일

주소 120-180 서울시 서대문구 창천동 503-24 휴암빌딩 3층
전화 영업 326-0095(대표), 편집 336-6183(대표)
팩스 333-7543
전자우편 newhanul@nuri.net
등록 1980년 3월 13일, 제14-19호

Printed in Korea.
ISBN 89-460-2912-9 94560

*책값은 겉표지에 적혀 있습니다.